AF628964

ÜBERSEEISCHE POLITIK.

Zweiter Theil.

Colonisations-Politik

und

Colonisations-Technik.

ÜBERSEEISCHE POLITIK,

culturwissenschaftliche Studien

mit Zahlenbildern

von

Hübbe-Schleiden D. J. U.

»Aufwärts!«

Zweiter Theil.

HAMBURG.
L. Friederichsen & Co.
Geographische und nautische Verlagshandlung.
1883.

Colonisations-Politik
und
Colonisations-Technik,

eine Studie über

Wirksamkeit und Rentabilität

von

COLONISATIONS-GESELLSCHAFTEN,

im Auftrage des

„Westdeutschen Vereins für Colonisation und Export"

ausgearbeitet, von

Hübbe-Schleiden D. J. U.

»Erst wäg's, dann wag's!«

HAMBURG.

L. Friederichsen & Co.

Geographische und nautische Verlagshandlung.

1883.

VORWORT.

»Probiren besser denn Studiren!«

»*Primo videre, deïnde philosophari*« war der Grundsatz des praktischen Mannes in der Vergangenheit; und der wichtigere Theil ist das Sehen, das Probiren allerdings. Dass dasselbe aber dem Nachdenken, dem Studiren nur vorangehen sollte, ist ein Grundsatz, den die moderne Welt nicht mehr anerkennt. Diejenigen sogenannten »Praktiker«, welche nur an ihre »glückliche Hand« und an ihr im kleinen, individuellen Kreise umhertappendes Experimentiren glauben, verlieren heutzutage mehr und mehr ihr früher tonangebendes Ansehen. »Erst wägen, dann wagen«: das ist der Grundsatz, den der moderne Germane seinem »Probiren besser denn Studiren« voransetzt, und der es ihm ermöglicht, erst mit Erfolg zu probiren und dabei sowie danach auch wiederum mit Erfolg zu studiren. Aber freilich hat das Wägen an sich keinen Werth; es gewinnt denselben vielmehr erst dadurch, dass ihm das Wagen, das Probiren folgt.

»Erst wägen, dann aber wagen«; oder, wie es in der angelsächsischen Welt heisst:

»*First be sure you are right: then go ahead!*«

HANNOVER, im August 1882.

Hübbe-Schleiden Dr. J. U.

Uebersicht des Inhalts.

Die Ziffern hinter den Inhalts-Angaben verweisen auf die Seitenzahl.

I

Colonisation und die auf sie gerichtete Politik.

Colonisation ist Eroberung durch Intelligenz, Capital und Arbeitskraft.

Colonisation im weitesten Umfange des Begriffes ist diejenige Culturarbeit, durch welche eine Menschenrasse oder eine Nation sich einen neuen Boden zu eigen macht. — Gleichbedeutend mit diesem Begriffe »Colonisation« im weitesten Sinne des Wortes ist die Bezeichnung dieser Culturarbeit als »Extensive Cultivation« einer solchen Rasse oder Nation, ebenfalls in allgemeinerer Bedeutung dieses Wortes.

Im engeren Sinne bezeichnet »Colonisation« nur diejenige Art dieser Culturarbeit, welche durch dauernde Niederlassung von Arbeitskräften der betreffenden Rasse als Bevölkerung des neuen Bodens auf den untreren Stufen dieser socialen Entwicklung vollbracht wird. — Dem gegenüber bedeutet »Cultivation« im specifischen, technischen Sinne des Wortes diejenige Culturarbeit, bei welcher die Aneignung des neuen Bodens durch Verwendung von Arbeitskräften einer fremden Rasse geschieht. Diese letzteren Arbeitskräfte können entweder Eingeborene auf dem Boden solcher Cultivation sein, oder erst durch die mit ihnen betriebene Culturarbeit (alle oder doch theilweise) zu dauernden Bewohnern des Landes werden.

Colonisation bedeutet stets einen Culturprocess. — Eigentliche »Colonisation« ist ein Stück Cultur-Entwicklung, und zwar mehr oder weniger primitiver Art. »Cultivation« dagegen ist zugleich eine Cultur-Erziehung in mehr oder weniger grossartigem Stile. Der wesentlichste Unterschied beider liegt in der Verschiedenheit der (normaler Weise) als Bewohner des betreffenden Bodens und als Arbeitskräfte zur Verwendung kommenden Bevölkerung. Eine »Colonisation« der europäischen Rasse wird in der Regel nur in einem Lande mit gemässigtem Klima stattfinden können; die »Cultivation« eines europäischen Volkes mit einer fremden Rasse wird meist in einem (tropischen) Klima statthaben, welches der Constitution des Europäers nicht erlaubt, daselbst anhaltend körperlich zu arbeiten.

Vielfach, namentlich in Deutschland, begegnet man noch heute der irrigen Anschauung, Colonisation sei eine staatspolitische Thätigkeit; Colonien liessen sich gründen ungefähr so, wie man eine Kaserne oder eine Festung aufbaut, dem Zwecke ihrer systematischen Anlage entsprechend; ein Auswandererstrom lasse sich organisiren etwa so, wie man mit einer mobil gemachten Armee einen Feldzugs-Plan ausführe; ein coloniales Volksleben lasse sich schaffen, indem man ohne Weiteres die heimischen Zustände und Verhältnisse auf ein fremdes, uncultivirtes Land übertrage; ja, gelegentlich kann man auch heute noch einmal hören, Eroberung überseeischer Länder sei Colonisation. Als eine »Eroberung« in übertragenen Sinne mag freilich Colonisation wohl bezeichnet werden, eine Eroberung aber durch die Culturkräfte des Willens und der Intelligenz, gepaart mit grossem Capital und starker Arbeitskraft. Keine blutige Schlacht ist dieser Kampf für die eigene Existenz. Die Waffen des Geistes bringen nur der überlegenen Cultur den Sieg; und deren Kampfpreis ist Humanität. Colonisation erfordert geistige Vorbedingungen, die sich nicht künstlich schaffen lassen; sie ist wie alle Cultur-Gestaltungen organisches Leben, das sich nicht machen lässt nach beliebigem System, in beliebigem Umfang und beliebiger Zeit.

New-York,*) dessen Grund und Boden Peter Minnewit, ein Rheinländer, im Jahre 1626 für 60 Gulden (holländisch) erstand, brauchte fast zwei Jahrhunderte, um zu einem Handelsplatz von

*) Es ist bei dieser Arbeit nicht mein Zweck, eine Geschichte der modernen Colonisation zu schreiben; ich kann mich daher hier wie im Folgenden nur darauf beschränken, einzelne, mir als die prägnantesten erscheinenden Beispiele hervorzuheben. — Auch Boston zählte 150 Jahre nach seiner Gründung, 1773, erst 25,000 Einwohner; heute hat es deren 437,000.

8- bis 9000 Einwohnern heranzuwachsen. Damit freilich war die Stadt zu selbstständiger, lebensfähiger Existenz gediehen und hatte nur verhältnissmässig sehr geringe Schwierigkeiten, um zur heutigen Weltstadt mit über 2 Millionen Menschen zu werden. Die unendlichen Anstrengungen und Mühen der vergangenen Jahrhunderte, der unschätzbare Aufwand von Culturkräften, der zu solcher Leistung nöthig war, die sind heute längst vergessen; die vollendete Thatsache erscheint als das selbstverständliche Resultat eines leichten Kinderspiels. Wer jedoch sich und seinem Volke, dessem Geist und dessem Wesen eine ähnliche Entwicklung erstrebt, der kann es unmöglich vermeiden, sich den Gang solches gewaltigen Lebensprocesses und vor allem auch die Vorbedingungen der Möglichkeit desselben zu vergegenwärtigen.

Colonisation ist auf neuem Boden eine Wiederholung unserer eigenen Cultur-Entwicklung. Die untersten Stufen der socialen Gestaltungen Europas, die für unsere Völker Jahrhunderte und Jahrtausende erforderten, mögen auf colonialem Boden in Jahren und Jahrzehnten durchlaufen werden, ja vielleicht so schnell, dass man mancherwärts an ein Ueberspringen mühsamer Stadien solcher Culturarbeit glauben möchte. Dennoch sind solche Mühsale und Schwierigkeiten nur zu erleichtern, aber nie ganz zu ersparen.

Mehr oder weniger scharf sind in jeder Entwicklung colonialer Volkswirthschaft drei Perioden zu erkennen. Die Erscheinungsformen colonisatorischer Thätigkeit auf diesen Stufen sind:

1) kleinbäuerliche Ansiedlung,
2) Grosswirthschaft (mit Exportbetrieb), und
3) Land-Speculation.

Die erste dieser Perioden charakterisirt sich hauptsächlich durch die Enge und Abgeschlossenheit der Verhältnisse. Der geistige Gesichtskreis so gut wie der wirthschaftliche sind beschränkt. Die Ansiedler sind rauh arbeitende Pioniere extensiver Cultivation. Starke Intelligenzen finden in deren primitiven Interessen keinen Boden; grossartiger Unternehmungsgeist hat dort keinen Spielraum. Die Rechtsgeschäfte wie die socialen Verhältnisse, die Arbeitstheilung und das gesellschaftliche Leben in solchen kleineren überseeischen Städten und umliegenden Ansiedlungen entspricht annähernd den Verhältnissen europäischer Flecken und Dörfer, nur fehlt dort meist die Stütze staatlicher Sicherheit und Ordnung, der Culturstempel Alt-Europas; dafür aber tritt dort die Entwicklungsfähigkeit jugendlicherer Keime europäischer Cultur, frischeres Leben und Streben, mehr zu Tage; (Süd-Brasilien, Oberes Laplata-Gebiet, Transvaal).

Die Colonisation der zweiten Periode ruht schon auf viel breiterer und weiterer Grundlage. Moderne Verkehrsmittel machen das Land und seine Städte zum lebendigen Theile eines grösseren Ganzen. Dampf und Elektricität verbinden das wirthschaftliche und sociale Leben dort mit der ganzen Civilisation. Tonangebend ist dort nur das Uebergewicht der Intelligenz, eventuell das des Capitals, aber nicht mehr das der Land- und Handarbeit. Grossbetrieb ermöglicht es dem Lande, seine Production zu exportiren, auf Weltmärkten anzubieten, und seinen Consum durch activen Import über das Angebot kleiner Händler zu erheben. Das Land geniesst die Vortheile der Weltwirthschaft; (Neu-Seeland, Argentinien, Capcolonie).

In der dritten Periode ist die coloniale Volkswirthschaft zur Reife europäischer Cultur gelangt. Die colonisatorische Thätigkeit erscheint dort nur noch als Land-Speculation, entweder verbunden mit der Anlage neuer Transportmittel, oder (alsdann häufiger noch) ganz ohne dieselbe. Die Steigerung des Landwerthes, auf der die Speculation beruht, kann allerdings auch auf dieser Stufe der Entwicklung nur durch Erschliessung der wirthschaftlichen Hülfsquellen des Landes vermittels menschlicher Arbeit geschehen, aber selbst dazu hat alsdann solche Speculation sich kaum noch irgend welcher culturellen Anstrengungen zu unterziehen. Während auf den niedreren Stufen solche Speculation nur durch eigene oder fremde Colonisations-Arbeit zu realisiren ist, gestaltet sich dieser Process in völlig ausgebildeten Wirthschaftsverhältnissen selbstthätig durch die selbstständig gewordenen Kräfte der Volkswirthschaft in ihrem eigenen Interesse. Vor allem blüht solche mühelose Ernte klugen Speculanten reichlich in den Vereinigten Staaten Nord-Amerikas, ja mancherwärts dort mag das Risico dabei jetzt so gering sein, dass auch an die Klugheit solcher Speculanten nur sehr geringe Anforderungen gestellt werden. Diese Art der Land-Speculationen, welche nicht mehr die Culturarbeit der Colonisation zu verrichten haben, sind nicht zu verwechseln mit ähnlichen Unternehmungen auf der zweiten und mehr noch auf der ersten Stufe der Entwicklung, welche diese Culturarbeit noch nicht thun, sie zwar thun müssen, wenn sie Erfolg haben wollen, die aber diese Arbeit oft nicht thun wollen. Manche jener Land-Speculationen in Nord-Amerika fallen überhaupt kaum mehr in das Gebiet colonialer Entwicklung, ebenso wenig wie die Vereinigten Staaten selbst, auf deren Boden sie operiren. Diese »Staaten« sind, als ein Culturganzes betrachtet, nicht nur — soweit es ihnen überhaupt möglich sein wird — zur Vollreife europäischer Culturhöhe gediehen, sondern sind zum grossen Theil schon auf originellem Wege selbstständig über unsere Cultur hinausgegangen — eine eigene, selbstthätige, in Europa kaum mögliche, überseeische Entwicklung der europäischen Rasse. Man wird schwerlich leugnen können, dass die Vereinigten Staaten gegenwärtig an Tüchtigkeit und Selbstständigkeit ihrer Culturkräfte, an Gemeinsinn, an Unternehmungsgeist, an Erfindungsgabe und an Arbeitslust ihrer Bewohner allen Ländern Europas (einschliesslich Englands) und damit allen Völkern der Erde voranstehen. Beispiele überseeischer Länder, welche im Begriffe stehen, sich in der Reife und Vielseitigkeit ihrer wirthschaftlichen Verhältnisse der Culturstufe Europas zu nähern, finden sich mehrere unter den brittischen Colonialländern; (Canada, Victoria, Neu-Süd-Wales).

Den hier angegebenen drei Perioden colonialer Entwicklung entsprechen die nachfolgenden drei Culturstufen in der Entwicklung von Cultivationsländern. Analog freilich sind diese letzteren jenen ersteren nur hinsichtlich der dabei in Anwendung kommenden Culturkräfte der europäischen Rasse. Die eingeborene Bevölkerung der Cultivationsländer bleibt bei ihrer fortschreitenden Entwicklung immerhin nahezu um den ganzen Culturabstand ihrer Rasse hinter den Bewohnern der Colonialländer zurück, sei's um Jahrhunderte, seien es Jahrtausende. Mehr oder weniger unbewusst bringen die europäischen Auswanderer zur Begründung eines neuen Wirtschafts- und Volkslebens in überseeischen Ländern die mühsam erworbenen Culturfähigkeiten, Culturmittel und Culturschätze ihrer Väter mit. Um den ganzen Werth dieser Vorentwicklung ist die Culturarbeit der Colonisation leichter und einfacher, als die der Cultivation. — Andererseits aber werden die Eingeborenen der Cultivationsländer um das Maass eben dieses Culturabstandes leichter und vollständiger von den leitenden, europäischen Culturkräften abhängig und bleiben auch um so länger abhängig. Dies verringert um ebenso viel die Hauptschwierigkeit, auf deren Ueberwindung es bei der wirthschaftlichen Entwicklung am meisten ankommt, die Concentration der Productionskräfte. Um ebenso viel grösser und ausgiebiger ist daher auch der materielle Gewinn, der die Cultivation verspricht, als derjenige der eigentlichen Colonisation.

Die drei Culturstufen der Cultivation charakterisiren sich folgender Maassen:

1) Primitiver Productionsbetrieb der Eingeborenen des Cultivationslandes. Anregung derselben zur ersten Culturarbeit durch Verwerthung ihrer Erzeugnisse, durch das gute Beispiel praktischer Anleitung. Steigerung ihrer Bedürfnisse durch rationellen Betrieb europäischen Handels. Erste Cultur-Erziehung der Naturstämme durch europäische Culturkräfte meist niederer, einfacher Art. Anfänge der Entwicklung vereinzelt und unsystematisch; (einzelne Gegenden in der Südsee, in Afrika, in Mittel- und in Süd-Amerika).

2) Directes, selbstthätiges Eingreifen europäischen Capitals und höherer, organisirter Intelligenz in den Productionsbetrieb des Landes. Zunehmende Verwerthung der Culturarbeit der Eingeborenen in Plantagenanlagen. Steigende Cultur-Erziehung der Naturstämme. Vermehrte Verwendung europäischer Culturkräfte und Culturmittel; immer grössere und weitere Anlage europäischen Capitals in dieser Entwicklung; immer selbstthätigere Mitwirkung eingeborener Cultur- und Arbeitskräfte zur Weltwirthschaft der Civilisation; (Natal, Ceylon, Nord-Brasilien).

3) Selbstständige Cultur-Production der fremdrassigen Eingeborenen des Cultivationslandes. Eingreifen ihrer eigenen Intelligenz und höheren Culturkräfte. Eigene Capital-Bildung in weiterem Umfange. Hebung ihres Kleinbetriebs auf die Stufe der Grosswirthschaft. Steigende Theilnahme der Eingeborenen an der Selbstverwaltung ihres Landes. Selbstständige Ausbildung ihrer geistigen Eigenthümlichkeiten. Entwicklung civilisirten Industriebetriebes. Auftreten des Cultivationslandes als selbstständiges Glied der Weltwirthschaft, wenn auch dann immer noch unter Leitung oder Mitwirkung von Culturkräften europäischer Rasse; (Java, Brittisch-Indien).

Die Möglichkeit der selbstständigen Fortentwicklung einer fremden Menschenrasse über die Mitwirkung europäischer Cultivation hinaus ist heutzutage kaum abzusehen; es sei denn etwa der Fall zu erwägen, dass China sich, wie Japan, der Civilisation erschliessen und mit den besten Kräften seines Volkes eine Cultur-Concurrenz mit unserer Rasse aufnehmen wollte, — ein Fall, der dann allerdings überhaupt nicht mehr in den Bereich einer europäischen Cultivation fallen würde.

Auf der höchsten, heute erkennbaren Stufe der Cultivation können wir wohl das brittisch-indische mit dem canadischen Reiche vergleichen; während aber Canada einer selbstständigen, Europa ebenbürtigen Cultur-Entwicklung nahe steht, ist bisher doch garnicht daran zu denken, dass auch Brittisch-Indien sich zu einer selbstständigen Entwicklung seiner Völker aufschwingen, dass es die europäische Leitung durch eine ebenbürtige Organisation seiner eigenen Culturkräfte ersetzen könne. Oder will etwa Jemand die heute schon politisch-selbstständigen Länder fremder Rassen mit den Vereinigten Staaten vergleichen? In einem Lande, wie Mexico, ist das europäische Blut eine bleibende Triebkraft, ohne welche bei einer Fortentwicklung solcher Länder nie zu rechnen ist. In der Neger-Republik Liberia aber, in der allerdings das fremdrassige Blut im Wesentlichen rein ist, und die freilich unleugbar ein selbstständiges Glied der Weltwirthschaft bildet, kann doch von einer Culturreife, von einer Höhe und Vielseitigkeit der wirthschaftlichen Entwicklung analog der europäischen Cultur nicht die Rede sein. Dennoch steht zu hoffen, und theoretisch wenigstens muss die Möglichkeit anerkannt werden, dass auch die Cultivation fremder Rassen in endlicher Zukunft sich, ebenso wie die Entwicklung europäischer*) Colonisation, über den bisherigen Stand Europas hinausarbeiten könne.

Dies das Ende und der Erfolg überseeischer Culturarbeit unserer Rasse — eine alle Völker der Erde umschliessende Civilisation! Danach erwachsen alsdann dem Menschengeschlechte neue und immer neue Aufgaben grösserer, höherer Art. Colonisation aber und extensive Cultivation im eigentlichen Sinne der Worte nach unsern heutigen Begriffen werden dann ein überwundener Standpunkt sein; Dann erst — nicht etwa schon heute, wie die in ererbten Wirkungskreisen erschlaffte Wirthschaftsschule sich vorstellt, welche Deutschland während der letzten Jahrzehnte beherrschte.**)

*) Colonisation der europäischen Rasse.

**) Freilich ist dieser Optimismus keine sehr beklagenswerthe Erscheinung

Wie fern **uns** jene Zeit einer verwirklichten Civilisation noch liegt, davon macht man sich leicht einen Begriff, wenn man erwägt, wie weit ausgedehnt heute noch die Länderstrecken, wie zahlreich noch die Millionen von Naturvölkern auf unserem Planeten sind, für welche noch nicht einmal der Tag ihrer kommenden Cultur-Entwicklung angebrochen ist, ja welche noch kaum auf der **Vorstufe** solcher Entwicklung angelangt sind. Man überschaue die colonisationsfähigen Länderstrecken in Ost-Europa, in West-Asien, im Nordosten von Amerika, im Innern von Süd-Amerika, von Süd-Afrika, von Australien, oder die reichen Cultivationsländer, wie das ganze tropische Afrika und das innere Brasiliens, Länder, in denen kaum europäischer Handelsbetrieb versucht hat, sich Wege zu bahnen und seine erste Pionierarbeit zu beginnen, ja Länderstrecken, um ein Vielfaches grösser als Deutschland, die noch nicht einmal eines Europäers Auge je gesehen hat.

Das Merkmal des Eintretens eines solchen Landes auf die **Vorstufe** zu einer späteren Cultur-Entwicklung, ist ein Handelsbetrieb mit europäischen Culturkräften der aller niedrigsten und rohesten Art, ein Handelsbetrieb, dessen Gewinn noch nicht auf civilisirtem Einflusse, sondern allein auf der Ausbeutung vorhandener Naturschätze des Landes, oder auf dem Ertrage primitiver Production der Eingeborenen desselben beruht. Eine Culturarbeit sind **diese** Pionierdienste des Handels kaum zu nennen; auch ist es oft sehr fraglich, ob diese Dienste auch nur als **Vorarbeit** für spätere **Cultur**-Einflüsse angesehen werden können — ob sie dem Vordringen civilisirter Organisation mehr förderlich oder mehr hinderlich sind.

Für die beiden ersten, hauptsächlichsten Perioden colonialer Entwicklung, auf die es namentlich hier besonders ankommt, ist das maassgebende Unterscheidungs-Merkmal nicht die Production für den einheimischen oder für den auswärtigen Vertrieb, sondern

---

unserer nationalen Cultur, wie oft angenommen wird; denn wenn selbst diese ergrauten Politiker noch soviel Jugendkraft und feurige Phantasie beweisen, in ihrem hergebrachten Thun und Denken sich aus der Gegenwart stets in die goldige Zukunft ferner Jahrhunderte und Jahrtausende hineinzuträumen, was wird dann erst von den Söhnen und Enkeln dieser Männer zu erwarten sein, die eben im Begriffe sind, zum realen Leben der Gegenwart zu erwachen, und sich auf ihre eigenen Kräfte und ihre heutige Stellung innerhalb der Weltwirthschaft zu besinnen.

die Grösse der für die Verhältnisse des Landes typischen Wirthschaftsbetriebe, die herrschende Organisationsart der Production und vor allen der daselbst ausgebildete Grad der Arbeitstheilung und die Vielseitigkeit der Volkswirthschaft. Der Export-Betrieb ist nur eine fast nie fehlende Consequenz der höheren Entwicklungsstufe, und zwar diejenige äussere Erscheinung derselben, welche zuerst und am meisten in die Augen springt.

Die Unterschiede der kleinbäuerlichen Ansiedlung und der grosswirthschaftlichen Production entsprechen in der extensiven Cultivation unserer Rasse denen der Bauernwirthschaft und des ländlichen Grossbetriebes, der Hausindustrie und des Fabrikbetriebes in unserer intensiven Cultur-Entwicklung. Die zweite Stufe ist undenkbar, ohne dass sie aus der ersten hervorgewachsen ist, und sie erscheint nur als die natürliche, nothwendige Fortentwicklung derselben. Bei der Colonisation jedoch ist die Periode des Grossbetriebes in noch viel höherem Masse und unmittelbarer das Ziel des zu Grunde liegenden Strebens, als bei der heimischen Production. Hier hat das Kleingewerbe durch seine tausendjährige Entwicklung — oder glaubt zu haben — ein viel grösseres Anrecht auf bleibende Existenz. In der colonialen Volkswirthschaft dagegen drängt Alles schon deshalb auf den Grossbetrieb eines reich und vielseitig entfalteten Culturlebens hin, weil das coloniale Volks- und Staatswesen erst durch die Erreichung dieser Stufe zu einem selbstständigen Gliede der Weltwirthschaft, zu einem lebensfähigen Gebilde unter den Völkern der Erde wird.

Nicht zu übersehen ist hierbei, dass die im Vorhergehenden aufgestellten Stufen der Entwicklung nur die charakteristischen Typen verschiedener Stadien colonialer Volksentwicklung darstellen. Auch im Einzelbetrieb sind oft diese verschiedenen Entwicklungsstufen zu erkennen; doch braucht, wie Jedermann weiss, nicht jede Grosswirthschaft sich aus einem Kleinbetriebe zu entwickeln. So liegt es auch auf der Hand, dass es einer neuen Ansiedlung, welche sich an eine bestehende Colonialwirthschaft anschliesst, um so leichter sein wird, sich grosswirthschaftlich zu gestalten oder doch den Gang ihrer Entwicklung zu beschleunigen, je höher entwickelt schon die herrschenden Culturformen des Landes sind. Die schnelle oder gar unmittelbare Entfaltung einer Grosswirthschaft aber in einem noch ganz unentwickelten Coloniallande ist schwierig und riskant; weniger die in einem solchen Cultivations-Gebiete.

Die Gestaltung und Entfaltung einzelner colonisatorischer Unternehmungen ist eine Frage der Colonisations-**Technik**; die Entwicklung colonialer Volkswirthschaft dagegen ist eine Aufgabe der Colonisations-**Politik,** eventuell auch ein Gegenstand der **Colonial**politik oder überseeischen Politik.

Diese drei scharf von einander zu unterscheidenden Begriffe bedürfen hier einer Definition und weiter eingehender Bestimmung. Sie alle drei, Colonial-Politik, Colonisations-Politik und Colonisations-Technik, bilden in ihren wesentlichsten Grundzügen den Gegenstand der nachfolgenden Darstellung. Noch heute werden diese verschiedenen Begriffe — und zwar nicht in Deutschland allein — oft mit einander verwechselt und als gleichbedeutend durch einander gemischt. Meines Wissens sind diese Begriffe auch bisher in keinem Werke der Colonial-Wissenschaft, weder definirt noch richtig auseinander gehalten worden; und nicht zum Mindesten ist dieser Begriffsverwirrung manche Misscalculation, mancher schwere Misserfolg auch in der Praxis zuzuschreiben.

Zunächst die Begriffe Colonisations-Technik und Colonisations-Politik. Die Colonisations-Technik also ist die Summe derjenigen Erfahrungen, welche die Begründung und Entwicklung colonisatorischer Unternehmungen betreffen; sie ist die Kunst der colonisatorischen Culturarbeit selbst. Colonisations-Politik aber ist die legislative und administrative Behandlung dieser Culturarbeit.

Die politische oder staatswirthschaftliche Seite dieses culturellen Entwicklungsprocesses der Colonisation steht selbstverständlich in einer ganz anderen, höheren Sphäre, rechnet mit ganz anderen, allgemeineren Begriffen und strebt nach ganz anderen, weiteren Resultaten als die Colonisation selbst. Diese strebt als solche nach privatwirthschaftlicher Rentabilität, nach einer möglichst hohen Verzinsung alles dabei verwendeten Capitals, sowie nach möglichstem Gedeihen aller dabei verwendeten Kräfte; sie rechnet mit der Lebensdauer und mit den Vortheilen einzelner Menschen. Die Politik aber rechnet mit der Dauer und mit den Interessen von Gemeinden und Staaten; sie sucht ihre Rentabilität in einem dauernden Aufschwunge ihrer Staatswirthschaft, in der Hebung des Steuer-Ertrages und in zweckmässiger Verwendung der Staats-Einnahmen. Daher ist auch die Colonisation selbst, die Handhabung der Technik dieser Culturarbeit, recht eigentlich Privatsache, die darauf gerichtete Politik aber ist Staatssache.

Wenn nun aber freilich die Colonisations-Politik es nur mit der Entwicklung colonialer Länderstrecken, Staaten oder Provinzen zu thun hat, die ein staatswirthschaftliches Gemeinwesen bilden, so ist doch klar, dass auch die einzelnen Unternehmungen innerhalb solches grösseren Ganzen von solcher Politik abhängen. Für das Gedeihen der einzelnen Ansiedlungen ist sogar — abgesehen von der Gunst äusserer Verhältnisse und Umstände — eine richtige Colonisations-Politik der betreffenden Regierung die aller wesentlichste Vorbedingung; danach erst können die Gesichtspuncte der Colonisations-Technik in Frage kommen. Auf welcher Stufe der Entwicklung auch das betreffende Land stehen mag, auf der untersten wie auf der höchsten ist Colonisation möglich, wenn dieselbe durch eine richtige Politik begünstigt wird; und das sollte in der That das erste und wichtigste Interesse jeder Colonial-Regierung sein. Auch den verschiedensten Natur-Verhältnissen überseeischer Länder sich anzupassen, ist bei einer geschickten Handhabung der Colonisations-Technik mehr oder weniger leicht möglich — eine richtige Colonisations-Politik der betreffenden Landes- oder Provincial-Regierung vorausgesetzt. In colonialen Staaten aber, welche eine schlechte oder garkeine Colonisations-Politik betreiben, ist die beste Technik der Colonisation verloren.

Colonisations-Politik ferner und Colonial-Politik sind zwar beide auf Colonisation gerichtet, unterscheiden sich aber so, dass jene auf die Ermöglichung und Förderung derselben, diese aber auf die Verwendung derselben zu staats- oder culturpolitischen Zwecken abzielt. Für jene ist die Colonisation Selbstzweck, für diese nur Mittel zu andern Zwecken. Jene ist ein Theil von dieser, ist zugleich die unentbehrlichste Grundlage derselben.

Colonisations-Politik ist jede Politik, welche irgend eine Regierung zur Besiedlung ihres eigenen Landes verfolgt; Colonialpolitik dagegen bezeichnet den Inbegriff aller politischen Massregeln und Beziehungen der europäischen Stammländer zu ihren eigenen und fremden Colonial-Gebieten, umfasst somit auch die Colonisations-Politik innerhalb ihrer eigenen überseeischen Besitzungen. Je mehr aber die überseeischen Völker unserer Rasse sich von Europa emancipiren, je mehr jetzt der Begriff Colonialmacht den Charakter physischer Gewalt verliert und den der culturellen Macht annimmt, je mehr das Wesen colonialer Herrschaft sich in dem Uebergewichte von Intelligenz und Unternehmungslust, von praktischer Tüchtigkeit und Erfahrung, vor allem auch in der Uebermacht des Capitals einer europäischen Nation in überseeischen Ländern zeigt, je mehr dadurch der Unterschied eigener und fremder Souveränität in solchen Ländern schwindet, — desto mehr verflüchtigt sich der Begriff einer Colonial-Politik der europäischen Mächte zu dem einer »überseeischen Politik« *) als desjenigen Theiles ihrer auswärtigen Politik, welcher die Verhältnisse zu den Regierungen überseeischer Länder umfasst. Diesem Begriffe wird — so lange Europa überhaupt noch den Mittelpunct der Civilisation bilden wird — nach und nach eine immer selbstständigere »europäische Politik« der überseeischen Regierungen zur Regelung ihrerseits der wirthschaftlichen und culturellen Beziehungen zu den europäischen Nationen gegenübertreten. Schon jetzt verfolgen Brittisch-Indien, Canada, das Capland und die australischen Länder England gegenüber eine eigene, selbstständige Cultur- und Wirthschafts-Politik; viel decidirter aber und für ganz Europa empfindlicher ist heutzutage vor allem die europäische Politik anderer überseeischer Länder, wie die der Vereinigten Staaten, auch selbst diejenige südamerikanischer Länder, wie Brasilien oder Argentinien. Immer ausschliesslicher wird zugleich die Colonisations-Politik ein Staatsrecht der eigenen Local-Regierungen der zu colonisirenden Länderstrecken.

Einleitungsweise sind hier die allgemeinen Grundzüge sowohl der Colonisations-Politik als auch der Colonial-Politik kurz darzustellen, da ein Ueberblick über die wirkliche Sachlage dieser Verhältnisse, nicht blos über das theoretisch Wünschenswerthe derselben, die unentbehrliche Voraussetzung zum klaren Verständnisse

*) Hier ist diese Bezeichnung in ihrer gewöhnlichen, engeren, nationalen Bedeutung gebraucht. Im weiteren Sinne ist der Begriff »Ueberseeische Politik« international und umfasst auch alle eigene Politik überseeischer Colonialländer und selbstständiger Staaten.

und zur richtigen Beurtheilung der in dieser Arbeit zu erörternden Hauptfragen ist. Zunächst also die

[A.] Colonisations-Politik.

Der Zweck jeder Colonisations-Politik ist auf diesen unteren Stufen der wirthschaftlichen Entwicklung (der Colonisation) ebenderselbe wie der einer jeden Wirthschafts-Politik civilisirter Staaten überhaupt, nämlich der, das Gedeihen des Landes und seiner Bewohner nach Kräften zu fördern und zu heben. Diese Aufgabe ist eine zweifache, eine culturelle und eine financielle. Es gilt zur Lösung derselben

1) dem Wirthschaftsleben eine möglichst breite und sichere Grundlage für seine Selbstständigkeit und Lebenskräftigkeit zu schaffen, sowie seine Entwicklung möglichst zu beschleunigen und vielseitig zu gestalten, ferner aber

2) den erforderlichen Kostenaufwand solcher Politik zu beschaffen und zu decken.

Die im Folgenden angegebenen Grundzüge der Colonisations-Politik beziehen sich zunächst nur auf eigentliche Colonisation (Verwendung von Arbeitskräften europäischer Rasse in überseeischen Ländern mit gemässigtem Klima), sind aber bis zum gewissen Grade auch auf Cultivationsländer anwendbar. Das wichtigste, meist allein entscheidende Element der veränderten Anwendung ist der Unterschied der Culturstufe fremder Rassen (Chinesen oder Hindous, Malayen oder Afrikaner) von derjenigen europäischer Bauern oder Lohnarbeiter.

Der Erfolg einer richtig berechneten und geschickt geleiteten Colonisation, ob geringer oder grossartiger, ob langsamer oder schneller, hängt in erster Linie von den Naturverhältnissen*) des betreffenden Landes ab, von dessen geographischer Lage und dessen Entfernung von Europa, dessen Bodenreichthum und dessen Klima, dessen Küstenformation und dessen Wegsamkeit, dessen Wasserstrassen und dessen Ebenheit oder Bergigkeit, dessen Wald- oder Campland-Charakter. So vermag auch die geschickteste Colonisations-Technik die Entwicklung einer Unternehmung, welche sich vielleicht

*) »Aeussere Natur« (Wm. Roscher), »Naturumgebung« (Th. Waitz).

in einem besonders von der Natur begünstigten Lande ganz von selbst gestaltet, in einem anderen Lande sogar unter der besten und klügsten Colonisations-Politik doch nicht zu wiederholen. Die Colonisations-Politik als solche aber ist in solch' directer Weise von den naturellen Verhältnissen des betreffenden Landes wenig oder garnicht abhängig, sondern nur von der culturellen Stufe der Entwicklung desselben. Nur in so fern günstige Naturverhältnisse eines Landes eine Vorbedingung für die Möglichkeit seiner jeweiligen Culturstufe und für die Schnelligkeit seiner Fortentwicklung sind, werden dieselben auch die zu befolgende Colonisations-Politik bedingen und beeinflussen. Je höher aber die Entwicklung steigt, desto überwiegender sind für sie die in ihr wirkenden Culturkräfte entscheidend, und diese eben sind der Gegenstand der Colonisations-Politik. In zwei verschiedenen Colonialländern daher, die auf nahezu gleicher Stufe der socialen und wirthschaftlichen Entwicklung stehen, wird auch nahezu die gleiche Colonisations-Politik Anwendung finden können. Die Erfolge mögen je nach der Verschiedenheit der naturellen Verhältnisse culturell oder financiell grösser oder schneller eintreten; der erste Gesichtspunct jedoch für die in einem gegebenen Falle einzuschlagende Colonisations-Politik bleibt jedenfalls der, dass sie verschieden sein muss je nach der Entwicklungsstufe des Landes, auf welches sie sich richtet.

Es bedarf dies hier besonderer Hervorhebung, weil Merivale *), der Begründer der Colonial-Wissenschaft, bei Gelegenheit seiner Erörterung des nach Wakefield **) genannten Colonisations-Systems, die Anwendbarkeit oder Nicht-Anwendbarkeit gewisser

*) Herman Merivale. »*Lectures on Colonization and Colonies*«, London bei Longmans etc., I. Aufl. 1841, II. Aufl. 1861 S. 260 und sonst. Dieser Unterscheidung ist von Roscher (in seinen »Kolonien etc.«) keine Bedeutung beigelegt, aber von Leroy-Beaulieu (»*De la Colonisation chez les peuples modernes*«, Paris 1874 S. 432, 534. u. 536) wieder über Gebühr in den Vordergrund gedrängt worden; auch hat letzterer dieselbe mit dem alt-englischen Begriffe »*Plantation Colonies*« und mit Roschers Begriff «Pflanzungs-Colonien» verwirrt.

**) Edw. Gibbon Wakefield (1830); wie man Merivale als den Begründer der modernen Colonial-Wissenschaft bezeichnen kann, so ist Wakefield, resp. sein System, als der Anfang der modernen Colonisations-Technik und der für die Mitte dieses Jahrhunderts tonangebenden Richtung der Colonisations-Politik zu nennen. Beide Wakefield und Merivale waren gleich originell und geistvoll, theoretisch bahnbrechend und später als praktische Politiker von einiger Bedeutung.

Grundsätze dieses Systems auf Länder mit verschiedenen naturellen Vorbedingungen verallgemeinert und diese Naturverhältnisse der Colonialländer als die in erster Linie wichtige Unterscheidung für jede Colonisations-Politik hinstellt.

Er unterscheidet an und für sich sehr richtig solche Colonialländer, die besondere Vortheile für die Grosswirthschaft einer Export-Production bieten, und solche, bei denen dieses nicht der Fall ist, und er schliesst sich auch ferner darin den Thatsachen an, dass er bei Niederlassungen der ersteren Art den Grossbetrieb als den hauptsächlichsten Zweck ihrer Begründung annimmt, bei denen der letzteren Art aber vielmehr politische oder religiöse Beweggründe, die entweder mit wirthschaftlichem Unverstand gepaart oder durch die Noth der Verhältnisse auf ungünstigen Boden geleitet worden sind. Diese Unterscheidung ist sogar noch weitergehend richtig, als selbst Merivale dieselbe zulässt, wenn er meint, auch die Colonialländer der letzteren Art müssten jedenfalls immer von vorne herein irgend welche exportfähigen Producte aufzuweisen gehabt haben, sonst hätten sie doch nicht existiren können. Keineswegs! Auf jeder primitiven Culturstufe mit wenig oder gar keiner Arbeitstheilung, und so auch in der Periode kleinbäuerlicher Ansiedlung, helfen wenige Familien sich unter einander mit den aller nothwendigsten Lebensbedürfnissen. Ob aber und wie stark Colonialländer exportiren, dass ist für die Colonisations-Politik nur eine Frage der Stufe oder Periode ihrer Cultur-Entwicklung. Die neuste Geistesrichtung der menschlichen Erkenntniss, wonach alles, was wir räumlich neben einander sehen und früher nur mechanisch classificirten, in der That verschiedene Stufen einer zeitlichen Entwicklung nach einander sind, diese lag Merivale noch fern; erst heute ist es möglich, diesen Gedanken auch rein culturell auf dem Gebiete überseeischer Colonisation durchzuführen. *) Dass die Entwicklung der Bewohner eines Coloniallandes in ihrem Umfange und ihrer Schnelligkeit zwar von äusseren Umständen abhängig ist, aber doch nur durch die Culturkräfte derselben gemacht wird; dass mithin auch vor allem die Tüchtigkeit dieser Kräfte, nicht die Naturverhältnisse für die Unterscheidung colonialer Volks-

*) Dass Colonisation überhaupt ein Culturprozess, eine eigenartige, gedrängte Wiederholung der europäischen Cultur-Entwicklung sei, das freilich hat auch Merivale nicht verkannt.

wirthschaften maassgebend sein müssen, diese Erwägung ist bei Merivale nicht wohl zu suchen.

Abgesehen nun davon, dass eine Colonisation ohne die Absicht und ohne die Aussicht, in früherer oder späterer Zeit daselbst eine grosswirthschaftliche (Export-)Production zu betreiben, heutzutage schwerlich noch selbst von separatistischen Sonderlingen unternommen werden wird,*) hat Colonisations-Politik es jedenfalls nur mit solcher wirthschaftlichen Entwicklung der Colonisation zu thun,**) mag dieselbe nun von den Colonisten und ihren Leitern speciell beabsichtigt sein oder nicht. Daher wird kein verständiger Mensch heutzutage in einem Lande, welches die Aussichten auf solche wirthschaftliche Entwicklung gegenwärtig nicht bietet, Colonisations-Politik treiben wollen.

Wenn aber die staatliche Organisation eines Landes, seine Wirthschaftsverhältnisse, seine Verwaltung und sein Credit auf gleicher Stufe stehen wie die eines anderen Landes, so wird die Anwendung einer gleichen Colonisations-Politik nur in so fern durch die Naturverhältnisse beeinflusst werden, als die Entwicklung in dem weniger günstig gestellten Lande sich langsamer machen wird. So sind die australischen Länder heutzutage wesentlich durch ihre Entfernung von Europa behindert in gleicher Intensität wie die nordamerikanischen Staaten in die Periode europäischer Culturreife und wirthschaftlicher Selbstständigkeit einzutreten, sind aber andrerseits hauptsächlich durch die Gunst ihrer naturellen Verhältnisse so ausserordentlich schnell bis an das Ende der mittleren Entwicklungsstufe gehoben worden. Neu-Seeland z. B., obwohl ihn seine Colonisations-Politik viel mehr Kosten verursachen musste als die der canadischen Länder wegen der längeren Emigrantenpassage von Europa und wegen seines theureren Credites, hat, begünstigt

*) In vergangenen Zeiten kam solcher schwärmerische Unverstand allerdings so häufig vor, dass noch Roscher (in seinen »Kolonien etc.« Leipzig 1856 S. 46) sehr wohl mit Recht die »religiöse Begeisterung« als eine eigene Ursache der Coloniengründung bezeichnen konnte. Jetzt bringen solche menschenscheue Enthusiasten nicht leicht mehr die Kosten auf, die es ihnen doch immerhin verursachen würde, wenn sie es wirklich vorziehen sollten, lieber in einer fernen Wildniss zu verkommen, als unter civilisirten Menschen zu leben und mit diesen den culturbildenden Kampf um's Dasein zu führen.

**) Alle culturellen Wirkungen können nur aus den wirthschaftlichen Erfolgen hervorgehen und hängen von diesen ab.

durch seinen Bodenreichthum, sein Klima und seine insulare Lage, kaum einige 30 Jahre nach seiner Begründung mit Erfolg unternommen durch kühne Anwendung einer ähnlichen Colonisations-Politik eine ähnliche Culturstufe zu erreichen wie Canada in fast 300 Jahren. Victoria, noch ausserdem begünstigt durch die Nähe des schon früher colonisirten Tasmaniens, vermochte den gleichen Culturlauf durch ähnliche Politik innerhalb der letzten 50 Jahre bereits fast zu vollenden.

Die mögliche Schnelligkeit solcher Entwicklung zu höheren Stufen macht für die Colonisations-Politik allerdings einen gewissen Unterschied hinsichtlich der Bestreitung ihrer Kostenauslagen, also in Betreff der Verzinsung und Amortisation einer zu diesem Zwecke aufgenommenen Anleihe; aber doch kaum einen wesentlichen Unterschied, denn je langsamer eine solche Entwicklung vor sich geht, desto breiter und sicherer pflegt sie sich zu gestalten. Beschleunigt sich nun auch das bisherige Tempo der Entwicklung voraussichtlich nicht, so wird sich dieselbe dennoch ermöglichen lassen, weil die Billigkeit und der Umfang des Credites überseeischer Länder sich im Wesentlichen nach der Breite und Sicherheit der Grundlagen richtet, welche sie solchem Credite bieten. Dies die financielle Seite der Frage; weiter unten wird sich ergeben, dass auf den gleichen Stufen der Entwicklung die Colonisations-Politik auch culturell stets denselben Charakter zeigt, von denselben Grundgedanken getragen wird, und dass nur diese Grundgedanken den Naturverhältnissen des Landes anzupassen sind.

Auf der untersten Stufe aber, resp. am Anfange der Entwicklung, ist die Beeinflussung der Colonisations-Politik durch die Naturverhältnisse in der Regel auch nur eine theoretische, ohne praktische Bedeutung; denn kleinbäuerliche Colonisation in einem Lande, welches nicht ganz besondere Vortheile für eine schnelle Entwicklung zur Grosswirthschaft (Massenproduction eines Rohstoffes für den Export) geniesst, ist rationeller Weise überhaupt nur im Anschluss an bestehende, höhere Culturverhältnisse staatswirthschaftlich durchzuführen, (z. B. die Central-Argentinische Land-Gesellschaft). Findet sich freilich ein Land, wo genügende Facilitäten einer schnellen Entwicklung vorliegen, so wird allerdings dieses, eventuell im ganz uncultivirten Zustande, einer selbstständigen Colonisation die Grundlage für einen culturellen wie financiellen

Erfolg bieten können (Begründung einiger australischen Colonien), — und dieses ist auch der einzige Fall, in welchem Merivales Unterscheidungs-Merkmal für die Colonisations-Länder (deren Naturverhältnisse also) die in erster Linie entscheidende Vorbedingung erfolgreicher Colonisation, und auch das maassgebende Element für die Möglichkeit einer Colonisation sowie einer Colonisations-Politik ist. Länderstrecken der letzteren Art, die für Cultivationen geeignet sind, finden sich noch zahlreich, die für Colonisationen, jetzt wohl nur in geringerer Anzahl; gerade jetzt aber, wo die europäische Colonisation der neuen und neuesten Erdtheile mehr und mehr dazu gelangt, ihre Kinderschuhe auszutreten, erscheint die Schaffung breiterer Colonisations-Grundlagen im Anschlusse an bestehende, staatliche Verhältnisse als die Aufgabe der Zukunft, und zwar als eine Aufgabe, welche mehr noch denn heute die weitest-gehenden culturellen und financiellen Erfolge erzielen wird.

Die Colonisations-Politik also hat sich direct nach der Culturstufe derjenigen Entwicklung zu richten, für welche sie bestimmt ist, und sie wird dabei nur mehr oder weniger indirect durch die Naturverhältnisse bedingt. In sehr bedeutendem Maasse dagegen ist sie von der weltwirthschaftlichen Entwicklung ihrer Zeit abhängig.

Wie die meisten einzelnen Ansiedlungen die verschiedenen Stufen der Entwicklung mehr oder weniger lange durchzumachen haben, so durchläuft in noch ausgeprägterem Maasse jedes Colonialland diese Entwicklungsstufen in kürzeren oder längeren Perioden; ebenso aber hat auch die gesammte moderne Colonisation unserer Rasse diese verschiedenen Stadien durchgemacht. Gegen Ende des vorigen Jahrhunderts zeigten sich die ersten Spuren bewusster Colonisations-Politik (in den Vereinigten Staaten); dieselbe war speciell auf die Begünstigung kleinbäuerlicher Ansiedlungen berechnet. Mit dem Jahre 1830 machte sich zum ersten Male eine durchdachte Theorie der Colonisations-Politik geltend (Gründung der ersten »Colonisations-Gesellschaft« in London); sie war auf grosswirthschaftlichen Betrieb der colonialen Volkswirthschaft gerichtet. Mit dem Durchbruche der tonangebenden Bedeutung moderner Verkehrsmittel aber, mit der allgemeineren Verwendung von Dampf und Elektricität auch in überseeischen Ländern, wird jetzt der Charakter europäischer Reife mehr und mehr in den colonialen Volkswirthschaften vorherrschend. Diese gegenwärtige Periode der Colonisation und ihrer Politik datirt erst seit etwa 1860 oder gegen Ende der 50-er Jahre.

Wie nun die Colonisation und ihre Technik durchaus von der für ihr Gedeihen nothwendigen Politik abhängig ist, so wird ebenso auch diese Politik wiederum wesentlich bestimmt durch die Colonisations-Periode der Zeit, in welcher sie steht. Wir müssen heutzutage mit ganz anderen Elementen, mit ganz anderen Mitteln rechnen, als vor 50, ja selbst als vor 30 Jahren. Wie daher auch in der Volkswirthschaftslehre für die Gegenwart nur noch die Hauptgrundgedanken der älteren Zeit sich als richtig erhalten haben, fast alle Anwendungen derselben aber und Argumentationen mit diesen Gedanken durch die modernen Verkehrsmittel der Weltwirthschaft neugestaltet worden sind, so kann auch heutzutage ein Zurückgreifen auf die Verhältnisse früherer Colonisations-Perioden für die Beurtheilung heutiger Colonisations-Politik einen nur sehr beschränkten, meist nur theoretischen Werth haben. Die hier anzuführenden Beispiele werden daher auch womöglich aus der Gegenwart zu nehmen sein.

Alle bedeutsamen Völker Europas haben sich in culturellen Wettbewerbe an dieser Entwicklung betheiligt, und quantitativ oder mit numerischen Kräften nicht zum Wenigsten wir Deutschen. Freilich aber haben wir dabei für uns selbst garkeine culturellen und wenig financielle Erfolge erzielt, während andererseits die englisch redenden Völker in beider Hinsicht die günstigsten Resultate aufzuweisen haben. Die Colonisation in den brittischen Besitzungen und in den Vereinigten Staaten von 1830 bis 1880 hat nahezu vollständig die heutigen Kenntnisse der Colonisations-Technik und die Erfahrungen der Colonisations-Politik zu Tage gefördert. Aus der Geschichte dieser Colonisation wird daher auch das Material für die Untersuchung der staatswirthschaftlichen, sowie der privatwirthschaftlichen Fragen zu entnehmen sein.

Als typische Beispiele für die drei verschiedenen Stufen der colonialen Entwicklung bieten sich da zunächst für die dritte und zweite Periode, das älteste und das jüngste Colonialland des angelsächsischen Stammes, die Vereinigten Staaten von Nord-Amerika und die Inselgruppe Neu-Seeland, das Musterkind der modernen

Colonisations-Politik Englands. Als ein Naturland endlich, welches zunächst auf die Stufe kleinbäuerlicher Ansiedlungen gehoben werden soll, tritt heutzutage der Westen von Brittisch-Nordamerika in den Vordergrund. Dort handelt es sich speciell um den Bau des *Canadian Pacific Railroad*, und jene Länderstrecken scheinen berufen zu sein, das Versuchsfeld der neusten und zukünftigen, brittischen Colonisations-Politik und zugleich der Colonisations-Technik zu werden.

In der nachfolgenden Darstellung moderner Colonisations-Politik empfiehlt es sich einen rückläufigen Weg einzuschlagen, mit der letzten Periode zu beginnen und die erste Stufe der Entwicklung zuletzt zu betrachten. Diese anfänglichen, primitiveren Verhältnisse sind unsern europäischen Begriffen soviel ferner liegend, soviel complicirter zu beurtheilen, soviel schwieriger zu behandeln als die reifer entwickelten Colonial-Verhältnisse, dass es wünschenswerth ist, an jene erst von diesen einfacheren Begriffen, von diesen den unseren ähnlicheren Zuständen aus hinanzutreten. Zugleich ist dies auch der Gang, den die historische Entwicklung der Colonisations-Politik selbst genommen hat. Man traf zuerst das Richtige für die staatswirthschaftliche Behandlung der reif gewordenen Verhältnisse, dann erst für die werdenden und eben jetzt geht diese Aufgabe für die beginnenden oder erst neu zu schaffenden Verhältnisse colonialer Volkswirthschaft ihrer Lösung entgegen.

Es mag hier noch zum leichteren Verständnisse der nachfolgenden Darstellung vorausgesandt werden, dass die drei Hauptaufgaben der Colonisations-Politik, welche die Entwicklung der colonialen Volkswirthschaft auf den verschiedenen Stufen bestimmen, folgende sind:

1) staatliche Organisation der Verhältnisse des Landes,
2) commercielle Concentration der Productionskräfte in demselben, und
3) culturelle Concurrenz möglichst vielseitiger Kräfte in möglichst unbeschränktem Maasse.

(1.) Dritte, höchste Entwicklungs-Stufe.

Die Unions-Regierung der Vereinigten Staaten war die erste, welche die Thatsache erkannte, dass Colonisations-Politik in erster Linie eine Frage der richtigen Verwendung und Verwerthung von Grund-und-Boden des zu colonisirenden Landes ist.

Die drei Elemente der Roh-Production, um die es sich bei der Colonisation wie bei jeder wirthschaftlichen Entwicklung handelt, sind Grund-und-Boden, Capital und Arbeitskräfte; mit diesen drei Factoren haben die producirenden Culturkräfte, der Unternehmungsgeist und die Erfindungsgabe, zu operiren, sie den gegebenen Umständen anzupassen und in möglichst wohlfeiler und ausgiebiger Weise zur Geltung zu bringen. Die Beschaffenheit und das Zusammenwirken dieser drei Productions-Elemente zu ermöglichen und zu erleichtern muss daher der Grundgedanke jeder Politik sein, welche sich bestrebt, die Colonisation zu heben und zu fördern. Capital und Arbeitskräfte hat das zu colonisirende Land nicht; der Grund-und-Boden desselben ist mithin die einzige natürliche Hülfsquelle, um dort Production und Colonisation anzubahnen. Der Grund-und-Boden solches Landes ist auch ebenso noch bei dessen weiterer Entwicklung der zunächst gegebene Factor, durch dessen Verwendung diejenigen anderen Productionsfactoren, deren es mehr oder weniger dringend bedarf, herbeizuschaffen sind, und durch dessen Verwerthung die Kostenauslagen solcher Beschaffung sowie aller sonstigen Erfordernisse der Organisation und Concentration, sei es staatswirthschaftlich, sei es privatwirthschaftlich, zu decken sind. *)

Bis in das zweite Viertel dieses Jahrhunderts hinein wurde in

*) Günstiger ist in dieser Hinsicht die Cultivation (wenigstens in der Regel) gestellt. Das Cultivationsland bietet meist zwei Grundelemente der Production, den Boden und die Arbeitskräfte. Deshalb ist eine Cultivation auch um so eher mit allen ihren Kostenauslagen privatwirthschaftlich rentabel zu machen. Die vorhandenen Arbeitskräfte genügen um das nöthige Capital zur rentablen Bethätigung zu bringen, die natürliche Abhängigkeit der niederen Menschenrassen erleichtert die Concentration ihrer Arbeitskräfte, und der Ertrag des ungewöhnlich fruchtbaren Bodens reicht alsdann nicht selten hin, um die gesammten Kosten der Organisation nicht nur staatswirthschaftlich, sondern auch privatwirthschaftlich zu decken. — Freilich ist der gleiche Erfolg gelegentlich auch in colonialen Naturländern erzielt, wo hoher Bodenwerth und isolirte Lage die staatliche Organisation und wirthschaftliche Concentration erleichterten. So glückte die Colonisation einiger australischer Länder auch als financielle Unternehmungen, indem der Ertrag des Landverkaufes ausreichend war, die sämmtlichen staatswirthschaftlichen Kostenauslagen ebenso wie die privatwirthschaftlichen unmittelbar zu ersetzen.

den brittischen Colonien der Grund-und-Boden in grossen Arealen an angesehene Privatleute und Gesellschaften verschenkt, in der Regel sogar ohne dass daran als Gegenleistung irgend welche Bedingungen einer Colonisation des Landes geknüpft waren. Eine Colonisations-Politik wurde überhaupt kaum getrieben, und das Squatterthum*) blühte in den überseeischen Ländern in üppigster Weise. — Noch heute sehen wir die nachtheiligen Folgen des gleichen Vorgehens z. B. in Brasilien, wo der Aufschwung der Colonisation wesentlich durch das private Besitzrecht über grosse Länderstrecken gehindert wird; einflussreiche Familien, welche nichts für die Besiedlung des Landes zu thun bereit sind, haben sich dort solche Vorrechte leichthin erworben, sei's durch Schenkung, sei's durch nominellen Kauf um Spottpreis. Ja, noch in diesen Jahren hat man die Regierung der argentinische Provinz Corrientes in gleicher Weise vorgehen sehen, als es sich darum handelte, dass ein Theil derselben, das Gebiet der »Misiones«, von ihr abgetrennt und zur selbstständigen Provinz erhoben werden sollte. Sie verschleuderte alles verkäufliche Land dieses Gebietes um Spottpreise zu Gunsten ihrer Provinzial-Casse, und erschwerte dadurch der Regierung dieser neuen Provinz die Förderung einer Colonisation ihres Landes; sie hat vielleicht gar jede Politik zu Gunsten dieser Culturarbeit lahm gelegt, indem sie die natürliche Hülfsquelle derselben verschloss.

Anders die Vereinigten Staaten. Unmittelbar nach der Begründung der unabhängigen Union erwarb die Regierung alles (unoccupirte) Colonialland innerhalb ihres weiten Gebietes, indem die einzelnen Staaten ihr die auf jeden derselben fallenden Antheilsrechte zu Gunsten einer gemeinsamen, einheitlichen Ausübung derselben für Alle abtraten. Das »*Land office*« zur Verwaltung dieses Gebietes wurde 1790 geschaffen.

In der alsdann eingeschlagenen Colonisations-Politik dieses

*) *Squatter* (sprich: Squotter) nennt man einen kleinbäuerlichen Ansiedler, der ein Stück vorher unoccupirten Landes durch Cultivation des Bodens in Besitz genommen hat, ohne sich für dasselbe einen legalen Besitztitel zu erwerben; auch versteht man darunter (in Australien) Viehzüchter, welche herrenloses Weideland ausnutzen. In der Regel finden sich solche Squatter nur isolirt, stets aber ausserhalb des Bereiches staatlicher Organisation lebend.

Bureaus der Unions-Regierung wurden anfangs allerhand Fehlzüge gemacht, so verkaufte man zuerst keine Areale unter 4000 Acker; doch erkannte man bald, dass dies nicht der rechte Weg sei, um das Land möglichst schnell und möglichst nachhaltig zu verwenden und dasselbe zugleich zu möglichst hohem Preise zu verwerthen. Die Grundzüge der wahrhaft genialen *) Politik, welche man seitdem dort einschlug, sind kurz folgende:

Das Land wurde gleichmässig vermessen in Landschaften *(Townships)* von 36 Quadratmeilen zu je 640 Acker; jede Quadratmeile wurde wieder in Unterabtheilungen bis zu 40 Acker abgegeben, in kleineren Arealen nicht. Dann wurden solche Landschaften durch Proclamation des Präsidenten der Union gesetzmässig in Auction zum Verkauf gebracht, zu einem Minimal-Preise angesetzt und nur gegen Baargeld losgeschlagen. Fand sich kein Bieter für ein Stück Land, so konnte dasselbe danach zu jeder Zeit gegen Baarzahlung des Minimalpreises privatim in Besitz genommen werden; Credit wurde niemals gegeben. Vom fünften Jahre nach dem Ankauf des Landes (in Auction oder privatim) an hatte der Käufer die allgemeinen Landessteuern für dasselbe zu bezahlen. Wenn auf dem Lande, welches verkauft werden sollte, Squatters angesiedelt waren, so hatten diese anfangs gewohnheitsrechtlich, später gesetzlich das Vorkaufsrecht für dasselbe. Dazu wurden ihnen durch den *Preëmption Act* von 1841 noch weiter gehende Concessionen gemacht.

Bis 1819 war der feste Minimalpreis 2 Dollars per Acker; dieser erwies sich aber doch als zu hoch für den damaligen Werth des Landes. Der Ansatzpreis wurde dann auf 1¼ Dollar (5 Mark) herabgesetzt, und steht auch so noch gegenwärtig. Jetzt ist dieser Preis allerdings wohl nicht mehr zu hoch, war es aber damals doch wohl noch, denn trotzdem sich gerade nach 1820 die Einwanderung in den Vereinigten Staaten ganz ausserordentlich hob, **) so stellte sich dennoch der Verkaufspreis des Ackers dort noch bis 1840 selten über 1½ Dollars auch für das beste Land. Auf

*) Diese Colonisations-Politik der Ver. Staaten erscheint uns heute sehr einfach; eben in dieser Vereinigung aber von Einfachheit und Zweckdienlichkeit liegt gerade die Genialität und die Mustergültigkeit dieser Maassregel.

**) Die Einwanderung in den Vereinigten Staaten wird folgendermaassen an-

diese Weise wurde also das Land zum höchst-möglichen Preise verwerthet; es wurde aber auch auf das Intensivste verwendet. Faule Land-Speculation war durch die Erhebung der Landessteuern ausgeschlossen. Nur solche Leute, gross oder klein, konnten den Besitz des Landes wünschen, welche unmittelbar Gewinn aus demselben ziehen wollten, sei es nun durch eigene Cultivation desselben, sei es durch Vertrieb desselben in wegsameren Zustande zu entsprechend höherem Preise an andere Leute (Ansiedler), die ihrerseits dann den Boden cultivirten.

Erst 20 bis 30 Jahre später als in den Vereinigten Staaten kam diese Erkenntniss der Bedeutung des Grund-und-Bodens der Colonialländer auch in der brittischen Colonisations-Politik allmählig zur Geltung; sie wurde dann sehr bald durch das Wakefield-System bis in ihre äussersten theoretischen Extreme übertrieben, und erst nach manchen Misserfolgen einer 30- bis 40-jährigen Praxis (der ersten Blüthe moderner brittischer Colonisation) auf ihren realen Gehalt zurückgeführt. Das Land wurde anfangs zu niedreren, später (in den australischen Ländern) zu höheren, oft zu sehr hohen Preisen, bis 60 *M.* per Acker (Regierungs-Minimalpreis) verkauft.

Dies begann in Canada 1826, aber anfangs ohne dass Baarzahlung gefordert wurde; diese wurde dort erst durch Lord Glenelg 1837 eingeführt. In Neu-Schottland und Neu-Braunschweig, jetzt beide zum canadischen Reiche gehörig, wurde der Landverkauf in Auction 1827 eingeführt. In all diesen Fällen war der angesetzte Minimalpreis, wie in den Vereinigten Staaten, ungefähr 5 *M.* Im Jahre 1840 wurden durch Lord Sydenham zwei Preise für verschieden-werthige Ländereien festgesetzt 4 *M.* und 6 *M.*. In Neu-Süd-Wales wurde der Auctionsverkauf 1831 eingeführt mit Minimalpreis von 5 *M.*; durchschnittlich wurde dabei der Acker einschliesslich der städtischen Grundstücke zu 7 bis 8 *M.* verkauft.

---

gegeben:

1784—89	=	20,000
1790—99	=	50,000
1800—09	=	70,000
1810—19	=	114,000
1820	=	8,335
1821—40	=	1·000,949
1841—50	=	1·313,251
1851—60	=	2·598,214
1861—70	=	2·491,451
1871—80	=	2·872,067

Von 1839 an wurde der Ansatzpreis daselbst auf 12 *M.* gehoben. In Süd-Australien begannen diese Landverkäufe 1835, wurden anfangs zu 12 *M.* per Acker angesetzt, sehr bald aber auf 20 *M.* hinaufgeschroben. Dort wurden bis 1840 auf diese Weise 160,000 Acker in England und 137,167 in der Colonie veräussert; der Ertrag davon war 5½ Millionen Mark. In Victoria (Port Phillip) wurde der Minimalpreis 1838 auf 20 *M.* festgesetzt; durchschnittlich aber wurde der Acker dort zu 30 *M.* verwerthet. Im Jahre 1853 wurden daselbst sogar 305,693 Acker zu einem Durchschnittspreise von über 100 *M.* verkauft; der Gesammtertrag davon war 31·362,270 *M.*.

Hervorragend in der Geschichte der Landverwerthung in den brittischen Besitzungen sind vor allem der *Australian Land Sales Act* von 1842 und ein unmittelbar darauf eingeführter Parlaments-Act, welcher die Verpachtung weiter Landstrecken zur Viehzucht unter billigen Bedingungen einführte, das sogenannte *Licence*-System. Dies letztere Gesetz war ebenfalls auf die Squatters berechnet, auf die australischen nämlich, welche nicht bäuerliche Ansiedler sondern Viehtreiber auf herrenlosem Lande sind.

So ging also die ganze Entwicklung unserer modernen Colonisations-Politik im Wesentlichen von den Vereinigten Staaten aus. Als aber unsere Rasse endlich in die jüngste, noch gegenwärtige Periode ihrer colonialen Entwicklung eintrat, waren die »Staaten« in ihrer Culturwirthschaft bereits auf der Höhe europäischer Vollreife angelangt, und die freie Concurrenz aller volkswirthschaftlichen Kräfte steigerte das Wirthschaftsleben daselbst in riesig wachsenden Dimensionen. Aehnlich liegen die Verhältnisse heute in Canada; nur die geringere Gunst der Naturumgebung und die mindere Gewährung der erforderlichen Freiheit in der Entwicklung ist der Grund des Zurückstehens der canadischen Herrschaft gegen die Vereinigten Staaten. Auch die australischen Colonialländer nähern sich, wie erwähnt, mehr oder weniger schnell diesem Höhepunct der Entwicklung. In sehr viel geringerem Maasse dagegen ist dies bei den süd-amerikanischen Staaten der Fall; diese bemühen sich allerdings ihre Colonisations-Gesetze und sonstigen Einrichtungen und Verhältnisse möglichst denen der Ver. Staaten von Nord-Amerika nachzubilden, werden aber dabei sicherlich stets ebenso weit hinter diesen zurückbleiben, als sie auf niedrigerer Stufe der

Entwicklung beharren und sich ihr Emporkommen durch unrichtige und ungenügende Politik erschweren. Dort ist Nichts weniger am Platze als das einfache Gehenlassen der freien Concurrenz. Wenn diese von der Natur so sehr begünstigten Länder culturell gedeihen wollen, so bedürfen gerade sie in erster Line eines energischen Eingreifens der Staatsgewalt, einer Colonisations-Politik, die sich in richtiger Erkenntniss der Sachlage ihren realen, mangelhaften Verhältnissen scharf anpasst.

In den Ver. Staaten dagegen sind die tonangebend wirkenden Kräfte thatsächlich reif und selbstständig. Da bedarf es keines vielgeschäftigen Eingreifens der Unions-Regierung in die coloniale Entwicklung mehr. Dort handelt es sich nicht mehr um eine Steigerung der intensiven Entwicklung, sondern nur um eine Verbreiterung und Vermehrung der Grundlagen, um eine mehr extensive Entwicklung. In diesen vom frischesten Lebensgeiste erfüllten Wirthschaftsverhältnissen entfalten sich die kleinbäuerlichen Anfänge schnell genug zu grosswirthschaftlichem Betriebe. Dort gilt es nur möglichst viele und möglichst entwicklungsfähige Kräfte heranzuziehen, und dies geschieht am besten dadurch, dass man denselben die grösstmöglichen Chancen für ein schnelles Gedeihen bietet, fruchtbares Land zu den billigsten Bedingungen und hohe Löhne für kurze aber gute Arbeitsleistung. Dabei bedarf es keiner weiteren Immigrations-Politik; in übergrosser Fülle strömen Schaaren solcher Kräfte selbstthätig von Europa dorthin. Eine Einwanderung auf Staatskosten würde dabei nur vom Uebel sein, würde nur die Volkswirthschaft mit weniger guten, unbemittelten und überflüssigen Kräften belasten. Das gerade ist der grösste Vortheil der Ver. Staaten, dass sich dort verhältnissmässig wenige, ganz hülflose Proletarier aus Europa einfinden, weil Niemand für sie die Passagekosten bezahlt. Die meisten Familien aber, welche ihre Ueberfahrt bestreiten können, verfügen in der Regel auch über soviel weitere, eigene oder geborgte Mittel, um sich selbstständig anzusiedeln. Auf die Unabhängigkeit ihres Wirthschaftsbetriebes ist eben das erste Streben solcher Kräfte gerichtet, und dies ist zugleich der beste Beweis dafür, dass sie die richtigen Elemente sind, welche für ein *reifes* Wirthschaftsleben wünschenswerth sind. Knechte und Arbeiter stehen ihnen allerdings nur wenige um verhältnissmässig hohen Lohn zu Verfügung; die Culturarbeit der Colonisation müssen solche Familien meist mit eigener Hand verrichten. Einige Einwanderer werden allerdings vorziehen, erst eine Zeitlang als Arbeiter in fremde Dienste zu treten, theils um sich in der neuen Heimath geistig wie leiblich zu acklimatisiren, und den neuen Betrieb gründlich kennen zu lernen, theils auch um ihre Capitalmittel zu stärken. Der Grundzug all' solcher Einzel-Entwicklung auf voll entfalteter Cultur-Grundlage ist das Ringen nach Selbstständigkeit, und solche in saurer Arbeit erworbene Selbstständigkeit ist allein die Basis, auf der sich eine vollreife Gestaltung erheben kann.

Auch für die zur Steigerung der Entwicklung nöthige Concentration der Productionskräfte hat unter solchen Verhältnissen die Staatsgewalt nicht mehr zu sorgen. Diese geschieht hinreichend durch das Privat-Capital in dessen eigensten Interesse durch Anlage der nöthigen Verkehrsmittel, Wege, Eisenbahnen und praktischen Einrichtungen aller Art, um den commerciellen Vertrieb der Landesproducte auf weiteste Entfernungen hin zu ermöglichen.

Ebenso aber dehnt sich auch die staatliche Organisation mit dem Wachsen solcher Verhältnisse ganz von selbst aus. Wo sich das Bedürfniss solcher Organisation genügend stark geltend macht, ist dort unschwer die staatswirthschaftliche Durchführung derselben zu ermöglichen.

Auf dieser reich-entfalteten Grundlage seines gereiften Wirthschaftslebens hat nun die Union neuerdings noch einen weiteren Gedanken mit durchschlagendem Erfolge zur Anwendung gebracht, nämlich ein richtiges Princip von Landschenkungen. Zwei verschiedene Beispiele der Anwendungen dieses Princips stechen da besonders hervor. Zunächst die bekannte Concession von 10 Meilen Land zu beiden Seiten ihres Bahnweges *) an die *Union Pacific Railroad Company* und ferner das *Homestead-* und *Preëmption-Law.*

Nach diesem letzteren Gesetze kann jeder Bürger der Ver. Staaten, sowie Jeder, der in vorgeschriebener Form erklärt, solcher Bürger

*) Das Land dieser Schenkungen erstreckt sich zwar bis 20 engl. Meilen zu beiden Seiten der Bahn, da indessen von diesem Lande nur eine Quadrat-Meile um die andere der Gesellschaft geschenkt wurde, so erhielt dieselbe also ein Areal von der Länge ihrer Bahn und von 10 Meilen zu jeder Seite (20 Meilen breit), im Ganzen ca. 12 Millionen Acker.

werden zu wollen, das Recht in Anspruch nehmen, sich von vermessenen Regierungs-Ländereien bis zu 160 Acker zu sichern und später ein Vorkaufsrecht zum Minimalpreise an demselben geltend zu machen. Die Frist der Erwerbung solches Landbesitzes datirt von dem Beginne der ersten Arbeit oder Niederlassung des Berechtigten auf dem Lande selbst. Innerhalb 3 Monaten danach muss solcher Ansiedler seine Absicht, das Land erwerben zu wollen, officiell anzeigen, und muss innerhalb 30 Monaten den Kaufpreis desselben bezahlen. Dieser Kaufpreis ist entweder 1¼ $ oder 2½ $ per Acker, je nachdem das Land ausserhalb oder innerhalb einer Entfernung von 10 Meilen von der Land-Concession einer Eisenbahn-Gesellschaft liegt. — Ferner kann sich ein jeder ebenso Qualificirte eine Heimstätte von 80 Acker innerhalb oder 160 Acker ausserhalb der 10 Meilen Entfernung von einer solchen Land-Concession erwerben, indem er in ordnungsmässiger Weise darum applicirt, innerhalb 6 Monaten danach mit der Urbarmachung und Ansiedlung auf dem Lande beginnt, und die Bearbeitung desselben innerhalb 7 Jahren vollendet. Dann erhält er den definitiven Besitztitel ausgefertigt, wenn er glaubwürdig (durch Zeugen) nachweist, dass er das Land cultivirt, mindestens 5 Jahre auf dem Lande gewohnt hat und nie über 6 Monate zur Zeit von demselben abwesend gewesen ist. Will ein solcher Colonist dieses Eigenthumsrecht früher erwerben, so kann dies nach 6 monatlicher Bearbeitung und Bewohnung des Landes durch Zahlung des Regierungspreises (1¼ oder 2½ $ per Acker, wie oben) geschehen.

Noch günstiger als diese Bestimmungen für die Ver. Staaten ist das neue Heimstätte-Gesetz in Canada. Dort ist es einer Proletarier-Familie (nach officiellen Berechnungen der Regierung) schon mit 1600 ℳ. bis 2000 ℳ. eigenen oder geliehenen Geldes möglich ausgedehnten Grundbesitz zu erwerben, während im Westen der Union doch mindestens ein Kostenaufwand von 3000 ℳ., meistens 6- bis 7000 ℳ., und mancherwärts sogar 12- bis 15,000 ℳ. als nothwendig zur selbstständigen Ansiedlung angesehen wird. Innerhalb 3 Jahren kann eine Arbeiter-Familie mit jenen geringen Mitteln im westlichen Canada den Besitz von 320 Acker Landes (½ engl. Quadratmeile) und mit der Zeit sogar noch mehr Land in einem zusammenhängenden Areale erwerben. Es genügt dazu, dass die Familie während der 3 Jahre auf dem betreffenden Lande wohnt, und dass einige Mitglieder der Familie den Boden in rationeller Weise bebauen. Der Familienvater kann dabei ausserdem noch sich einen Nebenverdienst von netto 1200 *M.* per Jahr (nach Abzug seiner Unterhaltskosten) durch Lohnarbeit an der von der canadischen Regierung gebauten *Pacific*-Bahn erwerben. Auch in manchen andern günstigen Nebenbestimmungen bietet dieses canadische Ansiedlungs-Gesetz wenig-bemittelten Arbeiterfamilien die grösst-denkbaren Vortheile.

Landschenkungen sind staatswirthschaftlich zulässig aus fünf verschiedenen Gründen, die aber in den wirklich gebotenen Fällen meistens combinirt vorliegen; sie sind gerechtfertigt:

1) wo der Beschenkte die Verpflichtung übernimmt, die Kosten der erforderlichen staatlichen Organisation des Terrains anfänglich ganz oder theilweise zu tragen;

2) wo der Beschenkte ein besonderes Risico seines financiellen Erfolges zu Gunsten des Gemeinwohles übernimmt;

3) wo irgend welche Verdienste des Beschenkten um das Land gerechter Weise belohnt werden;

4) wo der Werth des in der Nähe der Schenkung gelegenen Landes dadurch auf die bestmögliche Weise gehoben wird;

5) wo die Productionskräfte des Beschenkten für das Land in besonderer Weise wünschenswerth sind und auf keine bessere Art herangezogen werden können.

Der 1. 2. und 3. Grund liegen bei der Beschenkung mancher Colonisations- und mancher Cultivations-Gesellschaft vor, der 2. 3. und 4. Grund bei der ersten *Pacific*-Bahn, der 4. und 5. Grund bei der Beschenkung kleinbäuerlicher Ansiedler, welche als Culturpioniere in fernen Wildnissen wirken sollen.

Auf dieser vollreifen Stufe colonialer Volkswirthschaft kann von der Aufgabe einer Deckung der Kosten solcher Colonisations-Politik kaum noch die Rede sein. Diese Politik, weit entfernt davon eine Last für die Union zu sein, wird für dieselbe mehr und mehr zu einer Einnahme-Quelle, *) aus der mit der Zeit noch viel weitergehende Bedürfnisse als die einer staatlichen Organisation

*) Bis zum Jahre 1850 betrug die Gesammt-Einnahme der Union aus ihren Landverkäufen ca. 550 Millionen Mark, wovon über 250 Millionen Mark Rein-Gewinn waren. Bis dahin war aber erst ein sehr geringer Theil, nicht ein Zehntel, des ganzen Unions-Landes verkauft worden.

des besiedelten Landes werden bestritten werden. In dieser Hinsicht verdient hier noch eine andere, sehr weitschauende Maassregel der Ver. Staaten-Regierung hervorgehoben zu werden, die Besiedlung von nur je einer Quadratmeile des Landes um die andere und die Reservation einiger auf diese Weise unbesiedelt bleibenden Flächen für das Schulwesen der Union. *) Mit der Zeit werden diese letzteren Areale einen ganz unermesslichen Werth repräsentiren und realisiren. Kein Land der Welt wird zukünftig im Stande sein, den rapide wachsenden, financiellen Anforderungen der Civilisation an die Beschaffungs-Nothwendigkeit von Erziehungsanstalten und Bildungsmitteln für alle Classen der Bevölkerung so leicht zu genügen wie die Vereinigten Staaten. Diese haben eben damit zugleich den Grund gelegt für die weiteste und höchste intensive Entwicklung ihres riesigen Gemeinwesens, auch nachdem eine extensive Entwicklung innerhalb desselben nicht mehr möglich sein wird.

(2.) **Zweite, mittlere Entwicklungs-Stufe.**

Commercielle Concentration der Productionskräfte ist das charakteristische Merkmal der mittleren Entwicklungs-Periode colonialer Volkswirthschaft. Die Colonisations-Politik dieser Periode setzt schon eine ziemlich entwickelte staatliche Organisation voraus und unterscheidet sich eben dadurch von der ersten Stufe, von den Anfängen colonialer Entwicklung. Die Volkswirthschaft ist schon im Wesentlichsten intensiv, ihre Kräfte sind vielseitig, ihr Betrieb meist grosswirthschaftlich; diese Intensität der Entwicklung zu fördern und zu heben ist die Hauptaufgabe der Colonisations-Politik auf dieser Entwicklungsstufe.

Der erste theoretisch durchdachte Versuch einer solchen Politik war das schon erwähnte Wakefield-System, das gleicher Weise epochemachend geworden ist, sowohl für die Colonisations-Politik als für die Colonisations-Technik der brittischen Nation und damit zugleich für alle von Europa aus betriebene Colonisation und Colonialpolitik überhaupt.

Nicht mit Unrecht wird dieses System nach demjenigen der

---

*) Früher wurde nur jede 36ste Section für das Schulwesen und das Armenwesen reservirt, jetzt wird weit mehr Land hierfür bestimmt.

Begründer desselben genannt, der seinen Mitarbeitern nicht nur an Priorität voranstand, sondern dieselben auch an Originalität der Gedanken überragte, Edward Gibbon Wakefield. *) Ihm unmittelbar zur Seite standen freilich einige kaum weniger bedeutende Männer, wie der hervorragende Parlamentsredner der 20er und 30er Jahre und Mitglied der Untersuchungs-Commission Lord Durhams in Canada, Charles Buller, und der geniale Wirthschaftspolitiker der ersten Peel'schen Periode Robert Torrens, dessen zahlreiche, meist aphoristisch gehaltenen Arbeiten noch heute in Deutschland viel grössere Beachtung verdienen, als denselben zu Theil wird. **)

Auf Grundlage dieses Systems wurde 1830 in London die »*Colonization Society*« gegründet; und die berühmtesten Colonisationen, welche nach den Grundgedanken dieses Systems unternommen wurden, waren diejenigen von Süd-Australien (1836—40) und von Neu-Seeland (die nördliche Insel 1841—45 und die südliche im Anfang der 50er Jahre). Beides sind jetzt blühende Colonien Grossbritanniens. Mehr oder weniger aber ist die Entwicklung auch der andern australischen Länder durch die Consequenzen des Wakefield-Systems und seiner Grundgedanken günstig beeinflusst worden und wird es noch bis auf diesen Tag. Ja, es ist wohl keine coloniale Volkswirthschaft in der Welt (Nord-Amerika höchstens ausgenommen), die nicht von diesen Grundgedanken Vortheil zieht oder ziehen könnte.

Die beiden noch heute, wenn auch in etwas veränderter Form, als Kriterion geschickter Colonisations-Politik dienenden Grundgedanken Wakefield's waren:

1) durch möglichste Steigerung der Landpreise die intensive Entwicklung der Volkswirthschaft zu begünstigen, die

*) Seine ersten epoche-machenden Schriften waren »*A letter from Sidney*« (1829), das Circular der »*Colonization Society*« (1830) und »*England and America*« (1833). Von seinen späteren Werken ist das bedeutendste »*A view on the Art of Colonization*« (1849).

**) »*Tracts on Finance and Trade*« (1832), »*Colonization of South-Australia*« (1835), »*Letters to Sir Rob. Peel on the Condition of England*« (1843), »*Commercial and Colonial Policy*« (1844); die 2. Auflage hiervon, vermehrt um einige Aphorismen, politische Briefe etc., auch die an Peel, herausgegeben unter dem Titel »*The Budget*« (1844) ist wohl seine interessanteste Schrift. Dann »*External Trade*« (1853), »*Letters to Senior on Free Trade*« (1853), »*Political Economy and Constitutional Government in Australia*« (1856) und manches Andere.

Capitalanlage zu sichern, Arbeitskräfte zu beschaffen und dieselben zum Zusammenwirken mit grösseren Capitalkräften zu veranlassen, und

2) durch möglichst hohe Verwerthung des Landes die Kosten der Colonisation zu decken. In so fern die Deckung eine staatswirthschaftliche sein kann, war schon oben bei der dritten Entwicklungsstufe hiervon die Rede. Wakefield aber erstrebte auch eine privatwirthschaftliche Deckung und Rentabilität des für staatswirthschaftliche Zwecke aufgewandten Anlage-Capitals der Colonisation; er glaubte sogar, dass solche Rentabilität sich als eine unausbleibliche Consequenz aus jeder Anwendung seines Systems unter allen Umständen ergeben müsse. Darüber ist noch weiter unten das Nähere zu sagen; hier handelt es sich zunächst nur um den ersten der soeben angegebenen Puncte.

Wakefield und seine Freunde operirten bei der Theorie ihres Systems mit den drei Grundelementen des völlig entfalteten Wirthschaftslebens, und zwar in folgenden Gestaltungen:

1) das Land in den Händen einer Staats-Verwaltung oder einer Erwerbs-Gesellschaft, welche die staatliche Organisation übernimmt, den Grund-und-Boden occupirt, vermisst und verwerthet;

2) selbstständiges Privatcapital, welches die wirthschaftlich-productive Ausnutzung des Bodens übernimmt, und

3) unbemittelte Arbeitskräfte, welche auf Kosten des Unternehmens nach der Colonie hin zu befördern sind. In letzterem Elemente liegt der eigentliche Schwerpunkt des Systems.

Die Grundzüge des Wakefield-Systems waren kurz folgende:

Will man der wirthschaftlichen Entwicklung eines fruchtbaren Coloniallandes möglichst bald über die niederen Stufen desjenigen Betriebes hinweghelfen, in welchem jeder einzelne mit wenigem oder gar keinem Capital und ohne die Vortheile der Arbeitstheilung fast ausschliesslich für sich selbst arbeitet, so gilt es durch eine Organisation der Verhältnisse die drei Elemente wirthschaftlicher Production in denjenigen Proportionen zusammen zu setzen, wie sie sich auf der höheren Entwicklungsstufe finden und dort in freiwilliger Gemeinschaft zusammenwirken. Um das dazu nöthige Capital dorthin zu ziehen, bedarf es daselbst eines gesteigerten Angebotes genügender Arbeitskräfte, die also dorthin zu schaffen sind. Um aber die Kosten der Hinschaffung solcher Kräfte von

Europa aus zu bestreiten, und um zugleich diese Kräfte zu veranlassen in ihrem eigenen Interesse wie in dem der ganzen Niederlassung mit dem Capital zusammen zu wirken, sollten die Preise des Grund-und-Bodens in dem Coloniallande künstlich so hoch, wie sie sonst nur in entwickelteren Wirthschaftsverhältnissen stehen, angesetzt, dadurch den Arbeitskräften die primitiven, isolirten Erwerbsmöglichkeiten erschwert und das verfrühte, regellose Selbstständlich-Werden derselben verhindert werden. Die Preise des Landes sollten so hoch sein, dass sie die Kosten der Beschaffung aller zur Bearbeitung desselben nöthigen Arbeitskräfte decken würden. Die Capitalisten sollten sich solche Vertheurung der Landpreise gefallen lassen, weil von dem genügenden Angebot der Arbeitskräfte allerdings die Möglichkeit einer gewinnbringenden Capital-Anlage dort für sie abhängt, und weil selbst, wenn dieser Preis höher als nothwendig angesetzt sein sollte, durch das alsdann übermässig gesteigerte Angebot von Arbeitskräften der Arbeitslohn in demselben Maasse sinken würde und der Procentsatz des Rein-Gewinnes auf ihre durch den erhöhten Preis etwas vergrösserte Capitalanlage ungefähr derselbe bleiben könnte. Auch den übergesiedelten Arbeitskräften gegenüber erscheint solche Gestaltung der Verhältnisse wünschenswerth, weil sie sich dabei besser gestellt sehen, als in ihrer elenden Lage in Europa, auch besser als bei einem isolirten Einzelbetrieb in der Wildniss.

Ueber diese schon in mancherlei Hinsicht schief und irrthümlich zugespitzten Abstractionen und Verallgemeinerungen einzelner eventuell möglicher Fälle hinaus verstieg sich nun das Wakefield-System noch überflüssiger Weise zu einem Theorem, dessen Absurdität allerdings heutzutage jeden praktischen, ja auch jedem nur ein wenig volkswirthschaftlich gebildeten Menschen auf der Hand liegt, doch aber nur mit Unrecht die wirklichen Grundverdienste Wakefields und seiner Anhänger noch bis heute sehr verdunkelt. Dies ist die sogenannte Theorie des »genügenden Landpreises«. Es ist freilich auffallend, dass so klar denkende Männer des praktischen Lebens wie Wakefield und Torrens von einem so werthlosen Hirngespinste wie diese *»Sufficient-prize«* Theorie so vollständig eingenommen und auf so ungangbare Abwege geführt werden konnten; auch ist gewiss Männern wie Merivale Dank zu zollen, dass sie damals sofort diese Thorheiten aufdeckten bei gerechter Anerkennung aller richtigen Grundgedanken dieser Bestrebungen. Dagegen ist eine neuere Schule der Volkswirthschaft, welche ihre einseitigen, idealistischen Abstractionen als die einzig unfehlbare Wissenschaft aller Welt aufzuzwängen bestrebt war, ja zum Theil noch ist, obwohl sie doch von Entwicklung und von den verschiedenen Bedürfnissen verschiedener Entwicklungsstufen nur eine sehr unklare Vorstellung hat, auch in der Verurtheilung des Wakefield-System viel zu weit, viel zu einseitig und subjectiv vorgegangen.

Diese »verrufene«, und freilich beklagenswerthe Theorie des »genügenden Landpreises« muss hier erwähnt werden, nicht nur weil sie als Theorem an sich so wie als Zusammensetzung specieller Irrthümer noch heute und für alle Zeiten als warnendes Beispiel dienen kann, sondern auch weil sie manche Misserfolge der Wakefield'schen Grundgedanken als mitwirkende Ursache derselben verstehen und entschuldigen lässt. Es gilt diese Grundgedanken von einer ihrer hässlichsten Schlacken-Absonderung zu reinigen.

Diese Theorie nun besteht im Wesentlichen in der Behauptung, dass es für jedes Colonialland einen bestimmten Preis des Grund- und -Bodens gäbe, und dass solcher für den Verkauf desselben festgesetzt werden müsse, ein Preis nämlich der zweien Cardinal-Forderungen Genüge leiste, also

1) genüge, um den verfrühten Ankauf solches Bodens durch wenig bemittelte Arbeitskräfte und deren kleinbäuerliche Ansiedlung auf demselben zu verhindern, und der ferner

2) genüge, um den capitalstarken Käufer des Bodens die nöthigen Arbeitskräfte zur intensivsten resp. productivsten, grosswirthschaftlichen Verwerthung des Bodens zu beschaffen, die Passagekosten solcher Arbeiterfamilien von Europa bis nach dem Coloniallande mit dem Ertrage des Landverkaufes zu bezahlen. — Die Berechnung der Preishöhe sollte nach Maassgabe der zweiten dieser Forderungen geschehen; dass der sich danach ergebende Preis allemal auch der ersteren Forderung entsprechen würde, wurde als selbstverständlich angenommen.

Diese Theorie nun ist in ihren Voraussetzungen wie in ihren Consequenzen so ohne all' und jeden realen Gehalt, dass es hier nicht die Aufgabe sein kann, die Irrthümlichkeit derselben erschöpfend nachzuweisen. Ich werde nur die Hauptpuncte hervorheben und verweise für Weiteres auf die Ausführungen von Merivale, *) Roscher **) und Leroy-Beaulieu, ***) auch auf McCulloch †) und Andere, ††) bemerkte aber dazu, dass auch diese Behandlungen des Gegenstandes die Argumente für die Unhaltbarkeit dieses Wakefield'schen Theorems keineswegs erschöpfen. Die Hauptpuncte sind folgende:

1) Der wesentlichste Irrthum dieser Theorie war die Voraussetzung desselben, dass man den Werth resp. den Kaufpreis des Landes durch staatspolitische Verfügung unabhängig von dem Einflusse der Concurrenz festsetzen könne. Mag solches Land auch noch so abgeschlossen von der übrigen Welt und ihrem Handel und Wandel liegen, die europäischen Capitalisten, welche als Käufer solches Landes auftreten sollen, werden stets in erster Linie erwägen, welche verschiedenen Chancen ihrer Capitalanlage auch in irgend welchen andern Gegenden der Welt geboten werden. Ausserdem aber ist dann die Möglichkeit, den von einer ruhigen Erwägung der concurrirenden Chancen gestatteten Preis wirklich zu erlangen, auch noch in jedem Falle und Augenblicke von der im voraus unberechenbaren Stimmung des Geldmarktes und von der Gunst des Financiers, von Mode und Geschmack der Zeitströmung abhängig.

2) Es war ferner ein Irrthum, dass sich auch nur die Factoren, nach welchen der Preis bemessen werden sollte, überhaupt bestimmen liessen. Die Zahl der Arbeitskräfte, welche zur besten Bearbeitung eines Landgutes erforderlich sein könnte, wechselt jedenfalls mit der Güte des Bodens und mit der Art seiner Verwendung. Die Güte und Verwendbarkeit des Bodens aber wechselt unendlich innerhalb jedes Landes, ja ist oft schon bei drei grösseren an einanderstossenden Arealen sehr verschieden. Ferner sind die Arbeitskräfte der einzelnen Männer oder Frauen, für welche die gleichen Passagekosten zu bezahlen sind, sehr verschieden; und endlich

*) Herm. Merivale »*Lectures etc.*« London 1861. S. 398—405.

**) Wm. Roscher »*Kolonien etc.*« Leipzig 1856, S. 326 ff.

***) Paul Leroy-Beaulieu »*De la Colonisation etc.*« Paris 1874, S. 432 ff.

†) McCulloch in seiner Anmerkung XXIII zu dem Capitel »*Of Colonies*« von Adam Smith's »*Wealth of Nations.*«

††) So z. B. ein Artikel der »*Edinburgh Review*« vom Juli 1840.

wechselt auch die Kopfzahl ihrer Kinder und Familien-Angehörigen, deren Mitübersiedlung nicht immer auszuschliessen, oft sogar aus culturellen Gründen vortheilhaft ist.

3) Es war auch ein Irrthum, dass sich die grösstmögliche Productivität eines ländlichen Grundstücks, resp. des darin angelegten Capitals, nach der Zahl der Arbeiter ermessen lassen, welche zur best-möglichen Bearbeitung des Bodens nöthig oder wünschenswerth seien. Das Maass dieser Productivität richtet sich vielmehr nach der Billigkeit, Güte und günstigen Lage des Bodens, resp. einerseits nach dem commerciellen Ertrage des rentabelsten Productes, das er zu liefern vermag, und andrerseits nach den sämmtlichen Betriebs- und Vertriebs-Kosten seiner Bewirthschaftung, nicht etwa blos nach den dabei zu bezahlenden Arbeitslöhnen, am wenigsten aber nach der Zahl der beschäftigten Arbeiterfamilien und deren Passagekosten von Europa bis zur Colonie. Unter den leicht wechselnden Vorbedingungen der Marktpreise landwirthschaftlicher Erzeugnisse, der Arbeitslöhne, guter oder schlechter Jahre und unzähliger anderer Localverhältnisse ist die Rentabilität solcher Capitalanlage wohl zeitweilig innerhalb gewisser Limiten zu calculiren, aber mit statistischer Genauigkeit und generell überhaupt nicht zu berechnen.

4) Es war ein Irrthum, dass der höchste, für ein beliebiges Colonialgrundstück zu erzielende Preis auch nur genügen müsse, um wenigstens die Passagekosten für die Zahl der ungefähr für dieselben nöthigen Arbeiterfamilien zu decken. Wie sich der Preis des Landes resp. dessen Productivität schon nicht nach der Zahl der für dasselbe nöthigen Arbeiter berechnen lässt, so ist er noch viel weniger nach dem Betrage der Passagekosten derselben festzusetzen. Abgesehen davon, dass überhaupt garkein unmittelbares Verhältniss zwischen diesen an sich ganz incommensurablen Grössen existirt, so nimmt da, wo die Passagekosten der nöthigen Arbeiter die Rentabilität und den Werth des Bodens überhaupt beeinflussen (wo diese also erst herbeigeschafft werden müssen), die Incongruenz dieser Grössen auch noch mit der wachsenden Entfernung des Coloniallandes von Europa immer mehr zu, und zwar in doppeltem Verhältnisse. Die Passagekosten für die Arbeitskräfte steigen alsdann, der Werth der Export-Production des Landes aber vermindert sich um den Mehrbetrag der höheren Rückfracht nach den Welt-

märkten Europas. In demselben verdoppelten Maasse fällt in Folge dessen auch die Productivität des Landes, die Rentabilität der Capitalanlagen in demselben und der Werth der Grundstücke. Diejenigen Factoren, welche allein solchem ungünstigen Verhältnisse entgegen wirken können, wie ungewöhnliche Fruchtbarkeit des Bodens, leichte Zugänglichkeit, günstiges Klima, Vortheile sicherer und geschickter staatlicher Organisation, normal entwickelte Culturverhältnisse des Landes und dergl., sind von Wakefield und seinen Leuten bei ihrer Preisbestimmungs-Theorie ganz ausser Acht gelassen. Allerdings eignen sich solche individuell wechselnden Factoren ja auch nicht für eine systematische Berechnung.

5) Es war ein Irrthum, dass sich den landkaufenden Capitalisten in einer Colonie *in abstracto* die nöthige Zufuhr von Arbeitskräften garantiren lasse. Selbst angenommen also, die Landpreise liessen sich gelegentlich (unter günstigen Umständen auch dauernd) so hoch schrauben, dass der Erlös aus demselben hinreiche, um genügend Arbeiterfamilien herbeizuschaffen, und auch ferner um deren verfrühtes Selbstständig-Werden zu verhindern, so würde doch die Zeit, welche für die Beschaffung solcher Arbeitskräfte stets erforderlich ist, es voraussichtlich nur sehr selten erlauben, dass die schliesslich eintreffende Zufuhr derselben noch denjenigen Grundstücken zu Gute komme, durch deren Verkaufserlös die Passagekosten dieser Zufuhr bestritten werden sollten, — auch ganz abgesehen von unvermeidlichen Unregelmässigkeiten, die solche Organisation gelegentlich stören oder vollständig illusorisch machen können.

6) Da sich nun der Werth und Preis von Grundstücken nicht beliebig nach theoretischer Erwägung bestimmen, sondern nur durch indirecte Beeinflussung (Culturarbeit) steigern lässt, so ist es auch sehr wohl denkbar, dass sich der höchstmögliche Preis, welcher sich für irgend ein coloniales Grundstück mag erzielen lassen, nicht »genügen« könnte, um das verfrühte Selbstständig-Werden mittelloser (proletarischer) Arbeitskräfte sogar ziemlich unmittelbar nach ihrer Ankunft in der Colonie zu verhindern, sei es, dass sie ein Grundstück in zweiter Hand billig auf Credit kaufen, dasselbe von ihrer Familie bearbeiten lassen und selbst die ersten nöthigen Baarauslagen als Lohnarbeiter in fremden Diensten erwerben können, sei es, dass sie sich hinreichenden Personal-Credit für sich allein,

oder auch grösseren Credit durch genossenschaftliche Vereinigung und Organisation zu verschaffen wissen.

Soweit speciell die »*Sufficient prize of land*« Theorie! Weitere, allgemeinere Irrthümer sind aber auch dem Wakefield-System noch abgesehen von den Spitzfindigkeiten dieser Theorie vorzuwerfen. Solche Irrthümer sind künftig zu vermeiden; nach richtiger Ausscheidung derselben ist aber der Kern der Wakefield'schen Gedanken in ihrem praktischen Werthe offen anzuerkennen.

1) Der hauptsächlichste Fehler des Systems war eben die Systematisirung seiner Grundgedanken. Wirthschaftliche Entwicklung ist, wie alle Culturverhältnisse überhaupt, in erster Linie individuell; eine mathematische Berechnung und eine systematische Behandlung derselben ist unmöglich, jeder Versuch dahin gehend ist werthlos, ist unnütze Kraft- und Zeitvergäudung. Allerdings ist in jeder Entwicklung ein gewisser Grundzug, in jeder Cultur-Entwicklung ein »Grundgedanke« nachweisbar; wo dasselbe Substrat und dieselben Umstände menschlicher Verhältnisse vorliegen, wird auch die wirthschaftliche Entwicklung eine ähnliche, eine analoge sein; auch ist es für Den, der innerhalb solcher Entwicklung steht, oder dieselbe beeinflussen will, gut, ja nöthig, diese Grundzüge oder Grundgedanken richtig zu erkennen und vor Augen zu behalten; er wird dadurch leichter finden, was der individuellen Gestaltung innerhalb solcher Entwicklung dienlich und förderlich ist. Eine systematische, schablonenhafte Anwendung solcher Grundgedanken aber ist unmöglich; der Glaube oder die Vermuthung, dass jemals in der Unendlichkeit von Raum und Zeit zwei Gestaltungen ganz gleich sein könnten, ist thörigt. Nichts in aller Welt ist so unendlich mannigfaltig, wie gerade die culturelle Entwicklung menschlicher Verhältnisse.

2) Wie Wakefield durch sein Systematisiren abgehalten wurde, den individuellen Verhältnissen des realen Lebens gerecht zu werden, so entging ihm, der doch immerhin ein Kind seiner Zeit war, um so mehr die Erkenntniss des Unterschiedes der auf einander folgenden Entwicklungs-Stufen und ihrer verschiedenen Bedürfnisse und Vorbedingungen. Er sah in England die Wirthschaftsverhältnisse eines hoch entwickelten Culturlebens vor sich und glaubte dieselben so fix und fertig auf überseeische Länder

ohne Unterschied übertragen zu können. Er verkannte durchaus die Bedeutung staatlicher Organisation als erstes Erforderniss für Naturländer und überschätzte unbewusster Weise auch die mögliche Tragweite solcher Organisation in den Anfängen ihrer Gestaltung. Nur wo ungewöhnlich vortheilhafte Naturverhältnisse seine Maassregeln zur Organisation und Concentration der Kräfte begünstigten, konnte sein »System« auch auf der untersten Stufe der Entwicklung einige Erfolge haben; nur da vermochte auch eine Einführung zahlreicher proletarischer Arbeitskräfte eine Concentration der wirthschaftlichen Thätigkeit zu bewirken. Seine Grundgedanken eignen sich im Wesentlichen eben nur für ein Land, das durch voraufgegangene Culturarbeit und durch günstige Naturverhältnisse schon auf der höheren Stufe der Entwicklung angelangt, oder doch im Stande ist, unmittelbar in dieselbe einzutreten.

3) Auch für diese höhere Stufe aber überschätzte Wakefield die Bedeutung der Factoren, mit denen er operirte, hohe Landpreise und Zufuhr von Arbeitskräften. Künstlich gesteigerte Landpreise können die Entwicklung auf das Empfindlichste schädigen und sogar völlig hindern. Ebenso vermag eine übertriebene Zufuhr proletarischer Arbeitskräfte da, wo nicht schon vorhandenes Capital derselben bedarf und ihnen rentable Beschäftigung sichert, eine Fülle von Noth und Elend, eine Calamität für das Gemeinwesen und zeitweilige Stockung der Entwicklung herbeizuführen. Es war ein Irrthum Wakefields, dass weiteres Capital zu solcher Entwicklung trotz künstlich gesteigerter Landpreise allein durch die Aussicht auf reichliche Zufuhr von Arbeitskräften, also auf niedrige Arbeitslöhne, herangezogen werde. In erster Linie geschieht dies vielmehr durch möglichst billige Preise des Landes im Verhältnisse zu dessen Productivität und günstiger Lage.

4) Ganz vor allem verkannte Wakefield durchaus dasjenige Element, welches die eigentliche Triebkraft jeder Cultur-Entwicklung überhaupt, und so auch die der colonialen Volkswirthschaft ist, nämlich die Culturkräfte (Unternehmungsgeist, Erfindungsgabe) und deren richtige Anwendung von Culturmitteln, Transport-Anlagen etc.

Die Steigerung, resp. das Steigen, der Landpreise ist ein nicht unwesentliches Mittelglied in der Kette der Entwicklung, ein richtiger Causalfactor zur weiteren Concentration der Productionskräfte, zur ferneren Hebung des Wirthschaftslebens; hohe Landpreise sind aber ebenso sehr auch erst die Wirkung und der Beweis einer solchen Steigerung der wirthschaftlichen Entwicklung, durch welche diese Preise eben hauptsächlich gehoben werden. Auch am Anfange der Entwicklung wird sich die Colonisations-Politik auf die Steigerung der Landpreise so wie auf die Concentration des Wirthschaftslebens richten; weder das eine, noch das andere Resultat aber lässt sich policeilich decretiren und zwingen. Staatliche Organisation ist allerdings die erste, nothwendigste Voraussetzung und Grundlage des Entwicklungsprocesses; jedoch nur zweckentsprechende Culturarbeit und richtige Culturanlagen vermögen diesen Process zu fördern, vermögen die Landpreise zu heben und das Zusammenwirken der wirthschaftlichen Kräfte intensiver zu gestalten.

Diejenige Culturarbeit nun, durch welche die Concentration der Productionskräfte bewirkt wird, besteht in der Organisation eines wirthschaftlichen Centralpunctes, in der Anlage eines Marktes, von welchem die Arbeit des Landes abhängig wird, welcher seine Verkehrsadern mehr und mehr über das Land ausbreitet, und damit den Stoffwechsel im Innern des Gemeinwesens ermöglicht und fördert, eines Marktes, der zugleich seine Verbindungen mit andern Ländern anknüpft und ausdehnt, dadurch den Verkehr des Landes nach aussen vermittelt und der Production desselben die Vortheile der Weltwirthschaft mehr und mehr erschliesst. Nur graduell ist diese Culturarbeit auf den unteren und auf den höheren Stufen der Entwicklung verschieden; ihr Wesen ist überall dasselbe. Es empfiehlt sich daher auch, diese Aufgabe der Colonisations-Politik hier zusammenhängend zu erörtern.

Ueber den Bereich policeilichen und wirthschaftlichen Einflusses hinaus sich anzusiedeln, hat für den civilisirten Menschen keinen Werth. Er bedarf eines Absatzmarktes, auf dem er seine eigenen Producte verkaufen und sich mit den Waaren, die er bedarf, versehen kann. Das Bedürfniss des Culturmenschen nach einer grossen Mannigfaltigkeit von Dingen, die ihm nur eine entwickelte Arbeitstheilung liefern kann, bedingt, dass neue Ansiedlungen in einem Lande sich nur soweit von ihrem Handelsmarkte entfernen werden, als der Verkehr mit demselben ihnen noch genügende Vortheile der Rentabilität ihrer Arbeit bietet. Ein naturgeborener

Trieb des uncultivirten oder wenig zum Culturleben veranlagten Menschen strebt allerdings nach Ungebundenheit; er flieht jede Organisation, sucht die Isolirung und zerstreut sich mit seines Gleichen über die Wildniss. Allbekannt und oft erwähnt ist der erste Versuch einer Begründung der Colonie West-Australien am Swan-Flusse im Jahre 1829. Dieser Versuch einer Niederlassung scheiterte auf das Kläglichste an jenem culturwidrigen Triebe uncultivirter Kräfte, die dazu verwendet werden sollten, und deren naturwilden Neigungen man weder durch staatliche resp. policeiliche Organisation, noch durch Vorbereitung der nöthigen wirthschaftlichen Grundlagen einer Cultur-Entwicklung entgegenwirkte. Ein gewisser Herr Peel, Neffe des später berühmten brittischen Premiers, schiffte sich mit 300 Landarbeitern und 1 Million Mark in baarem Gelde dorthin ein. Die Arbeiter aber fanden dort keinerlei Einrichtung vor, welche ihnen die Vortheile eines organisirten Zusammenwirkens klar vor Augen führen konnte. Baargeld hatte dort wenig oder garkeinen Werth. Alles was sie bedurften hatten sie sich selbst zu beschaffen; sich daran genügen zu lassen und im Uebrigen der Ungebundenheit zu fröhnen, schien ihnen dem Arbeiten für und mit einander vorzuziehen; jeder von ihnen ging seine Wege für sich, und auch Herr Peel sah sich bald ohne irgend welche Hülfe, ihm sein Bett zu machen oder ihm Wasser aus dem Flusse heraufzuholen. Freilich aber waren die Arbeiter unfähig, sich dort ein jeder für sich schnell genug heraufzuarbeiten; die meisten von ihnen verkamen elendiglich, der Rest derselben wurde durch Subscription auf die Passagekosten in den benachbarten Colonien wieder nach Europa oder sonstwohin befördert.

So ungünstige Verhältnisse eines leicht urbar zu machenden aber nicht genügend ertragenden Landes, wie in West-Australien vorlagen, finden sich freilich zum Glück selten; denn, selbst wenn man in manchen anderen Colonialländern auch alle staatlichen und wirthschaftlichen Vorbereitungen versäumte, würde doch nur in den seltensten Fällen ein ähnlicher Misserfolg zu befürchten sein. Eine ganze Reihe von natürlichen, sowohl materiellen als ideellen Ursachen begünstigen in der Regel eine culturelle Entwicklung in höherem oder geringerem Grade. Als solche sind die Undurchdringlichkeit des Waldes und sonstige Unwegsamkeit des Landes zu nennen, oder die Schwierigkeit dasselbe schnell urbar zu machen bei grosser

Fruchtbarkeit des Bodens und günstigen klimatischen Verhältnissen, oder die Feindseligkeit der eingeborenen Naturvölker des Landes oder die Entwicklung eines Fischerei-Betriebes am Ufer eines Flusses oder Sees, der beschränkte Umfang des Vorkommens einer für den Export oder zu einem primitiven Industrie-Betriebe dienlichen Pflanze und dergleichen. Geistige Einflüsse ferner, welche die Concentration der Culturkräfte fördern, sind die religiöse Gemeinschaft oder auch die communale Zusammengehörigkeit der Ansiedler. Schon die gleiche Nationalität, die gleiche Sprache, gleiche Cultur-Anschauungen und -Interessen vermögen die Ansiedler in einer jungen Niederlassung von Anfang an zusammen zu halten.*) Ist die Colonie auch erst wenige Jahre alt, so verbinden sich hiermit andere Triebe, der Sinn für Haus und Hof, für ein geordnetes Gemeinwesen und geselliges Leben, die Liebe zu dem einmal Geschaffenen und die Lust dasselben zu mehren, zu verschönern und weiter zu bauen. Die nächst hinzukommenden Ansiedler aber werden alsdann sehr leicht bewogen, sich an den einmal gewonnenen Centralpunct anzuschliessen, hauptsächlich durch den Umstand, dass jeder Europäer in überseeischem Lande sowohl einer geistigen als einer körperlichen Acklimatation mehr oder weniger bedarf. Erst wenn dieser Process durchgemacht ist, wird seine Arbeit vollkräftig, werden seine Berechnungen richtig sein. In der Ueberwindung dieses Processes aber kann der kluge Rath und das gute Beispiel erfahrener Ansiedler den neuen Ankömmling sehr wesentlich fördern.

Die Unterstützung solcher Ursachen der Concentration und das Entgegenwirken gegen die derselben ungünstigen Naturverhältnisse durch die staatliche und wirthschaftliche Organisation der Verhältnisse ist recht eigentlich die Aufgabe jeder rationeller Colonisations-Politik. Die Sicherung von Leben und Eigenthum, die Ordnung des Gerichts- und des Schulwesens, die Ausbildung der staatlichen und communalen Verwaltung, vor allem aber die Anlage von Verkehrsmitteln und Vermehrung von Transportgelegenheiten, Wege- und Brückenbau, Eisenbahn- und Canalanlagen,

*) Dass solche ideelle Interessen auch heute noch die Veranlassung und Grundlage zu colonialer Ansiedlung werden, beweist unter anderm die brittische Niederlassung Rugby (Tennessee) in den Ver. Staaten, von der weiter unten noch eingehender die Rede sein wird.

Einrichtung von Fluss- und Seeschiff-Verbindungen sind diejenigen Culturmittel, welche die Productionskräfte concentriren und die Entwicklung der colonialen Volkswirthschaft wie jeder grösseren socialen Gestaltung überhaupt fördern, materiell und ideell. Je mehr solche Culturmittel in Anwendung kommen, desto grossartiger und umfassender wird die Organisation des Ganzen, desto abhängiger werden die Productionskräfte von einander, desto eher und desto mehr wird die Volkswirthschaft den Charakter der Grosswirthschaft erhalten.

Mehr und mehr tendiren dabei die Culturkräfte solcher Entwicklung nach dem Mittelpuncte, dem Focus, derselben. Durch die Concurrenz zum Erwerb von Grundbesitz in möglichster Nähe dieses Centrums, werden die Preise mit abnehmender Entfernung von demselben steigen. Hohe Preise des Grund- und -Bodens aber wirken wiederum zur Steigerung und zur weiteren Organisation der Volkswirthschaft mit, indem sie dort im Verhältniss zu ihrer Höhe dem Productiv-Capital einen Vorzug über die mittellosen oder wenig bemittelten Arbeitskräfte geben. Das Capital wird also in immer grösserer Masse dorthin strömen und sich dort concentriren. Erst da, wo gutes Land nicht mehr billig zu haben oder billig zu bewirthschaften ist, wird es für proletarische Arbeitskräfte in grösserem Umfange vortheilhafter um Lohn zu arbeiten, als sich kleinbäuerlich anzusiedeln; dort erst wird die Grosswirthschaft ermöglicht. Und es war, wie schon erwähnt ein ganz richtiger Gedanke Wakefields, dass je höher die Landpreise in einem Coloniallande durchschnittlich stehen, in desto weiterem Bereiche werden sich dort die Einwanderer als Lohnarbeiter besser gestellt sehen, als wenn sie sich in der Wildniss ansiedeln. Durch die zunehmende Bedeutung aber des Centralpunctes solcher Volkswirthschaft als Handelsmarkt wird das Productiv-Capital zugleich in immer grösserem Maasse in den Stand gesetzt, höhere Löhne für gute Arbeit zu bieten, desto mehr werden sich daher auch dorthin die Arbeitskräfte concentriren. Uncultivirte Menschen, welche sich nicht durch verständige Erwägungen leiten lassen, kann man nur unter ganz besonders günstigen Umständen zwingen, ihrem eigenen Interesse gemäss zu handeln. Diejenigen Menschen aber, welche mehr zur Civilisation veranlagt sind, als sie Vorliebe für unbeschränkte Wildheit haben, und vor allem diejenigen Arbeitskräfte, welche ihre eigenen Interessen in ruhige Erwägung ziehen und dieselben begreifen, werden auch ihrerseits allemal dazu beitragen, die Intensität eines solchen Wirthschaftslebens weiter auszubilden und bei solcher zunehmenden Concentration und Organisation sich selbst das beste und schnellste Gedeihen sichern.

Unbemittelte Arbeitskräfte freilich sind nicht selbstständig in ihren Bewegungen, sind nicht so frei zu gehen und zu kommen wie das Capital; auch abgesehen von dem grösseren Wirkungskreise, welche der Capitalbesitz ermöglicht, ist schon der Gesichtskreis, den man in höherer, socialer Lebenssphäre übersieht, ein sehr viel weiterer. Wo aber in einem Lande ein Ueberfluss von Capital vorhanden ist oder wo die Capitalbildung genügend schnell vor sich geht, um ein Bedürfniss nach mehr Arbeitskräften fühlbar zu machen, da wird sich auch dieses unentbehrliche Element der Production stets durch Transmigration beschaffen lassen. Der durch solche Zufuhr von Arbeitskräften beschleunigte Aufschwung der Volkswirthschaft wird die Kostenauslagen derselben reichlich lohnen.

In einem Coloniallande daher, welches nicht auf so reifer Stufe der Entwicklung steht, dass es eher Ueberfluss hat als Mangel leidet an den nöthigen Arbeitskräften, oder welches nicht wie Nord-Amerika durch die Nähe seiner Lage an Europa so begünstigt ist, dass ein reichlicher Strom frischer Kräfte jeder Zeit von selbst dorthin fliesst, ja auch in einem Coloniallande, in welchem genügend gute Chancen geboten sind, um Capital von Europa anzulocken, sobald dort nur die erforderlichen Arbeitskräfte zu Gebote stehen, — in all solchen Fällen ist es offenbar die Aufgabe der Colonisations-Politik dort Arbeitskräfte zu beschaffen. *) Wenn sich die coloniale Bevölkerung nicht von selbst einfindet, so hat die an der colonialen Entwicklung des Landes interessirte und von derselben abhängige Regierung Mittel und Wege zu finden, solche Bevölkerung herbeizuziehen. **)

Wie aller wirthschaftlichen Entwicklung sociale Verhältnisse zu Grunde liegen, die bei der Beurtheilung und Gestaltung derselben nie ausser Augen gelassen werden dürfen, so sind auch bei der

*) Auch zu diesem zweiten Hauptpunkte der modernen Colonisations-Politik hat Wakefield die wesentlichsten Grundgedanken geliefert; vergl. oben S. 32.

**) Die Zahl der vom »Vereinigten Königreiche« (Grossbritannien und Irland)

Transmigrations-Politik eine Reihe solcher Fragen stets zu beachten. Eine der wichtigsten dieser Fragen (in der Colonisation sogut wie in der Cultivation) ist das dabei wünschenswerthe Verhältniss von Männer und Frauen. England hat in seinem Weltwirthschafts-Betriebe hierdurch mancherlei Schwierigkeiten gehabt, so in seinen australischen Colonien während der 50er Jahre nach der Entdeckung der dortigen Goldfelder, und noch grössere Schwierigkeiten bei der Transmigration indischer Coulies nach anderen Tropenländern; die grössten Unzuträglichkeiten aber sind in diesem Punkte durch die Einwanderung chinesischer Arbeiter ohne alle Frauen in manchen Ländern der Welt entstanden. — Bis zu einem gewissen Grade kann man das numerische Verhältniss der Frauen zu den Männern als einen Maasstab für die Höhe und Reife der Entwicklung einer Volkswirthschaft bezeichnen. So ist z. B. das Verhältniss der Frauen zur Gesammtzahl der Bevölkerung

in Preussen .... = 52.6 %,
» den Ver. Staaten ... = 49.1 »
» Victoria .... = 47.6 »

ebenso nimmt in den sich normal entwickelnden Colonialländern das numerische Verhältniss der Frauen zu, so betrug dasselbe zur Gesammt-Bevölkerung in Victoria:

in den Jahren 1850–1860 nur = 40.1 %,
im Jahre 1871 schon = 45.2 »
und » » 1882 ..... = 47.6 »

ferner in Neu-Süd-Wales:

im Jahre 1836 ..... = 27.3 %,
» » 1841 ..... = 33.3 »
» » 1850 ...... = 41.8 »
» » 1861 ...... = 43.6 »
» » 1871 ...... = 45.5 »

---

aus auf Staatskosten nach Australasien übergesiedelten Auswanderer betrug in den Jahren 1847–1859:

nach Victoria....... 101,253
» Neu Süd Wales 82,963
» Süd-Australien . 64,078
» Tasmanien 4,907
» Queensland.... 506
» Neu-Seeland... 196

nach Australasien zusammen 253,903. Ueber die spätere Immigrations-Politik namentlich in Neu-Seeland folgt das Nähere weiter unten.

in Neu-Seeland:

im Jahre	1850	......	= 43.8 %,
»	1861	......	= 38.3 »
»	1871	......	= 41.4 »
»	1880	......	= 44.5 »

in West-Australien:

im Jahre	1850	......	= 39.2 %,
»	1861	......	= 37.2 »
»	1871	......	= 38.3 »
»	1880	......	= 42.9 »

Die relative Abnahme des weiblichen Elementes im zweiten Jahrzehnte nach der Gründung der letzt erwähnten Colonien erklärt sich aus der alsdann dort eingetretenen, spontanen Einwanderung von Abenteurern, Goldsuchern und dergl.

Obwohl der Grundgedanke der Concentrations-Politik auf allen Stufen colonialer Entwicklung derselbe sein wird, so ist doch die Anwendung desselben in den verschiedenen Ländern sehr abweichend, je nach der Entwicklungsstufe derselben, ferner je nach ihren Naturverhältnissen und endlich je nach ihren wechselnden Bedürfnissen.

Auf der letzten Stufe der Entwicklung, derjenigen annähernder europäischer Reife, und bei günstiger äusserer Lage wie in den Vereinigten Staaten, ja sogar schon in einem Lande wie Victoria, entwickelt sich die Concentration und Organisation soweit selbstthätig und normal, dass ein Eingreifen der Staatspolitik kaum erforderlich erscheint. Verkehrsanlagen und Immigration treten ganz als Privatsache auf. Nur gelegentlich, wie in Nord-Amerika bei der Chinesen-Einwanderung, macht sich das Bedürfniss staatlichen Eingreifens fühlbar, und zwar in diesem Falle nicht das eines fördernden sondern eines restrictiven Eingreifens.

Auf der mittleren Stufe ist die Anlage von Transportmitteln in der Regel Privatsache. Aufgabe der Staatsgewalt ist hauptsächlich Beschaffung allgemeinerer Verkehrs-Erleichterungen sowie auch öfter noch Immigration auf Staatskosten.

Auf der untersten Stufe und bei der Hebung der Entwicklung von der Kleinbäuerlichkeit zur Grosswirthschaft hat durchweg die Colonial-Regierung die Initiative zur Anlage von Verkehrsmitteln, namentlich von Eisenbahnen sowie die Förderung der Einwanderung mit Aufwand von Staatsgeldern zu übernehmen.

In den Anfängen der Entwicklung ist ausserdem nicht selten ein Vorschuss-Geben an die ersten übergesiedelten, proletarischen Arbeitskräfte nöthig, eine Versorgung derselben mit den nöthigsten Lebensmitteln und Materialien und Unterweisung derselben in der Ueberwindung der Schwierigkeiten, denen sie unter den ihnen fremden Verhältnissen eines wilden Naturlandes begegnen. Auch selbstständig auswandernde Bauern mit etwas Capital gehen unter solchen Umständen nur gar zu oft aus Mangel an Anleitung und Unterstützung kläglich zu Grunde. Und zwar ist dieses Loos (in früheren Zeiten mehr noch als heute) nicht etwa allein deutschen Inländern in Amerika, sondern ebenso oft auch englischen Auswanderern zu Theil geworden. — Gerade gegenwärtig (1881—82) ist in England wieder viel von einem derartigen Vorgehen mit einer proletarischen Einwanderung im Westen des brittischen Nordamerikas die Rede.*) — Wenig zuverlässige Beobachtungen und Erfahrungen liegen allerdings bisher über die Wirkungen und über die beste Art der Handhabung solcher Politik vor. Im Allgemeinen lässt sich nur sagen, dass, um die gewünschten Erfolge zu erzielen, die Handhabung mit grosser Vorsicht und möglichst individualisirt geschehen muss. Als eine gesetzliche oder statutenmässige Schablone darf solche Unterstützung nicht hingestellt werden, wenn sie nicht eine gegentheilige Wirkung als die beabsichtigte zur Folge haben soll. Es sind gewisse Beweise praktischer Leistungen als Vorbedingung einer weitergehenden Unterstützung zu fordern.

Es ist hier der Ort, noch einmal auf die Frage zurückzukommen, inwiefern die verschiedenen Naturverhältnisse und geographischen Lagen colonialer Länder die Colonisations-Politik in denselben culturell beeinflussen.**) — Länder, in denen die Möglichkeit einer höheren Entwicklung nicht abzusehen ist, eignen sich heutzutage zur Colonisation nicht, oder können doch nicht als Objecte einer rationellen Colonisation-Politik in Erwägung gezogen werden, so lange noch weit ausgedehnte Landstrecken mit besseren Aussichten (selbstständiger Entwicklung oder einer solchen in Anschluss

*) Darüber Näheres bei der ersten Entwicklungsstufe.

**) Vergleiche Seite 18.

an ein grösseres, höher entwickeltes Geweinwesen) vorliegen. Dass sich im Uebrigen die Anwendung der soeben angegebenen Grundgedanken der Colonisations-Politik in jedem einzelnen Falle den naturellen Verhältnissen des Landes anpassen muss, ist selbstverständlich.

Die Güte oder Unfruchtbarkeit des Bodens z. B. und klimatische Localverhältnisse sind ebenso wohl für die jeweilig zu ergreifenden Maassregeln der Colonisations-Politik zu berücksichtigen, wie die mit Zeit und Ort wechselnden culturellen Bedürfnisse des Landes. So können solche naturellen Umstände bei unrichtiger oder ungeschickt durchgeführter Colonisations-Politik sehr wohl die Capitalisten eines Landes veranlassen, für ihren Wirthschaftsbetrieb fernere, aber bessere, fruchtbarere Gegenden aufzusuchen, als die ihnen nahe liegenden, aber ungünstigeren, an einer unzweckmässig angelegten Eisenbahn oder Schiffahrts-Gelegenheit befindlichen Ländereien, wenn nämlich der Mehrertrag jener Besitzungen die Vortheile des billigeren Transportes bei den letzteren mehr als aufwiegt.

Hinsichtlich des durch die Naturverhältnisse des Landes bedingten Tempos seiner Entwicklung und der Eigenartigkeit seiner culturellen Gestaltung bleibt ferner jedes staatspolitische Eingreifen an gewisse Grenzen gebunden. Auch wird in denjenigen Ländern, welche besondere Aussichten auf einen schnellen Aufschwung zu höherer Entwicklung bieten, ein viel schärferes Vorgehen, ein viel energischeres Eingreifen staatlicher Organisation gerechtfertigt sein, als in Ländern, denen solche Vorzüge fehlen. Gemacht wird allerdings ein solcher Aufschwung schliesslich nur durch das Einwirken der nöthigen Culturkräfte; wo diese mit einer besonderen Gunst der Naturverhältnisse zusammenwirken, kann ein solcher Aufschwung sogar ganz ohne das Daraufhinwirken irgend einer besonderen Politik statthaben. Dies wird namentlich in dem Falle eintreten, wo man die günstigen Naturverhältnisse nicht sogleich erkannte und deshalb dort anfangs eine langsame, spontane Cultur-Entwicklung sich selbst überliess. Beispiele hierfür sind u. a. die Staaten Ohio und Illinois in Nord-Amerika.

Die »*New England Ohio Company*« wurde 1786 gegründet; die erste Ansiedlung dort fand 1788 statt; 1791 belief sich die gesammte europäische Bevölkerung in diesem weiten Gebiete zwischen Pensylvanien, dem Missisippi, dem Seen-Districte und dem Ohio-Flusse auf nur 15,000 Menschen; dabei war die Ansiedlung eine ausschliesslich kleinbäuerliche, die Producte derselben waren Korn und Vieh, für den Export ungeeignet. Es herrschten damals noch sehr übertriebene Vorstellungen von den Schwierigkeiten der Cultivation im Urwalde, Indianer-Kriege kamen hinzu, und so dauerte es dort ca. 40 Jahre, bis die nöthige Grundlage zu höherer Entwicklung endlich in den 30er Jahren dieses Jahrhunderts gewonnen war; dann aber nahm dieser Staat einen sehr rapiden Aufschwung. Im Jahre 1840 betrug die Volkszahl desselben schon 1·519,000; er war damals der 16. Staat der Union seiner Grösse nach, aber der 3. an Volkszahl, der 3. im Roggenbau und in geringerer Kornproduction sowie in der Schaafzucht, der 2. in der Pferdezucht und der erste in der Weizenproduction. Seine Einwohnerzahl stieg

im Jahre 1860 auf 2·339,502
» » 1870 » 2·665,260
» » 1880 » 3·198,239.

Noch grossartiger war der Aufschwung des 1818 gegründeten Staates Illinois in den 50er Jahren; dessen Einwohnerzahl war

im Jahre 1860 schon 1·711,951 und stieg
» » 1870 auf 2·539,891
» » 1880 » 3·078,769.

Diesen Ländern half vor allem ihre Zugehörigkeit zu dem riesigen Staatswesen der nord-amerikanischen Union und die vortheilhafte Nähe Europas. Ein solcher Aufschwung wäre damals auf solchem Boden, wenn in ferneren Weltgegenden gelegen, wohl kaum möglich gewesen, hätte aber in den Ver. Staaten durch eine geschickte und energische Colonisations-Politik wesentlich beschleunigt oder sogar schon einige Jahrzehnte früher erzielt werden können. Freilich setzen uns die heutigen Verkehrsmittel weit besser in den Stand, auch grosse Naturhindernisse der Colonisation zu überwinden; ein als wahrscheinlich erkannter Erfolg wird von uns leichter verwirklicht als von unsern Vätern, und wir wissen aus mancherlei Ländern etwas zu machen, mit denen sie nichts anzufangen wussten. Aber doch glückte auch ihnen schon damals mehrfach ein sofortiges Hinarbeiten auf grosswirthschaftliche Verhältnisse da, wo sie solche Politik für der Mühe werth hielten, so z. B. in einigen der australischen Länder, trotz der so viel weiter von Europa entfernten Lage. Wie sehr übrigens die verschiedenen Naturverhältnisse überseeischer Länder eine veränderte Anwendung der colonisations-politischen Grundgedanken, sowie namentlich auch eine schnellere oder langsamere Entwicklung daselbst bedingen, dafür liefern besonders die verschiedenen Besiedlungen der neuseeländischen Inselgruppe schlagende Beispiele. Es wird hiervon noch weiter unten ausführlicher die Rede sein.

Zur vollen Ausbildung konnte die Colonisations-Politik erst mit der heutigen Zeit des Dampfes und der Elektricität gelangen. Mit ihr und ihren weltumspannenden Transportmitteln konnte auch erst die überseeische Colonisation der europäischen Rasse allgemeiner in die mittlere Periode ihrer grosswirthschaftlichen Entwicklung eintreten. Die australischen Länder, welche seitdem erst in grösserem Maasse colonisirt wurden, sind das Operationsfeld, auf dem man vor allem die Wirkungen der Colonisations-Politik auf dieser Entwicklungsstufe zu beobachten hat. Die älteren Colonien des australischen Continents fühlen sich jetzt meistens schon dem Bedürfnisse nach energischer Colonisations-Politik überhoben. Noch in neuester Zeit aber war es besonders Neu-Seeland, das grosse Triumphe in der kühnen Anwendung solcher eingreifenden Politik gefeiert hat.

Neu-Seeland bietet von vorne herein durch seine günstigen Naturverhältnisse u. a. auch durch die Abgeschlossenheit seines Arbeitsmarktes ganz besondere Facilitäten für einen schnellen, grosswirthschaftlichen Aufschwung. Kaum wird je eine andere Colonie so rasch zu solcher Höhe der Entwicklung gediehen sein. In den 40er Jahren von zwei grossen Colonisations-Gesellschaften organisirt und besiedelt, in den 50er Jahren hauptsächlich durch die Entdeckung von Goldfeldern daselbst beeinflusst, wurde die Inselgruppe im Anfang der 60er und Ende der 70er Jahre wesentlich durch kluge und energische Colonisations-Politik gehoben; und eben diese Politik ist der Grund, weshalb Neu-Seeland wohl nicht mit Unrecht als das gegenwärtige Musterkind der brittischen Colonisation gilt. Die äusseren Umrisse dieser Entwicklung giebt folgende Statistik: *)

*) Diese sowie die im Texte nachfolgenden statistischen Angaben über Neu-Seeland sind im Wesentlichen dem »*Handbook of New Zealand 1879*« von James

Entwicklung Neu-Seelands.

In den Jahren	Bevölkerung	Ausfuhr von Landesproducten	Durchschnitt der Jahre
Decbr. 1843	12,664	660,000 M.	1841—45
» 1851	26,707	1·540,000 »	1845—49
» 1858	59,413	6·600,000 »	1853—55
» 1861	99,021	8·760,000 »	1856—60
» 1864	172,158	54·260,000 »	1861—65
» 1867	218,668	86·700,000 »	1866—70
März 1874	341,860	105·520.000 »	1871—75
» 1878	414,412 *)	115·660,000 »	1876—77
April 1881	489,561 *)	120·310,500 »	1878

Bis zum Ende des Jahres 1870 lag der Betrieb und die Sorge für die Colonisation und Einwanderung in Neu-Seeland ganz in den Händen der verschiedenen Provincial-Verwaltungen. Durch die »*Immigration and Public Works Bill of 1870*« aber wurden diese staatspolitischen Aufgaben der allgemeinen Landes-Regierung zugewiesen. Ein umfassendes und wohl-ausgearbeitetes System colonisatorischer Arbeiten wurde von dem Premierminister Herrn Vogel (jetzt Sir Julius Vogel) der Legislativ-Versammlung des Landes vorgelegt, und eine Anleihe von 10 Millionen Pfund Sterling zur Ausführung derselben bewilligt. Die Beträge, welche unter diesem Gesetzes-Acte bis zum 31. December 1878 ausgegeben wurden, waren folgende:

Für Einwanderung	1·782,520 £
» Eisenbahn-Anlagen	7·638,135 »
» Wege- und Brückenbau	976,083 »
» Landankäufe	705,039 »
» Wasserzufuhr zu den Goldfeldern	465,626 »
» Telegraphen-Anlagen	328,220 »
» Oeffentliche Gebäude	449,676 »
» Leuchtthürme	81,240 »
» Kohlen-Minen	10,835 »
» Andere Anlagen	215,395 »
Summe	12·652,769 £

Hector (Wellington 1879) entnommen. Einiges ist aus älterer Statistik bei Merivale und aus den neuesten *Bluebooks* über Australien und den »*Statistical Abstracts*« ergänzt.

*) Diese Angaben schliessen das Militär und die zu demselben gehörigen Familien nicht ein.

Für Eisenbahn-Anlagen wurden bis 1879 im Ganzen 8·057,188 £ ausgegeben und 1,282 englische Meilen Bahn fertig gestellt, während ausserdem die Provincial-Regierungen noch 70 englische Meilen Eisenbahnen bauten. Für Wegebau wurden vom Juni 1869 bis 1879 975,552 £ aufgewendet und ca. 3000 Meilen Weges hergestellt. Die Einwanderung auf Staatskosten wurde in liberaler Weise gehandhabt und gestattete neu-seeländischen Einwohnern, geeignete Personen für die freie Ueberfahrt zu bezeichnen. Diese Einrichtung erwies sich als sehr zweckmässig. Die Einwanderer, welche in Neu-Seeland ankamen, waren im Ganzen genommen sehr wohl qualificirt.

Wie überall in der Gegenwart, so machte sich auch in Neu-Seeland eine Partei der Inactivität gegen diese Vorschläge Vogels geltend; bald aber verstummte dieselbe und konnte nicht umhin den Vorzug solcher kühnen, energischen Politik anzuerkennen. Weite Landstrecken wurden für die Cultur gewonnen; eine zahlreiche, prosperirende Bevölkerung siedelte sich auf denselben in kurzer Zeit an; mit dem Angebot umfassender Transportmittel für die Agricultur-Erzeugnisse stieg der Werth des Landes beträchtlich. Grund- und Boden, der vor Anlage der Eisenbahn 1 bis 3 £stlg. per Acker werth war, wurde später für 10 bis 20 £stlg. verkauft und zwar an erfahrene Landleute, die ihr Vermögen in der Colonie gemacht hatten und welche die wirkliche Productivität und mithin den Werth des Bodens wohl beurtheilen konnten. Abgesehen von diesen hochreproductiven, indirecten Resultaten dieser öffentlichen Anlagen, haben sich namentlich die Eisenbahnen auch schon als höchst rentable Capital-Anlagen bewährt. Einige dieser Strecken ergeben ungewöhnlich hohe Netto-Erträge; alle Bahnanlagen im Durchschnitt gerechnet aber ergaben im Jahre 1878

eine Brutto-Einnahme von . . . . £ 666. 15. 8 per engl. Meile
bei einem Kostenaufwande von nur . » 473. 9. 3 » » »

Was speciell die Einwanderungs-Politik betrifft, so ist die Uebersiedlung von Europa nach der Südsee allerdings die weiteste und daher kostspieligste auf der ganzen Erde; dennoch haben sich die bedeutenden Capital-Auslagen solcher Passage für grössere Massen proletarischer Arbeitskräfte nach Neu-Seeland auf Kosten der Colonial-Regierung während beider Perioden, in denen sie diese Politik energisch verfolgte, von 1861—66 und 1873—78, staatswirthschaftlich glänzend bewährt. *) Die financielle Berechnung war dabei folgende:

Die Kosten solcher staatlichen Transmigration betragen etwas über 20 £stlg. per Kopf; und zwar kommen davon ca. 16 £stlg. auf die Ueberfahrt selbst und 4 bis 5 £stlg. per Kopf auf die Leitung der Auswanderung, Agitation und sonstiger Einrichtungen, **) theils in England theils in Neu-Seeland, also durchschnittlich etwa 2000 *M.* für eine Familie von 5 bis 6 Personen. Dagegen rechnet die Regierung eine Zunahme ihrer Einkünfte von mindestens 4 £stlg. per Kopf jährlich auf die Wirkung dieser Einwanderung, so dass dieselbe sich schon in 5 Jahren nicht nur staatswirthschaftlich bezahlt macht, sondern auch privatwirthschaftlich rentabel erweist, indem sie das für sie angelegte Capital mit Zinsen bis dahin indirect zurückzahlt und danach dem Staatswesen jährlich einen beträchtlichen Rein-Gewinn liefert. Dass diese Rechnung sich als richtig erwiesen hat, ja durch die Thatsachen nicht nur gerechtfertigt, sondern wahrscheinlich noch weit übertroffen worden ist, zeigt folgende statistische Zusammenstellung:

---

*) Die Zahl der Einwanderer vom Ver. Königreiche (Grossbritannien und Irland) nach den australasischen Colonien betrug in den Jahren 1873—1878:

Einwanderer auf Staatskosten	55,213
» » eigene Kosten...	162,174
Summe	217,387.

Die beste und compendiöseste Darstellung der staatswirthschaftlichen Verhältnisse der sechs australischen Länder bietet das »*Victorian Year-Book*« des bewährten Statistikers Henry Heylyn Hayter (in Melboure), besonders der Jahrgang 1879—80.

**) Um grosse Erfolge zu erzielen bedarf es allerdings einer tüchtigen, sachverständigen Leitung solcher Transmigration und die australasischen Regierungen haben es seit jeher nicht verschmäht, auch starke Agitationsmittel für ihre Zwecke in Bewegung zu setzen. Die Anstellung rühriger Agenten ist dabei selbstverständlich, ebenso die möglichst weite Verbreitung von Broschüren, welche eingehende Auskunft über das Colonialland geben, ferner die Veranstaltung von öffentlichen, unentgeltlichen Vorträgen in Gegenden mit zahlreicher Arbeiterbevölkerung und Anderes. Im Jahr 1874 griff man in Neu-Seeland sogar zu dem sehr wirksamen Mittel, einen weithin bekannnten, einflussreichen Volksagitator der (englisch-socialistischen) Volkspartei, einen Mr. Arch, auf Kosten der Colonial-Regierung in Neu-Seeland reisen zu lassen, ihm das Land zu zeigen, und ihn mit möglichst eingehenden Informationen über die Vortheilhaftigkeit der dortigen Verhältnisse nach England zurückzusenden, damit er den brittischen Volksmassen seine frischen Eindrücke von dort in der ihm eigenen, lebendigen Darstellungsweise schildere.

Rentabilität systemat. Einwanderung in Neu-Seeland. *)

In den Jahren	Ueberschuss der Einwanderung über d. Auswdg.	Staats-Einkünfte aus Verkauf v. Kronländereien	Acker unter Cultur am Ende der Zeitperiode	Sämmtliche Staats-Einnahm. Total-Beträge	In den Jahren
		£stlg.		£stlg.	
1856	2,525	33,156	121,648	183,978	1856
1856–60	26,398	690,053	226,621	1·669,875	1856–60
1867–72	100,768	2·638,000	676,909	7·883,728	1861–66
1861–66	22,696	1·173,921	1·226,222	9·027,777	1867–72
1873–78	101,020	5·768,554	3·070,389	20·318,335	1873–78

Durchschn. der Jahre	Ueberschuss d. Einwanderung	Ertrag aus d. Ländereien	Zunahme der Cultivation	Gesammt-Betrag d. Staats-Einnahmen	Durchschn. der Jahre
		£stlg.		£stlg.	
1856–60	5,280	138,011	26,243	333,975	1856–60
1861–66	16,795	439,800	75,048	1·313,955	1861–66
1867–72	3,783	195,653	91,552	1·504,630	1867–72
1873–78	16,837	931,426	307,361	3·386,389	1873–78

Durchschn. der Jahre	Ueberschuss d. Einwanderung	Jährliche Zunahme des Staats-Einkommens: Durchschnitt	pr. Kopf jenes Ueberschusses			Durchschn. der Jahre
		£stlg.	£	sh.	d.	
1856–60	5,280	37,500	7	1	—	1856-60
1861–66	16,795	163,330	9	14	6	1861–66
1867–72	3,783	31,779	8	8	—	1867–72
1873–78	16,837	313,627	18	12	6½	1873–78

Aus dieser Tabelle geht hervor, dass das Staats-Einkommen in Neu-Seeland um so mehr zugenommen hat, je grösser der Ueberschuss der Einwanderung über die Auswanderung dort war; und zwar beruhte dieser Ueberschuss im Wesentlichen eben auf staatlicher Unterstützung der Einwanderung. In den 60-er Jahren steigerte sich diese jährliche Zunahme auf fast 10 £stlg. (200 ℳ.) per Kopf des Ueberschusses, also etwa 1000 ℳ. per Familie, und in den

*) Die Angaben dieser Tabelle habe ich den brittischen *Bluebooks*, speciell *Parl. Pap.* 1881 c. 2867, *Statistical tables for the several Colonies and Colonial Possessions of the United kingdom, Part.* XVI, 1876—78 entnommen. Die ältere Statistik Neu-Seelands bis 1876 findet sich öfter abgedruckt, so in den Agitations-Schriften der Regierung und in Sir Julius Vogels, *New Zealand and the South Sea Islands etc.*, in den *Proceedings* des *R. Col. Inst.* London, Band IX, S. 182 ff.

70-er Jahren sogar bis auf über 18 £stlg. — Zieht man hierbei nun auch in Rechnung, dass mit dem Fortschreiten der Cultur immer mehr verschiedene Ursachen die Erhöhung der Staats-Einnahmen ermöglichen und erleichtern, so scheint doch die Annahme der neu-seeländischen Regierung, von jenen 10 bis 18 £stlg. mindestens 4 £stlg. per Kopf auf den Einfluss der Einwanderung zu rechnen, gewiss nicht zu hoch angesetzt. Es ist sogar wahrscheinlich, dass die staatswirthschaftliche Rentabilität dieser Immigrations-Politik nicht nur im arithmetischen Verhältnisse zur Zahl der herbeigezogenen Einwanderer, sondern in noch bedeutend gesteigerter Progression gewachsen ist.

Bei dieser Colonisations-Politik Neu-Seelands ist nun die unmittelbare Rentabilität sehr klar in die Augen springend. In einem weniger von der Natur begünstigten und noch auf niedrerer Stufe der Entwicklung stehenden Coloniallande dagegen wird ein solcher Erfolg freilich nicht zu erwarten sein. Dennoch ist auch in einem solchen Lande eine derartige Politik, wenn zur rechten Zeit begonnen, richtig angelegt und geschickt geleitet, allemal nach kürzerer oder längerer Zeit mehr oder weniger staatswirthschaftlich rentabel zu machen. Ernten doch heute alle florirenden überseeischen Länder unserer Rasse in vielfachem Maasse an Wohlstand und Culturkraft, was sie einst klüglich in solcher Weise gesäet haben. Diese Länder sind nur dann in ihrer Entwicklung zurückgeblieben, wenn sie eine derartige Politik vernachlässigten, nicht klar erfassten oder nicht energisch durchzuführen im Stande waren.

Am schärfsten zeigt sich solches Zurückbleiben in Ländern wie Uruguay und Paraguay; aber auch in Brasilien und Argentinien macht sich der Mangel an staatswirthschaftlicher Rentabililät durch die bisher ungenügende Colonisations-Politik ihrer Regierungen sehr empfindlich bemerkbar. Was könnte heute aus Brasilien geworden sein, wenn es wie Indien seit 100 Jahren unter der Herrschaft der angelsächsischen Rasse gestanden hätte?! Nicht viel bessere Resultate hat auch Argentinien aufzuweisen, wie die folgenden Aufstellungen zeigen: *)

*) Man vergleiche hierzu auch die interessante, aber doch noch rosig gemalte Arbeit von Guillermo Wilcken »*Las Colonias, Informe sobre el estado actual de las colonias agricolas de la República Argentina, 1872*« (Buenos Aires 1873).

Ungenügende Colonisations-Politik in Argentinien. *)

In den Jahren	Einwanderung	Auswanderung	National-Einkommen	In den Jahren
1862–67	71,315	?	43'387,922 $f.	1862–67
1868–73	241,132	[38,075]**)	91'078,475 »	1868–73
1874–79	256,187	107,591	101'428,548 »	1874–79

Durchschnitt	Einwanderung	Auswanderung	National-Einkommen	Durchschnitt
1857–61	5,260	?	[5'000,000] $f.	1857–61
1862–67	11,886	[3,500]	8'677,584 »	1862–67
1868–73	40,189	12,692	15'179,746 »	1868–73
1874–79	42,698	17,932	16'904,758 »	1874–79

Durchschnitt der Jahre	Ueberschuss der Einwanderung	Jährliche Zunahme des National-Einkommens		Durchschnitt der Jahre
		Durchschnitt	per Kopf des Ueberschusses	
1862–67	8,386	612,931 $f.	**73** $f.	1862–67
1868–73	27,497	1'083,694 »	**39** »	1868–73
1874–79	24,766	287,502 »	**12** »	1874–79

Der Einfluss, den hier die Einwanderung auf die Hebung des Staats-Einkommens hatte, wird nur sehr gering zu veranschlagen sein. Da die Einwanderung nur eine spontane war, so wird ihre grössere oder geringere Zunahme vielmehr nur auf dieselben Ursachen zurückzuführen sein, welche auch das Steigen und Fallen der National-Einkünfte hauptsächlich beeinflussten, die Haussen und Baissen des Geschäftslebens der Republik. — Selbst in denjenigen Provinzen Argentiniens, in welchen die Colonisation bereits seit Jahrzehnten Dank der energischen Initiative europäischer Intelligenz und Arbeitskraft gedeiht, sind die financiellen Resultate der Staats-Verwaltung nicht besser, weil eben auch dort von keiner rationellen Colonisations-Politik, wenn überhaupt von einer Politik, die diesen Namen verdient, die Rede sein kann. So z. B. stellten sich die Resultate in der Provinz Santa Fé folgendermaassen:

*) Diese statistischen Angaben sind den *Informes anuales* und *Memorias de la Comisaria general de Inmigracion de la Rep. Argentina* von 1869 bis 1879 (Buenos Aires bis 1880) entnommen; ebenso die Angaben der folgenden Tabelle. Ueber letztere speciell vergleiche man auch den Jahrgang 1876 S. XXXI und Jahrgang 1879 S. XLIII.

**) Diese Zahl umfasst nur die Jahre 1871—73.

Resultate der Colonisations-Politik in Santa Fé.

In den Jahren	Bevölkerung	Provincial-Einnahmen	Beitrag zu den National-Einnahmen	In den Jahren
1865	48,900	133,800 $f.	544,291 $f.	1865
1870	89,500	326,340 »	1'502,529 »	1870
1875	135,000	401,023 »	1'975,552 »	1875
Zunahme	**d. Bevölkerung**	**der Provincial- und National-Einnahmen**		**In den Jahren**
1865—70	40,600	1'150,878 $f.		1865—70
1870—75	45,500	548,006 »		1870—75
Durchschnitt der Jahre	**Zunahme per Jahr d. Bevölkerung**	**Zunahme per Jahr der Einnahmen**	**per Kopf der zunehmenden Bevölkerung**	**Durchschnitt der Jahre**
1865—70	8,120	230,176 $f.	**29** $f.	1865—70
1870—75	9,100	109,601 »	**12** »	1870—75

Dass bei solcher Ermanglung energischer Colonisations-Politik die Culturzustände jener Gegenden sich nur sehr schwer und langsam über die Periode der Kleinbäuerlichkeit hinaus arbeiten, kann nicht Wunder nehmen. Selbst die mit grossen Mitteln (mit über 2 Millionen Mark) arbeitende »Central-Argentinische Land-Gesellschaft« in London hat Kosten und Mühe genug dazu aufgewandt und Schwierigkeiten aller Art zu überwinden gehabt, bis sie freilich jetzt endlich in der Lage ist, eine jährliche Dividende von 10 Procent zu bezahlen. Allerdings werden die Verhältnisse durch solche erfolgreich vorangehenden Culturarbeiten immer günstiger und vortheilhafter. Der hauptsächlichste Grund *) aber, weshalb Argentinien im Grossen und Ganzen noch auf der Vorstufe höherer Cultur, auf derjenigen des Viehzucht-Betriebes steht, nicht aber allgemeiner zum Ackerbau überzugehen angefangen hat, bleibt der Mangel einer Colonisations-Politik, die nicht nur auf dem Papier steht, sondern auch mit Ehrlichkeit und Energie betrieben wird. Solange man, wie es dort bis heute geschieht, Colonien gründet, **) um Vettern-

*) Freilich sind manche Gegenden Argentiniens auch aus naturellen Gründen, z. B. wegen ihres wenig fruchtbaren Camplandes, bei der heute in Colonialländern gebräuchlichen, landwirthschaftlichen Technik nicht im Stande zur höheren Culturstufe des Ackerbaues überzugehen.

**) Auch die in Argentinien vielfach unternommene Staats-Colonisation muss nach aller bisherigen Erfahrung auch schon als solche, ganz abgesehen von

schaften Beamtenstellen zu verschaffen, solange kann von einer eigentlichen Colonisations-Politik, ja überhaupt von einem wirklichen National-Patriotismus der regierenden Kreise (der wesentlich verschieden ist von krankhafter National-Eitelkeit) garnicht die Rede sein; solange heisst es dort für den Colonisator nur: »Hilf Dir selbst«!

Eine Reihe von Entschuldigungen werden allerdings von argentinischen Behörden für das Zurückbleiben der Zunahme ihrer Staats-Einnahmen angeführt, wie folgt:

National-Einnahmen in Argentinien.

1870	14·833,904 $f.	
1871	12·682,155 »	Gelbes Fieber.
1872	18·172,379 »	Ungewöhnliche Steigerung durch die allgemeine Hausse.
1873	20·217,231 »	
1874	16·090,661 »	Eintritt der comm. Krisis und Revolution von 1874.
1875	17·200,000 »	
1876	13·700,000 »	Steigerung der Krisis, Nachwirkungen der Revolution und erneute innere Unruhen.
1877	14·824,096 »	
1878	18·651,898 »	

Indessen ist hiergegen einzuwenden, dass die commercielle Krisis von 1874—79 so ziemlich alle Länder der Welt gleichmässig bedrückt hat, dass aber dennoch Neu-Seelands Staats-Einnahmen gerade in diesen Jahren ihren grössten Aufschwung dank richtiger und energischer Colonisations-Politik genommen haben. Statt des gelben Fiebers, dessen Nachtheile in Argentinien ja ohnehin in den folgenden Jahren gänzlich überwunden wurden, haben andere Staaten eben ihre eigenen, anderen Schwierigkeiten und Nachtheile zu überwinden; und das der romanischen Rasse eigene Revolutions-Bedürfniss ist leider gerade diejenige Eigenschaft derselben, welche am meisten eine nachhaltige Culturfähigkeit bei ihr in Frage stellen.

Wenn nun solche romanischen Staaten gegen ihr eigenes Interesse die für sie nothwendige Colonisations-Politik vernachlässigen, so ist das eben nur Mangel an ernster, gewissenhafter Ueberlegung; anders aber ist jene hauptsächlich unter den germanischen Völkern

der unverantwortlichen Art ihrer Durchführung, als ein schwerer Missgriff in der Colonisations-Politik angesehen werden. Näheres darüber weiter unten.

herrschende, wirthschaftspolitische Schule zu beurtheilen, welche in gleicher Richtung strebt, und zwar verführt durch ideelle Abstractionen. Während Adam Smith in bahnbrechender Weise die richtigen Grundprincipien und die bewegenden Triebfedern der wirthschaftlichen Entwicklung meisterhaft klar erkannte und dabei als das Bedürfniss seiner Zeit die *Non-interference* Politik vertheidigte, so verkennen seine Epigonen, die sich heute der treusten Anhängerschaft an seine Principien rühmen, gerade das Grundprincip der Volkswirthschaft, nämlich dass sie eine Cultur-Gestaltung ist und als solche nur das Resultat einer Entwicklung oder vielmehr eine in ewiger, unbegrenzter Entwicklung begriffene Gestaltung, dass also auch die Triebfedern, welche auf der höchsten Stufe wirken und die Maassregeln, welche dort die richtigen sind, durchaus nicht immer für die niedreren Entwicklungsstufen passen müssen, wahrscheinlich sogar für dieselben nicht geeignet sein werden.

Als den ersten und hauptsächlichsten Vertreter dieser Epigonen-Schule kann man Mac-Culloch bezeichnen, und er gab jedenfalls den Neueren Nichts nach an Einseitigkeit seiner Annahmen, dass alle Menschen gleich selbstständig und reif entwickelt seien, gleich gut ihre eigenen Interessen beurtheilen könnten, gleich gut im Stande seien, sich selbst zu helfen, dass die Hauptaufgabe der Staatsgewalt nicht das positive Schaffen und Gestalten, sondern nur das passive Geschehen-Lassen, das negative Verhüten, resp. Strafen des mit Unrecht Geschehenen sei. Weil in den Vereinigten Staaten im 19. Jahrhundert dies Princip mit gutem Grund und Erfolg auch auf die Gestaltung der Colonisation des Landes angewandt wurde, meinte Mac-Culloch, und meinen seine heutigen Gesinnungsgenossen, sei auch auf niedreren Stufen colonialer Entwicklung das gleiche Princip der Politik das richtige. Man verkennt vielfach noch heute, dass eben diese niedreren Stufen der Colonisation unserer eigenen Entwicklung in früheren Jahrhunderten entsprechen, dass wir Das, was wir heute sind, nur wurden, weil wir uns sowohl an der Hand, als zum Theil auch gegen das unrichtige Eingreifen der Staatsgewalt mühsam Widerstand leistend*) herauf arbeiten mussten. Man verkennt, dass in jeder Colonisation

*) Und gerade in diesem Widerstand-Leisten üben sich und wachsen die Kräfte am besten, nicht in der Verhätschelung des Glücks und in ungebundener Willkür.

eine neue Staatsgrundlage geschaffen wird, dass die Staatsgrundlage für jede Colonisation erforderlich und dass daher auch eine mehr oder weniger scharf eingreifende Colonisations-Politik eine ganz unerlässliche Staatsaufgabe für jede coloniale Volkswirthschaft vom Anfange ihrer Entwicklung an ist.

Wenn aber Mac-Culloch bei Gelegenheit der Aburtheilung über das Wakefield-System sagt: *) »Alles dieses beruht auf der »längst überwundenen Anschauung, dass Ansiedler nicht, ebenso »wie andere Individuen, am besten selbst im Stande seien zu be»urtheilen, was ihr eigenes Interesse ist,« so liegt es ja auf der Hand, dass es sich bei der Colonisation eben nicht blos um das Interesse des einzelnen Ansiedlers handelt, sondern mindestens ebensoviel, ja sogar vornehmlich um das Gesammtinteresse Aller, die sich zu einer Niederlassung vereinigen, und dies letztere Interesse, namentlich der Kostenaufwand desselben mag sehr leicht dem Einzelnen, der dazu beitragen soll, als mit seinem Privatinteresse widerstreitend erscheinen. Ein Squatter freilich, der sich isolirt in der Wildniss niederlässt, »colonisirt« überhaupt nicht, und mag thun und lassen, was er will. Dass aber uncultivirte Menschen, die mit der Absicht zu colonisiren in einem Naturlande ankommen, durchaus nicht immer wissen, was dort ihr eigenes Interesse ist, und wie sehr das gemeinsame Interesse auch das ihre ist, das beweist u. a. der schon oben erwähnte, erste Versuch einer Niederlassung am Swan-Flusse in West-Australien 1829. Allerdings ist bei staatlichem Eingreifen in die wirthschaftliche Entwicklung wohl zu unterscheiden, ob man es mit reifen oder mit unmündigen Volkskräften zu thun hat; wie es aber die Aufgabe der Eltern ist, ihre Kinder zu erziehen, so ist es auch die Sache staatlicher Politik, die unreifen Kräfte des Volkes zur Mündigkeit zu erziehen, ihnen zu helfen und sie zu unterstützen, wo es nöthig, zugleich aber auch sie zu Dem zu veranlassen, wovon sie nicht selbst einsehen, das es ihnen dient; und zwar besteht diese Aufgabe nicht nur für die uncultivirten Volkskreise civilisirter Menschenrassen, sondern ebenso auch für die Naturvölker uncultivirter Rassen. Dies Erforderniss selbst kann nicht bezweifelt werden; es wird sich dabei

---

*) Mac-Culloch in seiner Ausgabe von Adam Smith's »*Wealth of Nations*«, Anmerkung XXIII zum Abschnitte »*Colonial Policy*«, 4. Auflage 1850, Seite 612.

nur darum handeln, ob man dies zu thun vermag, und wie dies wirksam geschehen kann.

Dass nicht jedes beliebige Mittel zur Förderung solcher Entwicklung beiträgt, oder dass eine und dieselbe Maassregel nicht unter allen Umständen die gleiche Wirkung erzielen wird, versteht sich von selbst; und gerade in der Anwendung solcher Mittel sind seit Beginn der modernen Colonisation die krassesten Fehlgriffe gemacht worden. Auch ist eine momentane künstliche Steigerung der Entwicklung nicht derjenige Erfolg, welcher die Richtigkeit einer Maassregel beweist; es müssen dabei zugleich die Grundlagen der Entwicklung verbreitert und gefestigt, oder dürfen doch jedenfalls dabei nicht beeinträchtigt und geschädigt werden.

Es ist sehr wohl zuzugestehen, dass eine jede Maassregel zu diesem Zwecke nur dann rechten Erfolg haben wird, wenn sie in gerechtem und liberalem Sinne sachverständig gehandhabt wird. Nichts aber widerstreitet so sehr dem liberalen Geiste, dessen sich diese einseitige Schule des *Non-interference*-Princips rühmt, als die schablonenhafte Anschauungsweise derselben. Heutzutage, wo wir auf eine mehr als 50-jährige Entwicklung der modernen Colonisation und der auf sie gerichteten Politik zurücksehen, ist bereits der Irrthum dieser Schule für Jeden, der sehen will, durch die Thatsachen erwiesen worden.

Die australischen wie die canadischen Staaten wachsen Dank ihrer Colonisations-Politik beständig und auch andere überseeische Länder nehmen in ähnlicher Weise zu. Süd-Amerika vor allem wird in seinen aussertropischen Theilen in nicht ferner Zukunft durch gesteigerte Concentration seiner wirthschaftlichen Kräfte ganz ausserordentlich an Productivität und Prosperität zunehmen. Im allgemeineren Uebergange von der Viehzucht zum Ackerbau und in immer weiterer, immer besserer Cultivation wird sich auch dort der Segen energischer Colonisations-Politik geltend machen.

(3.) **Erste, unterste Entwicklungs-Stufe.**

Staatliche Organisation ist diejenige Culturaufgabe, welche der Entwicklung colonialer Volkswirthschaft in ihren Anfängen hauptsächlich zur Last fällt und dem Streben dieser Gestaltung auf der untersten Stufe seinen Grundcharakter aufprägt. Wenn man die wichtigsten Bedürfnisse des Menschen nach ihrer Dringlichkeit classificirt, so ergiebt sich etwa folgende Scala:

1) Nahrung,
2) Kleidung,
3) Wohnung,
4) Sicherheit für Leben und Eigenthum,
5) Productionsmittel,
6) Transportmittel.

Von dem, was der Colonist in überseeischen Ländern an Nahrung, Kleidung und Wohnung oder Unterkommen irgend welcher Art gebraucht, kann er sich das aller Nöthigste zur unmittelbaren Anwendung von Europa aus mitbringen. Ein längerer Genuss aber, ein dauernder Gebrauch dieser nöthigsten Existenzmittel ist ohne einen Schutz von Leben und Eigenthum des Menschen nicht möglich; und noch weniger ist dies ein Productions-Betrieb, eine Urbarmachung und Bebauung des Bodens, Anwendung von Werkzeugen zum Ackerbau- oder Gewerbe-Betrieb, geschweige denn die Anschaffung von Hausthieren und Zugvieh oder gar die Anlage grösserer Transportmittel. Schon ein Wege- und Brückenbau ist nur durch das Zusammenwirken organisirter Kräfte möglich, und ungleich mehr noch erfordert eine Einrichtung von Postanstalten oder die Anlage von Eisenbahnen eine solche culturelle, resp. staatliche Organisation höherer Art.

Wie schon erwähnt, ist auch auf der kleinbäuerlichen Stufe der colonialen Volkswirthschaft die Concentration der Productionskräfte ein Hauptaugenmerk der Colonisations-Politik. Die Colonial-Regierung (oder eine sie vertretende Colonisations-Gesellschaft) wird sich zu diesem Zwecke genöthigt sehen, die erforderlichen Transportmittel auf ihre Kosten zu beschaffen, auch Einwanderer auf ihre Kosten herbeizuziehen, ja sogar zuverlässigen Familien Vorschüsse und Credite in grösserem oder geringerem Umfange zu gewähren. Wie aber bei dem Allen auf der höheren Entwicklungsstufe eine staatliche Organisation unbedingt vorausgesetzt ist, so auch hier. Nur wird dieselbe hier erst geschaffen; sie wächst gewissermassen mit und aus diesen Anlagen heraus. Es erfordert schon eine gewisse Intensität solcher Organisation, ehe an ein colonisationspolitisches Eingreifen einer staatlichen oder communalen Verwaltung, an eine Concentration durch Anlage von Verkehrsmitteln oder Vermehrung der Bevölkerung durch Einwanderung zu denken ist. Eine derartige Organisation ist vielmehr vom ersten Anbeginn der Niederlassung an erforderlich und ist eben da am schwersten zu beschaffen. Die hauptsächlichste Schwierigkeit aber auf dieser anfänglichen Stufe der kleinbäuerlichen Ansiedlung ist die Deckung der nöthigen Kostenauslagen zur Beschaffung sowohl der staatlichen Organisation wie der wirthschaftlichen Concentration.

Von Anbeginn der neueren Zeit, seit den ersten Tagen einer überseeischen Ausbreitung unserer Rasse und so auch durch die ganze Periode der neusten Entwicklung der Colonisation hindurch bis auf den heutigen Tag ist stets die privatwirthschaftliche Deckung dieser Kostenauslagen in den Mittelpunct der Erwägungen gestellt worden, weil fast durchweg nur Privatcapital in Hoffnung auf materiellen Gewinn solche Colonisationen unternahm. Dennoch erscheint dies recht eigentlich als eine *contradictio in adjecto*, als ein Widerspruch in sich selbst. Gerade in dieser anfänglichen, kleinbäuerlichen Periode ist solche Art der Deckung am schwersten, weil da die Kosten am grössten und die Erträge am geringsten sind, und sie ist gerade da ganz besonders ungerechtfertigt, weil doch fast die sämmtlichen dabei zu treffenden Anstalten die Keime staatswirthschaftlicher Einrichtungen in sich tragen, und weil die staatliche oder cummunale Verwaltung des colonisirten Gebietes als solche doch den Vortheil von eben diesem Kostenaufwande hat. Also sollte man sich an einer staatswirthschaftlichen Deckung der Kosten völlig genügen lassen; und diese Aufgabe zu lösen ist meist schwer genug, ist bisher kaum je zu voller Befriedigung geglückt, noch auch allemal nach rationellen Principien versucht worden. Allerdings war eine privatwirthschaftliche Deckung der Kosten gelegentlich möglich, und es mag ja auch immerhin wünschenswerth erscheinen, wenn sie sich möglich machen lässt.

Zur Beurtheilung dieser Frage wird es hier nöthig sein, zunächst eine Uebersicht der hauptsächlichsten Vorschläge zur Deckung dieser Kosten zu geben, welche seit dem Anfange der modernen Colonisation gemacht worden sind.

Der erste Versuch, welcher in dieser Richtung gemacht wurde, war die Verwendung der Arbeitskräfte von deportirten

Verbrechern in jungen Ansiedlungen. Die Vergütung der Arbeitsherrn für die auf diese Weise geleistete Arbeit sollte die Kosten der Colonisation im Wesentlichen decken. Diese Maassregel begann mit einer Sendung von 3000 Verbrechern nach Neu-Süd-Wales; später war vor allem Van-Diemens-Land, das jetzige Tasmanien, der Schauplatz dieser Experimente.

So wie die Deportation von England aus im Anfange dieses Jahrhunderts betrieben wurde, schlug sie in zweierlei Hinsicht fehl, 1. wegen der zu grossen Sterblichkeit der deportirten Verbrecher und 2. wegen der übergrossen Kostspieligkeit der Einrichtung für das Stammland. Von solchen Verbrechern

	wurden deportirt von 1787—1836 nach	davon waren übrig 1836
Neu-Süd-Wales. . .	75,200	27,831
Van Diemens Land	27,757	16,968
Summen . . .	102,957	44,799. *)

Die Sterblichkeit unter diesen Deportirten war also eine sehr grosse, und dieses fällt um so mehr auf, da dieselben durchweg in ihren besten Lebensjahren hinsausgesandt wurden und doch wohl meist eine kräftige Constitution hatten. Von den 44,800 Deportirten im Jahre 1836 ferner waren Privatleuten zugewiesen (assignirt)

in Neu-Süd-Wales . . .	21,000
in Van Diemens Land .	6,500
Summe. . .	27,500. *)

Die übrigen wurden direct für Arbeitsleistungen im Dienste der staatlichen Organisation und für Anlagen zur Beförderung der Colonisation des Landes verwendet unter grösserer oder geringerer Straf-Erschwerung ihrer Arbeit. Anstatt dass auf diese Weise die Kosten solcher Politik gedeckt wurden, erwies sich die Deportirten-Arbeit vielmehr als die theuerste von allen. Die Colonisten allerdings, denen diese Arbeitskräfte zur Verfügung standen, gelangten schnell zu grossem Wohlstande; die Aufrechthaltung der Strafanstalten aber und die militärische Bewachung der Colonie kosteten dem Stammlande bis 1836 schon über 140 Millionen Mark. Die Regierung hatte sich ohnehin verpflichtet, den Colonisten alle Producte, welche sie mehr erzeugten,

*) Diese Angaben sind dem *Report of the Transportation Committee of 1838* entnommen.

als in der Colonie selbst verbraucht wurden, zu einem sehr hohen Preise abzukaufen.

Auch die späteren Resultate der brittischen Experimente mit Straf-Colonien waren, obwohl besser organisirt und culturell erfolgreicher, doch financiell unzureichend; indessen scheint es nicht erwiesen, dass, wenn eine andere Macht diese Aufgabe unternähme, mit glücklicherem Organisationstalente nicht doch befriedigendere Resultate erzielt werden könnten. Allerdings wird dabei wohl der Gesichtspunct einer auch nur staatswirthschaftlichen Deckung, also Verzinsung und späteren Amortisation, der ersten Kosten der Coloniesation stets diejenige bleiben, welcher am wenigsten Aussicht auf Erfolg bietet; wichtiger aber ist bei der Frage der Deportation die culturelle Behandlung der Verbrecher. Einem Jeden sollte eine *fair chance* gegeben werden, sich wenigstens äusserlich zu bessern und ein neues Leben zu beginnen, vor allem aber denen, die noch nicht als professionelle Verbrecher den Kampf gegen die menschliche Gesellschaft als Lebensaufgabe unternommen haben. Die wahre Gerechtigkeit ist stets human; die Abschreckungstheorie des Strafrechts ist nur ein barbarischer Nothbehelf, der allein solchen Völkern zu verzeihen ist, deren ideelle Culturstufe noch zu niedrig oder deren staatswirthschaftliche Hülfsmittel noch zu gering sind, um ihren uncultivirten Volksmassen Gerechtigkeit widerfahren lassen zu können. Wenn allerdings nicht allen Angehörigen eines Volkes die gleichen Chancen der Entwicklung zu geben sind, so sollte doch wenigstens einem Jeden eine richtige Beurtheilung auf Grundlage derjenigen Ursachen und Umstände, aus denen seine Individualität geworden ist, zu Theil werden, und einem Jeden ohne Unterschied der Herkunft alle möglichen Chancen günstiger Entwicklung oder späterer Restitution gewährt werden. Man wird kaum ein richtigeres Urtheil über die bisherigen Resultate der Deportation fällen können, als mit den Worten, in welchen Darwin das seine zusammenfasst: »Im Grossen und Ganzen ist die Deportation als billiges Strafsystem gescheitert, auch als moralisches Besserungsmittel ist sie gescheitert, als ein Mittel aber, um verbrechens-schuldige Menschen zum ehrbaren Leben zu restituiren, um Vagabonden, die in dem einen Lande nur vom Uebel sind, in einem anderen zu thätigen Bürgern zu machen, und auf diese Weise zugleich neue herrliche Staaten zu gründen, neue grosse

»Centren der Civilisation zu schaffen, darin war die Deportation »erfolgreich wie kein anderes Mittel, welches die Geschichte aufzu»weisen hat.« *)

Freilich aber wird man bei der Gründung und Verwerthung solcher Verbrecher-Ansiedlungen fernerhin wohl daran festhalten müssen, dass eine Straf-Colonie, so lange sie noch zur Deportation benutzt wird, nicht gleichzeitig für längere Zeit schon eine Niederlassung für selbstständig einwandernde Arbeitskräfte oder auch für staatliche Transmigration sein sollte. **) Immerhin aber wer von Humanität redet, der sollte nicht die Inconsequenz begehen (wenigstens nicht principiell) gegen die Anlage von Straf-Colonien aufzutreten. ***)

Ein anderes Mittel, welches noch im Anfange dieses Jahrhunderts ziemlich allgemein in überseeischen Ländern angewandt wurde, um die Concentration der wirthschaftlichen Kräfte zu ermöglichen und deren Organisation rentabel su machen, die Sclaverei, kann hier aus dem Bereiche der Betrachtung bleiben.

---

*) Charles Darwin im III. Band der »*Voyages of H. M. S. Adventure and Beagle*«, London 1839, Seite 532.

**) Dieses wird wohl als bleibendes Resultat des Conflictes zwischen England und seinen australischen Colonien zu betrachten sein, der in den Jahren 1850—54 so viel Staub aufwirbelte. Anders freilich scheinen z. B. die Erfahrungen der Portugiesen in Südwest-Afrika, indessen ist diese Abweichung von jenen brittischen Resultaten doch nur scheinbar, denn in Angola handelt es sich nicht um eigentliche Colonisation. Uebrigens scheint in Westafrika das Klima diejenige Straf- oder Besserungs-Zähmung (wie man es nun nehmen will) an den Deportirten zu vollziehen, welche in einer eigentlichen Straf-Colonisation nur durch die, wenn auch humane, doch jedenfalls stramme Disciplin einer Straf-Organisation zu erreichen sein wird.

***) Eine eingehende Behandlung und Beurtheilung der besonders für Deutschland höchst wichtigen Deportations-Frage ist hier natürlich nicht am Platze, weil es sich eben bei dieser Frage niemals in erster Linie um die Zwecke der Colonisation handeln kann oder sollte. Diese müssen dabei zurück stehen, obwohl sie meinem Urtheile nach den humanen und financiellen Hauptzwecken der Deportation als Nebenzwecke nur förderlich sein können. Es wäre aber eine ebenso beklagenswerthe Begriffsverwirrung wie Willensverirrung, die Anfänge der Colonisation *eo ipso* auf Deportation gründen zu wollen.

Ueber die Entwicklung der australischen Strafcolonien finden sich ausführlichere Mittheilungen u. a. in Dr. Karl von Scherzer's »Statistisch-commercielle

Dies Arbeitsinstitut ist jetzt nicht nur im ganzen Bereiche der Civilisation als social unhaltbar anerkannt, sondern hat sich auch als ein sehr kostspieliges und unvortheilhaftes erwiesen. Ein anderes Arbeitssystem dagegen, welches neuerdings aus derselben hervorgegangen ist und dieselbe ersetzt, aber auch schon vor und neben derselben im 17. Jahrhundert auftrat, verdient hier der Erwähnung; dies ist die *Indenture* *) oder Anwerbung.

Seinem Wesen nach schliesst sich dieses Arbeitsinstitut an die Begriffe unseres europäischen Gesindewesens an. Der Arbeiter verpflichtet sich, für längere Zeit einem Herrn zu dienen, wogegen dieser ihm Lohn, Nahrung, Wohnung und Pflege, eventuell Kleidung und Anderes, vor Allem aber auch Schutz und Vertretung Dritten gegenüber gewährt. Letzteres wird zwar nicht immer contractlich zugesichert, ist aber da, wo dies Rechtsverhältniss zur gesunden und normalen Entwicklung gelangt, selbstverständlich. Dies Arbeitssystem ist nicht eine Ausbeutung, als was die moderne Sclaverei, ja zum Theil auch schon die antike *Servitus*, ihrem eigentlichen Wesen nach erscheinen, sondern mehr eine Art von Hörigkeit, ein Verhältniss wirthschaftlicher Abhängigkeit, welches dem Arbeiter alle materiellen und ideellen Vortheile des mehr oder weniger nahen Zusammenlebens mit und unter dem Einflusse eines selbstständigeren und höher cultivirten Arbeitsherrn bieten und welches diesem zugleich alle persönlichen und socialen

Ergebnisse einer Reise um die Erde«, *(Novara-Reise)*, II. vermehrte Auflage in 1 Bande, Leipzig (Brockhaus) 1867, Seite 222—236. 455, 495 und 497. — Eine populäre Darstellung dieser brittischen Deportations-Versuche findet sich auch in Richard Oberländers »Australien.«

Hinsichtlich der juristischen und politischen Beurtheilung dieser Frage darf hier auch vor allem die umfassende Arbeit von Prof. Franz von Holtzendorff nicht unerwähnt bleiben: »Die Deportation als Strafmittel in alter und neuer Zeit und die Verbrechercolonien der Engländer und Franzosen«, Leipzig 1859.

*) *Indenture* oder *indent* heisst ursprünglich das Document, auf welchem ein Contract ausgefertigt wurde, wegen des eingezahnten Papierrandes, der bei solchen Documenten in England üblich war. Heutzutage bedeutet *indenture* in der Weltwirthschaft hauptsächlich den Arbeits-Contract, der mit fremdrassigen Arbeitern, die auf längere Zeit zu europäischer Cultivation in überseeischen Ländern angeworben werden, abgeschlossen wird; dagegen bezeichnet *indent* im Welthandel einen meist auch auf längere Zeit berechneten, *quasi*-contractlichen Vorschlag oder Anweisung zu einer Waaren-Consignation oder zu einer fortlaufenden Reihe von Consignationen nach einem überseeischen Lande.

Pflichten und Verantwortlichkeiten für die von ihm contractlich angeworbenen Arbeiter auferlegt. Im grossen Stile als Arbeitsinstitut für die Massen-Production durchgeführt, eignet sich dies Anwerbungs-System ganz besonders für die Cultivation niederer Menschenrassen; auf eben diesem Gebiete überseeischer Cultivationen hat dies System schon bisher die grössten Erfolge in seiner modernen Entwicklung erzielt, und wird dort auch fernerhin noch grössere, dem europäischen Vorstellungs-Vermögen noch unbekannte Triumphe, die Lösung bisher noch kaum geahnter Culturaufgaben verwirklichen.

Als in den 30-er Jahren endlich die Sclaverei in den brittischen Colonien abgeschafft wurde, erwies es sich, wie man auch richtig vermuthete, als unbedingt nothwendig, ein eigenes, von den Rechtsverhältnissen der europäischen Rasse abweichendes Arbeitssystem für die in den Tropen manuell arbeitenden Naturvölker und Halbbarbaren einzuführen. Die fünfjährige Uebergangsperiode der Lehrlingszeit *(Apprenticeship)* aber, welche das brittische Emancipations-Gesetz statuirt hatte, war völlig unzureichend, um diese niedere Menschenrasse, die in ihrer Cultur-Entwicklung um Jahrhunderte und Jahrtausende hinter der europäischen zurück ist, so plötzlich auf die Stufe unserer culturellen Selbstständigkeit, Selbstverantwortung und intellectuellen Entwicklungsfähigkeit zu heben. Man griff also zur Anwerbung neuer Arbeiter, deren normale Entwicklung nicht durch die Fehlgriffe solcher Emancipation gestört war, und zur Transmigration derselben nach ihnen fremden Gegenden, in denen sie durch die Naturverhältnisse und Umgebung auf den Schutz und die culturelle Abhängigkeit von ihrem Arbeitsherrn unmittelbar angewiesen waren. Durch eine Reihe von Perioden, deren ich bei früherer Darstellung dieser Entwicklung sechs unterschieden habe*), gestaltete sich bis in die 60-er und 70-er Jahre dieses Arbeitsinstitut zu immer besseren, bestimmteren und reineren Formen. Auf dieser Grundlage ruht auch die neuste Ausbildung der Arbeitsfrage in der Weltwirthschaft; ich meine die von Sir Arthur Gordon in Fidji erlassenen Bestimmungen (*Ordinances* von 1878). Mit fernerer Hinzuziehung einiger wichtigen Erfahrungen und erfolg-

*) In meinem »Ethiopien« (Hamburg 1879, Seite 313—321) habe ich versucht eine Skizze der bisherigen Entwicklung des *Indenture*-Systems in diesem Jahrhundert zu entwerfen, hauptsächlich nach dem Material der brittischen *Bluebooks* bis 1875.

reichen Grundsätze der spanisch-niederländischen Cultivations-Politik wird sich dieses Arbeitsinstitut auch intensiv wie extensiv weiter entwickeln. Ich erinnere in dieser Hinsicht nur beispielsweise an die Principien, nach denen die *British North Borneo Company* die Cultivation ihres weiten Gebietes unternommen hat, sowie an die neusten Versuche nach dieser Richtung in Afrika.

So praktisch wie theoretisch vorzüglich nun auch dieses Arbeitsinstitut ist und mehr noch werden kann, so hat es doch wie jedes andere System auch seine Nachtheile, in so fern nämlich dabei Ausschreitungen und eine brutale Ausführung desselben durch das System an sich nicht verhindert werden können. Solche Ausschreitungen waren auch bisher bei diesem Anwerbungs-System leider nicht ausgeschlossen, ja sind sogar in so ungewöhnlicher Zahl vorgekommen, dass dem mit überseeischen Verhältnissen nicht näher bekannten Europäer das eigentliche *Indenture-System* und seine naturgemässen Grundlagen überhaupt kaum bekannt geworden sind, und er nur gar zu oft und immer wieder von den Greuelthaten einer niederträchtigen und gewissenlosen Anwendung dieses Systems ausserhalb des Bereichs einer genügenden staatlichen Organisation gehört hat. Diese Greuelthaten aber haften glücklicher Weise nicht an dem Begriffe des Institutes selbst und an seinem eigentlichen Namen, sondern an seinem Fluch-Namen, an dem Namen »Coulie-System.« Es ist nicht nöthig, hier an die Gewaltscenen in Bengalen und den chinesischen Hafenplätzen, in Westindien und Peru, an den vieltausendfachen Mord und die Unmenschlichkeiten dieses modernsten Sclavenhandels, der sich dem Treiben der Mohammedaner in Ost-Central-Afrika als europäisches Gegenstück an die Seite stellt, im Einzelnen zu erinnern. Möge es der Civilisation bald gelingen, die eine wie die andere Erscheinung völlig in die Vergangenheit und Vergessenheit zurück zu drängen! Möge es bald der europäischen Cultur glücken, auf reiner und ebener Bahn ihrem Ziele einer Cultivation der niedreren Menschenrassen und mit diesen einer Cultivation der reichen Tropenländer voran zu gehen! Hier ist das Feld und hier sind Mittel und Wege für unsere Culturarbeit der Zukunft!

Anders freilich ist die Anwendung dieses Anwerbungs-Systems auf Arbeiter europäischer Rasse zu beurtheilen. Alle Versuche einer Anwendung dieses Arbeitsinstitutes auf dem Gebiete eigentlicher Colonisation sind financiell und zum Theil auch culturell kläglich gescheitert.

Versucht wurde diese Anwendung allerdings schon in den ersten Zeiten überseeischer Colonisation in West-Indien und in den Tabak- und Reis-producirenden Ländern Nord-Amerikas; obwohl aber damals in Europa die Hörigkeit noch als allgemeines Rechtsinstitut galt, wurde doch durch das Fehlschlagen dieser Versuche nur erwiesen, dass unsere Rasse dem socialen Bedürfnisse der Hörigkeit bereits entwachsen war. Wie bei aller Anwerbung zu anormalen Zwecken, so geschah dieselbe auch damals überwiegend mit illegalen Mitteln. Den Schiffs-Capitainen, welche solche Arbeiter brachten, waren hohe Prämien per Kopf derselben zugesichert; Pressung und Raub waren die gewöhnlichen Mittel ihrer »Anwerbung«, und die unbemittelten Opfer derselben wurden überdies am Bord des Schiffes einer Art von Sclaverei unterworfen, um ihre Ueberfahrt abzuverdienen, oder wurden bei der Ankunft in Amerika an den höchst-bietenden Arbeitsherrn verkauft. Je ungerechter aber die Mittel solcher »Anwerbung« waren, desto ungünstiger stellte sich meist auch ihr Erfolg.

Ansiedler, welche nichts für solche weissen Arbeitssclaven bezahlt hatten, boten denselben als freie Arbeiter hohe Löhne, und jene Arbeitsherrn waren bald um ihr Schandgeld geprellt. Auch bot in Nord-Amerika die Nähe fruchtbaren, unoccupirten Landes diesen »angeworbenen« Arbeitern vielfach Gelegenheit sich von ihren Herren unabhängig zu machen und sich selbstständig anzusiedeln. Wenn solche Arbeiter dabei überhaupt über ihre Berechtigung zu solcher Handlungsweise nachgedacht haben, fühlten sie sich wahrscheinlich zu derselben durch die Art ihrer Anwerbung und ferneren Behandlung hinreichend entschuldigt. In solcher nahezu sclavischen Abhängigkeit blieben fast nur die Deutschen, welche culturell zu unselbstständig und auch der englischen Sprache zu sehr unkundig waren, um sich in jenen Ländern unabhängig machen zu können.

Bis in die neuste Zeit hinein sind Anwerbungen von europäischen Arbeitern für überseeische Länder vorgekommen, und sind ausnahmsweise auch von financiellen wie ideellen Erfolgen, sowohl für die Arbeitsherrn wie für die Arbeiter gekrönt gewesen. Stets aber beruhte solcher Erfolg nur auf persönlicher Tüchtigkeit, richtiger Beurtheilung und geschickter Anwendung der individuell vorliegenden Verhältnisse vonseiten des Arbeitsherrn; meistens dagegen schlugen auch diese neueren Versuche durch Unverstand und Unkenntniss gänzlich fehl, wie bei dem schon erwähnten Beispiele des Herrn Peel am Swan-Flusse in West-Australien.

Dass überhaupt der Ertrag der in dem Coloniallande verwendeten Arbeitskräfte nur eine sehr theilweise Ersetzung der Auslagen einer Colonisation und des Aufwandes für ihre politischen Erfordernisse ermöglichen können, ist schon weiter oben erwähnt worden, sowie dass sich der natürliche Werth des Bodens in einem solchen Lande viel weiter-gehend zu diesem Zwecke eignet. Dennoch ist der Gedanke einer möglichsten Wiederersetzung der Kosten einer Beschaffung solcher Arbeitskräfte aus dem Ertrage derselben so naturgemäss, dass es wohl der Mühe lohnt, einige der hauptsächlichsten Vorschläge, die in dieser Richtung gemacht worden sind, zu erwähnen.

Zwei derartige Vorschläge fanden sich 1822 in der »*Quaterly Review*« in ihrem XIII. Bande: »Es sollte in der Colonie ein »Büreau errichtet werden, auf welchem jeder auf Kosten der Colonie »dort eingeführte Arbeiter, sofort nach seiner Ankunft registrirt »werden sollte; die sämmtlichen Kosten seiner Ueberfahrt sowie »die einer Lebensversicherung für ihn auf so lange Zeit, wie er zur »Rückzahlung des Gesammt-Betrages im äussersten Falle gebrauchen »könne, sollten ihm dort auf seine Rechnung belastet werden; er »würde dann arbeiten können, wo, wie und wann es ihm beliebt »unter der einzigen Bedingung, dass er der Regierung in diesem »Büreau wöchentlich oder monatlich eine bestimmte Summe auf »seiner Rechnung abbezahlt.« — Dieser Plan wurde mit grosser Sorgfalt und mit reichlichen Capitalmitteln in Neu-Süd-Wales versucht, rentirte aber nicht. Schon hier in Europa ist es schwer genug, noch nicht erarbeitete Löhne für die Abzahlung einer Schuld mit Beschlag zu belegen: wieviel schwieriger ist dies in einem weniger organisirten, dünn bevölkerten Lande, wo überdies jede Controlle der handarbeitenden, nicht Grund besitzenden Bevölkerung nicht nur verhasst, sondern auch sehr schwierig und nur mit grossem Kostenaufwande durchzuführen ist?! Man wird damit nicht leicht Erfolg haben. *)

Besser ist schon der andere Plan, welcher ebendaselbst vorgeschlagen worden ist: »Man solle eine Arbeitssteuer oder Abgabe »von jedem Arbeitsherrn in der Colonie für jeden von ihm »beschäftigten Arbeiter fordern. Die Productionskosten würden »dadurch nicht gesteigert, denn wenn der Ertrag solcher Abgabe »für die Zufuhr von mehr Arbeitskräften verwendet werde, so würden »die Arbeitslöhne in der Colonie um mehr als die an Abgaben »bezahlten Beträge sinken. Auch würden die Arbeitsherren diese »Abgabe nur dem Scheine nach, in Wirklichkeit aber nur die

*) Als originelles Gegenstück zu diesem Plane, wie die kleinbäuerlichen Ansiedler oder Lohnarbeiter zur Abzahlung der auf ihre Uebersiedlung und Niederlassung verwandten Kosten zu veranlassen seien, mag hier der patriarchalisch gedachte Vorschlag unseres grossen Friedrich List erwähnt werden. Wie jener in der »*Quarterly Review*« vorgebrachte (Poullet Scrope zugeschriebene) Plan auf der Grundlage einer sich schon frei und selbstständig bewegenden Bevölkerung ruhte, so rechnete List seiner Zeit noch mit den in Deutschland politisch wie wirthschaftlich völlig unmündigen und unbeholfenen Volksmassen. Dies allein erklärt uns, wie List einen uns heutzutage so durchaus abenteuerlich erscheinenden Vorschlag machen konnte. Derselbe findet sich in der »Deutschen Vierteljahrsschrift« von 1842 Nro. 4. Er empfiehlt dort die Transportation ganzer Gemeinden und Gesellschaften. Einzelne erfahrene Männer sollen vorangehen, um die passendsten Ländereien aufzusuchen und anzukaufen. Dann soll die Hauptmasse der jüngeren Männer nachfolgen, welche die Anfänge der Colonisation machen. Hiernach kommen die Bräute dieser jungen Männer und die noch rüstigen, arbeitstüchtigen Ehepaare. Ganz zuletzt, wenn die neue Heimath fertig und wohnlich ist, erscheinen die hülflosen Mitglieder der Gesellschaft, die Kinder und Greise. Den als Pioniere vorausgehenden Colonisten werden aber ihre Angehörigen nicht eher nachgesandt, als bis sie alle, ihnen selbst und diesen letzteren zu machenden Vorschüsse (an Passagekosten und sonstigen Auslagen) abbezahlt haben.

Man vergleiche hierzu auch Roscher (»Kolonien etc.« Leipzig 1856, S. 323), der dazu sehr richtig bemerkt: »eine Art von Geisselstellung! Man er»kennt aber sogleich, dass sich die Auswanderer auf jahrelange Trennung von »wirklich theuren Familiengliedern schwerlich viel einlassen dürften; und gleich»gültige Hausgenossen, die bisher vielleicht eine Last der Familie waren, können »natürlich nicht als Geissel dienen.« — Ich möchte nur wissen, auf welche Weise die Vorschuss gebenden Capitalisten auf die »Bräute« Beschlag legen sollen. Wenn sie dieselben nicht in policeiliches Gewahrsam oder Aufsicht nehmen wollen, so scheint es mir höchst wahrscheinlich, dass diese als Geisseln zurückgehaltenen Bräute den Capitalisten ein Schnippchen schlagen werden, ehe diese es sich versehen. Sie werden den Weg zu ihren Verlobten schon trotz der Capitalisten finden, zumal bei den heutigen, leichten und billigen Verkehrsmitteln.

»Arbeiter selbst sie bezahlen.« — Letztere Behauptung ist richtig; dass aber die Löhne mehr als um den Betrag der Abgabe sinken würden, ist eine unerwiesene und unerweisbare Annahme. Dieses Verhältniss würde sich jedenfalls überall individuell nach den jeweiligen Umständen gestalten, und lässt sich weder in einem speciellen Falle noch vor allem generell nach mathematischer Schablone berechnen. Dennoch möchte sich diese Massregel mancherwärts durchführen lassen und sich unter besonders günstigen Umständen gelegentlich erfolgreich erweisen. Einwenden wird man gegen dieselbe heutzutage nur, dass zur Durchführung einer Colonisations-Politik auf irgend einer Stufe der Entwicklung so ausserordentlich viel mehr als die Beschaffung der nöthigen Arbeitskräfte gehört, dass es werthlos erscheint, eine Steuer zu erheben, welche isolirt mit diesem letzteren Bedürfnisse in Verbindung gesetzt wird und aus dem ganzen Rahmen der übrigen Staatswirthschaft heraustritt. Wo aber einmal alle anderen Bedürfnisse colonialer Entwicklung local und zeitweilig hinter diesem einen zurücktreten, da möchte sich wohl eine maassvolle Anwendung dieses Steuer-Vorschlages empfehlen.

Im Anschluss an diese Vorschläge und im bewussten Gegensatze zu denselben stellten Wakefield und seine Anhänger ihren ganz richtigen Gedanken auf, dass das nächstliegende und beste Object zur Deckung des wirthschaftlichen und politischen Kostenaufwandes der Colonisation der Werth des Grund-und-Bodens in dem Coloniallande sei. Dabei braucht man die Anwendung von Steuern der einen oder andern Art nicht auszuschliessen, ja dieselben werden fast überall unentbehrlich sein, da der höchstmögliche Ertrag des Bodens nur selten im Stande sein wird, die gesammten Kosten der Colonisation und ihrer staatlichen Organisation zu decken.

Ohne solche Organisation und ohne die Rechtssicherheit, welche dieselbe gewährt, ist überhaupt Colonisation unmöglich; wo diese Vorbedingung aber gewährt ist, wird es immer leichter sein, das ungesetzliche Ansiedeln auf nicht rechtlich erworbenem Boden, der zwar fern liegt, aber für Squatters noch werth hat, zu verhindern, als die Erfüllung pecuniärer Verpflichtungen besitzloser Arbeiter zu erzwingen.

Ein Irrthum war freilich die *Sufficient price of land*-Theorie Wakefields auch von diesem Standpuncte der Deckung der colonisations-politischen Kosten aus, in so fern er glaubte, den Preis so hoch schrauben zu können, bis er einen gewissen Theil dieses Kostenaufwandes jedenfalls decke. Im Grunde ist sein Landpreis auch nur eine Art Steuer, für die er dem Käufer die nöthigen Arbeitskräfte zur Bewirthschaftung des Landes zu liefern verspricht. Es wird sich dabei aber sehr fragen, ob der Käufer nicht diese und andere Steuern dort zu hoch finden wird im Verhältniss zu dem Werthe, den ihm das betreffende Grundstück nach seiner Productivität und Lage am Weltmarkte repräsentirt, und dann lieber auf dasselbe verzichtet. In seiner Heimath erträgt man schon eine unvortheilhaft hohe Steuerbelastung, eben weil es die »Heimath« ist; in einem fernen, überseeischen Lande aber kommt die materielle Calculation ziemlich unbeeinträchtigt zur Geltung. Wakefields Landpreis-Theorie fasste die Berechnung ganz von unrechtem Ende an. Man sollte vielmehr umgekehrt calculiren: einerseits die sämmtlichen Kosten der Colonisation eines Landstrichs und andrerseits die Productivität und den daraus sich ergebenden Werth resp. den höchsten, zu erzielenden Preis desselben. Ergiebt letzterer Factor (der Ertrag des Bodens) einen bedeutenden Ueberschuss über den ersteren (die Bewirthschaftungskosten, einschliesslich aller Belastungen des Landes zu Gunsten der Colonisation desselben) dann ist das Land colonisirbar; und je nachdem, wie gross dieser Ueberschuss ist, wird dabei eine privatwirthschaftliche oder nur eine staatswirthschaftliche Rentabilität solcher Colonisation erzielt werden. Ehe man eine Ansiedlung in einem uncultivirten Naturlande, und sei es auch eine wilde oder verwilderte Provinz eines colonialen Staatswesens, unternimmt, wird man sich solche Berechnung mit grösster Sorgfalt und im weitesten Umfange machen müssen; wo man dagegen die Stütze einer staatlichen Organisation hat, wird man die Möglichkeit einer privatwirthschaftlichen Rentabilität der Colonisation leichter voraussetzen dürfen, weil das vorhandene Staatswesen ohne die Möglichkeit rentabler Privatwirthschaften im Lande nicht bestehen könnte.

Immerhin bleibt uns von der Wirksamkeit Wakefields und seiner Schule die Errungenschaft übrig, dass in erster Linie der Grund-und-Boden eines Coloniallandes zum höchst-möglichen Preise, resp. in bester und richtigster Weise zu Gunsten der Colonisation desselben verwerthet werden muss.

Bei dieser Frage nach der richtigen Verwerthung des Landes nun liegt der Schwerpunct in dem Umstande der Zeit, wann, sowie des Umfanges, in welchem das Land zum Verkauf gebracht wird. Danach allein richtet sich der grösst-mögliche Vortheil, den die Colonial-Regierung für ihr Land aus dem Grund-und-Boden desselben ziehen kann. Es ist dagegen ziemlich irrelevant, ob man dabei alles Land zu einem und demselben *(uniform)* Preise abgiebt oder es in Auction ausbietet, wenn auch freilich letzteres auf Grundlage eines festen, für alles Land gleichen Ansatzpreises (Combination, wie in den Vereinigten Staaten) wohl als das rationellste Vorgehen erscheint.

Durch die Festsetzung eines uniformen Preises für alle Grundstücke eines Landes wird die Inbesitznahme resp. die Cultivation desselben dann nicht mehr nach Ermessen der Regierung geregelt, (wie beim Verkauf desselben in Auctionen, deren Zeitpunct sie bestimmt), sondern wird nur im Verhältnisse zu dem normalen Werthe der betreffenden Grundstücke verfrüht oder verspätet. Ersteres wird der Fall sein, wenn der angesetzte Landpreis für das betreffende Grundstück zu niedrig, letzteres wenn er zu hoch ist. Gekauft wird das Grundstück doch nicht eher werden, als bis der Werth desselben durch naturelle oder culturelle Umstände die Höhe des geforderten Preises erreicht hat. Lange, nachdem es aber diesen Werth erlangt hat, wird es in der Regel nicht unbesetzt bleiben. Ist freilich solcher Preis von vorne herein weit niedriger als der Werth der Grundstücke, um die es sich handelt, festgesetzt, so ist das gleichbedeutend mit einer Verschleuderung des Landes, das alsdann natürlich viel eher besetzt werden wird, als das Interesse der culturellen Entwicklung und richtigen Verwaltung des Landes es erfordert. Cultivirt wird dabei der Grund-und-Boden nämlich auch nicht einmal eher, als wenn er zu seinem wirklichen Werthe verkauft worden ist, denn in solchem Falle bemächtigen sich fast stets Land-Speculanten und Finanz-Consortien solcher Ländereien, und verkaufen dann das Land an die *bona fide* Colonisten doch nur zu einem Preise der wenigstens annähernd dessen wirklichem Werthe entspricht. Die Colonisation des Landes wird also durch solchen colonisations-politischen Fehler nicht befördert oder gar beschleunigt, nur fliesst die Differenz zwischen dem Kaufpreise und dem Werthe des Bodens in diesem Falle in die Taschen müssiger Speculanten statt in die Casse der Colonial-Verwaltung.

Durch einen zu grossen Umfang, in welchem die Verwaltung das Land zum Verkauf bringt, kann sie ebenfalls die Entwicklung desselben sehr schädigen. Auch dann werden solche Land-Speculanten sich vorweg der besten Landstriche bemächtigen, und die wirklichen Ansiedler in demselben werden dadurch der Gnade solcher Parasiten der menschlichen Cultivation anheim gegeben sein, wie man das z. B. bei der miserablen Colonisations-Politik gewissenloser Staats- und Provincial-Regierungen in Süd-Amerika nur zu vielfach geschehen sieht. Ausserdem, wenn solche besseren aber unregelmässig und zerstreut gelegenen Grundstücke eher besiedelt werden als die zwischen liegenden, doch auch colonisirbaren Landstriche, werden die wünschenswerthen Communicationswege und manche anderen Anlagen nur schwer zu beschaffen sein, und dadurch die Kosten der Colonisation unverhältnissmässig gesteigert werden.

In welcher Art und welchem Umfange nun der Boden eines Coloniallandes am besten zu Gunsten der Verwaltung und Entwicklung desselben verwerthet werden kann, das ist in jedem einzelnen, vorliegendem Falle nur individuell zu beurtheilen. *) Wie sich aber nicht einmal mit Sicherheit behaupten lässt, dass durch den Ertrag des Bodenverkaufs in jedem Falle die für die Bewirthschaftung desselben nothwendigen Arbeitskräfte zu beschaffen sind, so ist durch denselben noch viel weniger eine Deckung aller übrigen privatwirthschaftlichen und staatswirthschaftlichen Kosten der Colonisation sicher zu erwarten. Sind aber die Productionskräfte der Volkswirthschaft einmal concentrirt und ihre staatlichen Bedürfnisse einigermassen organisirt, dann wird bei richtiger Colonisations-Politik auch jederzeit eine staatswirthschaftliche Deckung, also anfängliche Verzinsung und spätere Amortisation, der culturpolitischen Auslagen möglich sein. Und das genügt, denn wer

---

*) Die gegenwärtig herrschenden Systeme der Land-Verwerthung in den verchiedenen australischen Colonien finden sich in übersichtlicher Weise zusammengestellt im *Victorian Yearbook 1879—80* von Henry Hayter (Melbourne und London 1880) Seite 394—410.

wollte ohne Noth Staatswirthschaft nach privatwirthschaftlichen Grundsätzen betreiben?!

Wünschenswerth ist dies allerdings am ersten auf der untersten Stufe der Entwicklung, wo der erforderliche staatswirthschaftliche Credit am schwersten zu beschaffen ist. Eine solche Colonial-Gründung *ab ovo* wird daher heute in der Regel nur noch in einem Lande stattfinden, wo eine privatwirthschaftliche Remboursirung aller Kostenauslagen in Aussicht steht, also in einem Lande, dessen Fruchtbarkeit, Wegsamkeit und günstige Lage in kurzer Zeit eine genügende Export-Production ermöglichen, dessen relative Nähe an Europa dasselbe so vortheilhaft stellen, oder dessen Bewirthschaftung anderweitig so rentabel ist, dass sich grosse Capitalien dorthin ziehen werden, und dass grosse Massen von Arbeitern zur Verwendung kommen können, dass auch bessere Löhne dort als in Europa möglich sind und somit gute europäische Arbeitskräfte auch auf ihre eigenen Kosten dorthin ziehen werden. Ein solches Land allein wird heutzutage auch auf den höheren Stufen seiner Entwicklung als ein dankbares Object einer Colonisations-Politik erscheinen, wie sie z. B. Neu-Seeland noch in den 70-er Jahren betrieb.

Wie sehr die Möglichkeit einer anfänglichen, privatwirthschaftlichen Deckung aller Kosten der Colonisation ausser von einer richtigen, klar durchdachten Politik, vor allem von den Naturverhältnissen des Landes abhängt, *) zeigt gerade die erste Entwicklung der Neu-Seeland-Gruppe, sowohl in günstiger als in ungünstiger Richtung. Ein Beispiel für jenes gewähren die fruchtbaren, südlichen Provinzen Canterbury und Otago auf der grössten, mittleren Insel, für dieses dagegen die nördlicheren Theile der Inselgruppe Nelson, Wellington und New-Plymouth.

Neu-Seeland ist zum grossen Theil mit Urwald und Farrengestrüpp überwuchert; und vor allem waren dies ursprünglich die letztgenannten Provinzen. Die Urbarmachung war sehr mühsam und kostspielig, der Transport-Verkehr schwierig und ebenfalls mit grossen Kosten verknüpft; der Boden erwies sich nach der Urbarmachung nicht sonderlich für irgend welchen Grossbetrieb, sei es landwirthschaftliche, sei es gewerbliche Production, geeignet; kleine Ansiedler konnten dort wie in Nord-Amerika wohl einen genügenden Ertrag ihrer

---

*) Vergleiche Seite 17 und 47.

Mühen und Anstrengungen durch Ausdauer erzielen, für die Anlage grosser Capitalien aber fand sich dort keine günstige Gelegenheit. Dennoch wählte sich die berühmte *New Zealand Company* in den Jahren 1841—45 gerade hier im mittleren Neu-Seeland ihr Operationsfeld und unternahm eine Besiedlung dieser Provinzen nach den Grundsätzen des Wakefield-Systems mit der Absicht auf privatwirthschaftliche Rentabilität für ihr dabei angelegtes Capital. Der Misserfolg war ein vollständiger. Man führte zur Erklärung oder Entschuldigung dieser fatalen Thatsache die verschiedensten Ursachen an, so die ungenügende Begünstigung dieser Colonisation durch die heimische Regierung, obwohl diese dort mehr Vortheile als anderwärts gewährte, die anfänglichen Missgriffe in der Auswahl der zu besiedelnden Ländereien, die Schwierigkeit mit den Eingeborenen fertig zu werden, welche Schwierigkeiten allerdings durch administrative Schwerfälligkeit erhöht wurden, die Land-Jobberei von Privat-Speculanten, politische Gegensätze, persönliche Streitigkeiten und Eifersüchteleien, die schlechte, ja brutale Verwaltung des Gouverneurs Hobson, und manches Andere. All' solche Nachtheile mögen wohl zu diesem Misserfolge mitgewirkt haben, der eigentliche Grund desselben lag aber doch in den ungünstigen Naturverhältnissen der in Angriff genommenen Landestheile, die sich wohl für eine stetige Entwicklung kleinbäuerlicher Besiedlung, nicht aber für einen raschen Aufschwung zur grossbetrieblichen Bewirthschaftung eigneten.

Diese Colonisations-Gesellschaft war freilich sehr begünstigt durch die Isolirtheit der Lage Neu-Seelands, und es waren ihr von der brittischen Regierung drei Viertel des gesammten Areals zur Disposition gestellt; nur den nördlichsten Theil derselben, die Provinz Auckland, behielt die Regierung für sich und nahm die Colonisation derselben im Jahre 1847 selbst in Angriff. Während in dieser nördlichsten Provinz der Acker Landes anfangs selten über 20 *M.* kostete, konnte die Neu-Seeland Gesellschaft in ihren Landestheilen 40 *M.* dafür fordern (ca. 100 *M.* per Hectar) und fand auch zuerst reichlich genügend Käufer zu diesem Preise. Dabei behielt jedoch die Gesellschaft schon anfangs nicht viel übrig wegen der ausserordentlichen, präliminären Schwierigkeiten, welche sie zu überwinden hatte; vor allem aber fanden die Käufer des Landes bald aus, dass auch trotz ihrer ungewöhnlich grossen

Capitalanlage für den Erwerb des Landes nun doch der Kostenaufwand auf das Land für sie erst recht angehe. Die Schwierigkeiten der Zubereitung des Landes für dessen Colonisation und Organisation überstiegen alle Erwartungen. Die Gesellschaft kam bald mit ihren Landvermessungen in Rückstand. Die Landverkäufe stockten und die Einwandererzüge, deren Passage mit dem Erlöse aus neuen Landverkäufen bezahlt werden sollte, kamen nur sehr spärlich herein. Inzwischen konnten einige der Landkäufer ihre Speculationen nicht mehr hinhalten, und als nun endlich mehr Arbeitskräfte eingewandert kamen, waren grössere und kleinere Areale schon in dritter und vierter Hand zu sehr geringen Preisen zu kaufen. Viele wenig bemittelte Einwanderer erwarben sich sofort ihr bescheidenes Grundeigenthum und siedelten sich selbstständig auf demselben an, ohne vorher als Lohnarbeiter für den Grossbetrieb der Bewirthschaftung des Landes die ihnen gewährte Ueberfahrt von Europa abgearbeitet zu haben. Im Jahre 1852, als die Zustände ungefähr am schlimmsten standen, übernahm endlich die Colonial-Regierung Neu-Seelands das Land, das Betriebs-Capital (Landreservefond) und die Schulden der Gesellschaft, erlöste dieselbe damit aus ihrer peinlichen Lage und überhob sie einer Aufgabe, deren sie sich allerdings freiwillig unterzogen hatte, die aber doch gleich anfangs nur mit Staatsmitteln und auf staatswirthschaftlichen Grundlagen hätte unternommen werden sollen. Das Ackerland wurde nachdem dort zu 10 ℳ. per Acker (25 ℳ. per Hectar) verkauft und wird auch heute noch zu diesem Preise in uncultivirten Gegenden daselbst abzugeben, in cultivirten Gegenden wird 20 ℳ. per Acker gefordert.

Im scharfen Gegensatze zu dieser soeben dargestellten Entwicklung gestaltete sich die im Anfang der 50-er Jahre begonnene Colonie Canterbury im Osten der mittleren Insel Neu-Seelands sehr günstig. Diese wurde auf weitem, fruchtbarem Ackerlande gegründet, war ziemlich frei von Wald und die Kosten ihrer wirthschaftlichen Instandsetzung und staatlichen Organisation waren verhältnissmässig gering. Dabei liess sich der Landpreis auf 3 £stlg. per Acker (ca. 150 ℳ. per Hectar) festsetzen, und es wurden dadurch wirklich alle Kostenauslagen reichlich gedeckt. Die hohen Landpreise fanden anhaltend Nachfrage, dazu wurden, wie schon früher und auch noch jetzt durchweg in den australischen Colonien, weiter abgelegenes Weideland vonseiten der Colonial-Verwaltung zu mässigen Preisen verpachtet.

Die auf Kosten dieser Verwaltung herbeigeschaften Arbeiterfamilien erhielten hohe Löhne. Der Grossbetrieb der in dieser Colonisation angelegten Capitalien rentirte. Hier bewährten sich also die praktischen Seiten des Wakefield-Systems vom Anfange der Entwicklung an.

So bittere Enttäuschungen aber wie die vorher erwähnten, stellten sich in der durch Wakefields Schule angeregten modernen Colonisation gar oft heraus; am krassesten wohl in Süd-Australien. Man musste schliesslich einsehen, dass die Kosten der Colonisation in der Regel anfangs zu gross sind, als dass an eine Deckung derselben, wie sie Wakefield systematisch durchführen zu können glaubte, zu denken sei, dass namentlich nur in den seltensten Fällen der höchst mögliche Verkaufspreis des Bodens ausreichte, um die Transmigrationskosten der erforderlichen Arbeitskräfte und ausserdem noch die der Landvermessungen, des Wegebaus und aller anderen staatlichen Einrichtungen zu decken.

Wakefield selbst hatte sich dies allerdings sehr viel einfacher gedacht als es war. Seiner Meinung nach sollte es ausreichend sein, wenn man den Acker Landes durchweg zu 1 £stlg. (50 ℳ. per Hectar) verkaufte und er wollte davon nur drei Viertel zu Gunsten der Colonie (Einrichtung derselben und kostenfreie Einwanderung) das übrige Viertel aber zur Verzinsung (Dividende) und Amortisation des Grund-Capitals der Colonisation verwenden. Ernster aber nahm schon die *New-Zealand Company* die Verwendung des Landertrages; es sollte von demselben nämlich verwandt werden:

1/2 zur Bestreitung der Einwanderungskosten,
1/6 zu Vermessungen, öffentlichen Arbeiten etc.,
1/6 zu öffentlichen Zwecken, und zwar:
  1/20 zur Dotation von Kirchen aller Confessionen,
  1/20 für Schulzwecke,
  1/15 zur Beförderung des Verkehrs; und endlich
1/6 zur Verzinsung und Amortisation des Grund-Capitals sowie für Dividenden-Zahlungen an die Actionäre. — Obwohl nun diese Specification sich als praktisch werthlos erwies, so blieben dennoch fernerhin Wakefields Grundgedanken auch in diesem Puncte von wesentlichem Einflusse und wirken noch bis auf die Gegenwart nach.

Erwartet auch kein verständiger Mensch, dass irgend ein im voraus aufgestelltes Schema einer Colonisation oder sonstiger Bewirthschaftung eines Landes sich genau so ausweisen und abwickeln wird, wie es berechnet war, so ist doch jedenfalls erwiesen, dass es unter günstigen Umständen möglich ist, die Colonisation eines Naturlandes von Anfang an privatwirthschaftlich rentabel zu machen. Auch ist es ferner als erwiesen zu betrachten, dass es zweckmässig ist, da, wo eine solche Rentabilität möglich ist, die Colonisation einer privaten Erwerbs-Gesellschaft zu übertragen. Es ist dies nicht nur als die billigste Form der Besiedlung zu betrachten, sondern auch als diejenige, durch welche die Entwicklung des Landes am meisten beschleunigt wird. Ganz vor allem aber wurde es als ein richtiger Gedanke Wakefields anerkannt, dass man zur Deckung der richtigsten Ausgabefactoren ganz bestimmte Erträge festsetzen solle, um eine Verschleuderung solcher Einnahmen für augenblickliche, vermeintlich dringendere Vorkommnisse zu verhüten.

Diesen letzteren Gedanken eignete sich u. a. auch Lord Russel in einer seiner Depeschen vom Jahre 1840 an, wo er sagt »wenn »der Erlös des Landes oder ein Theil desselben nicht ein für alle Mal »zur Verwendung für die Beschaffung von neuen Arbeitskräften ge»setzlich bestimmt wird, so lehrt die Erfahrung, dass die unmittelbare »Versuchung, welche die Anforderungen grosser Ausgaben ohne die »Möglichkeit einer Steuererhebung bietet, stark genug ist, um die »dauernden Interessen des Landes, welche in solcher beständigen »Zufuhr frischer Kräfte begründet liegen, in den Hintergrund zu »drängen«. *) Demgemäss bestimmte auch der *Australian Land Sales Act* von 1842, dass das Land der Colonien bei einem Minimal-Ansatze von 1 £stlg. per Acker in Auction verkauft und von dem Erlöse daraus

1/2 für die Vermessungen des Landes und Gratis-Einwanderung und

1/2 für die anderen Kosten der Colonie, Verwaltung, öffentliche Arbeiten und andere präliminäre Ausgaben verwandt werden sollen. — Der Versuch die Kosten der Colonisation soviel als möglich durch theure Landpreise zu decken, wird auch heute noch vielfach in brittischen sowie in französischen Colonien gemacht.

*) Dass ausserdem solche Capitalien sogar einfach unterschlagen werden, ist eine Erfahrung, die während der letzten Jahrzehnte gelegentlich in mittel- und südamerikanischen Republiken gemacht worden ist.

Neue Colonie-Gründungen von Belang haben freilich ausser Natal seit den australischen nicht stattgefunden, — es sei denn hier die Eroberung Algeriens durch Frankreich zu erwähnen. Allein für die Frage nach einer staatswirthschaftlichen oder privatwirthschaftlichen Deckung der ersten Kosten einer Colonisation hat die Einrichtung und Cultivation dieser neuen französischen Provinz keine neuen wesentlichen Erfahrungen zu Tage gefördert. Obwohl sehr bald nach der eigentlichen Eröffnung Algeriens für die Colonisation (1847) die Periode der modernen Verkehrsmittel sich geltend machte und obwohl auch die Nähe Algeriens an Europa unter günstigeren, culturellen Verhältnissen in jenem zum Theil sehr reichen und fruchtbaren Lande sehr wohl eine Deckung der Kosten ermöglicht haben könnte, war doch eben nur die Ueberwindung cultureller Unmöglichkeiten, eines barbarischen Piratenthums, und der Wunsch einer Machtausbreitung Frankreichs Zweck und Veranlassung zur Colonisation Algeriens; und bis auf diesen Tag verzinst der wirthschaftliche Ertrag des Landes weder dem privaten Wirthschaftsleben der französischen Nation, noch viel weniger der Staatswirthschaft des Stammlandes in genügender Weise die Milliarden, welche auf dieses Land gewandt worden sind.

Die australischen Colonien dagegen wuchsen inzwischen in befriedigender Weise heran und stellten sich bald den bedeutendsten brittischen Besitzungen an die Seite; sie sind im Begriffe die Capcolonie an Bedeutung zu überflügeln und das canadische Reich in seiner breiten, langjährigen Entwicklung einzuholen. Ohne sonderliche Schwierigkeiten gestaltete sich dort die staatliche Organisation wie die wirthschaftliche Concentration der Kräfte immer mächtiger, immer intensiver. Diese geordneten, hoch entwickelten Staatswesen ruhen jetzt auf so sicherer Basis, rechnen mit so grossen Begriffen und verfügen über so reiche und vielseitige Hülfsquellen, dass jetzt in der Praxis der Weltwirthschaft die anfänglichen Schwierigkeiten der Colonisation und die genialen Gedanken, mit denen Wakefield dieselben theilweise überwunden hatte, ganz vergessen scheinen. Der riesige Aufschwung, den die Weltwirthschaft in den letzten Jahrzehnten genommen, hält jetzt manche Staatsmänner der grossen europäischen Colonialmächte so sehr geblendet, dass sie sanguin die ganze überseeische Welt schon als cultivirt, als europäisirt betrachten und den oft doch so krassen Unterschied zwischen europäischen

Cultur- und Wirthschafts-Verhältnissen und denjenigen von Naturländern und Colonien in den verschiedenen Stadien ihrer Entwicklung ganz zu verkennen scheinen. Mit einer grandiosen Opulenz wirft das reiche England beträchtliche Summen und eminente Massen seiner werthvollsten Kräfte in die Welt hinaus, ohne daran zu denken, dabei eine staatswirthschaftliche Deckung oder gar Rentabilität zu suchen, und ohne sich darum zu kümmern, was aus den weggeworfenen Kräften wird, wer sich derselben annimmt, und wie man dieselben anderwärts verwerthet. Wie schon wiederholt in früheren Jahrzehnten, so hat auch jetzt wieder England bedeutende Summen (4 Millionen *M.* jährlich) bewilligt, um damit Irland zu entvölkern. Massenhaft sollen damit arbeitslose Proletarier und unfügsame Volkselemente über's Meer geschafft und in die weite, weite Welt gesandt werden, ohne dass man sich danach fragte, was für einen ungeheuren Capital- und Culturwerth diese Elemente bei richtiger Entwicklung derselben repräsentiren. Man wendet Millionen auf, um sich des Werthes von Milliarden zu entledigen und um sich damit zugleich die ärgsten Feinde, die schärfsten Concurrenten in fremden Ländern zu schaffen. Inzwischen aber sind die zahlreichen, brittischen Colonisations-Gesellschaften nur auf die Verwendung der mehr oder weniger bemittelten, selbstständigen Auswanderer angewiesen oder auf solche, deren Passage ganz oder theilweise von brittischen Colonial-Regierungen bezahlt wird, um diese werthvollen Kräfte für ihre Länder zu gewinnen.

So die jetzt vorliegende Praxis der Weltwirthschaft; doch aber schläft dabei der rastlos schaffende und grübelnde Geist Wakefields auch im brittischen Volke nicht. Noch bis auf den heutigen Tag bewegt und beschäftigt die von ihm aufgeworfene Frage einer *Self-supporting emigration*, resp. seine Idee einer auf sich selbst gestellten Colonisation, das ernste Denken vieler brittischen Theoretiker. Ist Colonisation auf den untersten Stufen ihrer Entwicklung wirklich nur dort im Stande, selbstständig und unmittelbar aus sich heraus ihre Anlagekosten zu decken, wo die Gunst der Umstände eine schnelle Entwicklung zur Grosswirthschaft und zum Exportbetriebe ermöglichen? — Das ist noch heute die Frage, oder wie man dieselbe wohl richtiger stellt: Sind denjenigen Machtelementen, welche ein Interesse an der Gründung neuer überseeischer Niederlassungen haben, nicht die erforderlichen Kostenauslagen derselben unter allen normalen Verhältnissen aus der Culturarbeit der Colonisation selbst wiederzuerstatten?

Dass eine nicht allzu ferne Zukunft diese Frage in bejahendem Sinne lösen wird, kann jetzt kaum noch zweifelhaft sein. Wie? darüber sind hier allerdings nur erst noch Vorschläge und Vermuthungen anzuführen. Bis diese Frage aber praktisch gelöst sein wird, bleibt sie jedenfalls eine brennende Cardinal-Frage der Colonisations-Politik und wird ganz besonders auch von brittischen Staatsmännern ihrer Bedeutung gemäss als einer der wichtigsten Gesichtspuncte ihrer Colonial-Politik behandelt.

Die Erörterung dieser Fragen ist namentlich eine der Hauptaufgaben, deren sich die in den Jahren 1868—69 in London gegründete Gesellschaft des *Royal Colonial Institute* angenommen hat. Schon Colonel Maude regte im Jahre 1870 die Discussion über diesen Gegenstand durch seinen Vortrag über *Self-supporting emigration* *) an; und einige Monate später brachte der inzwischen verstorbene Sir William Denison die vorliegenden Absichten in seinen zwei Vorlesungen über *Colonization* **) zum klareren Ausdrucke. Hervorragend aber sind im Weiteren ganz besonders die von dem Parlaments-Mitgliede Mac-Cullagh Torrens ***) in dieser Richtung gemachten Vorschläge, welche derselbe im »*XIX. Century*« vom März 1881 und in einem Vortrage im *Royal Colonial Institute* †) vorbrachte. An diesen Vortrag knüpfte sich eine sehr bedeutsame

---

*) Erwähnt in den *Proceedings of the Royal Colonial Institute,* Band II S. 41.

**) Diese Vorträge sind nicht in diesen *Proceedings* wiedergegeben, sie sind aber separat abgedruckt und privatim vertheilt worden.

***) McCullagh Torrens ist ein Neffe des älteren, oben als Mitbegründer des Wakefield-Systems genannten Robert Torrens. Er ist nicht zu verwechseln mit dem ebenfalls berühmt gewordenen Sohne des letzteren, dem jetzigen Sir Robert R. Torrens, dem Urheber des „*Land Titles Registration Act*“ (Hypotheken-Ordnung), welches Gesetz in der Geschichte der australischen Colonisations-Politik so wie auch für die Entwicklung der gesammten brittischen Weltwirthschaft epochemachend ist und mehr noch werden wird. Dieser letzt Genannte ist ebenfalls M. P.

†) Im „*XIX Century*“, *March* 1881, S. 536—46: „*Transplanting to the Colonies*“ und in den *Proceedings* des Instituts Band XII, S. 178 ff: „*Imperial and Colonial Partnership in Emigration.*

Discussion während zweier langer Abende (am 22. und 29. März 1881); eine Reihe von tonangebenden Staatsmännern und andern sachverständigen Kräften nahmen an diesen Verhandlungen in lebhaftester Weise einen activen Antheil.

Der wesentlichste Gesichtspunct Torrens' ist der eines Zusammenwirkens der Regierungen des Stammlandes und der Colonie zum Zwecke der systematischen Verwendung einer Massenauswanderung aus ersterem Lande zu nationaler Colonisation in dem Coloniallande, oder, wie Torrens selbst sich ausdrückt, eine »*Imperial and Colonial Partnership in Emigration.*« Er argumentirt dabei mit den im »Vereinigten Königreiche« oder besser gesagt im brittischen Weltreiche gegebenen Verhältnissen, und konnte zugleich den ersten praktischen Schritt zur Verwirklichung seiner Grundgedanken dokumentiren. An demselben Tage, an welchem er seinen Vortrag hielt (am 22. März), ward dem Parlamente der erste (und bisher einzige) derartige Antrag vorgelegt, welcher der brittischen Regierung, und zwar von Seiten des canadischen Gouvernements, gemacht worden war.

Es handelt sich hier wesentlich um eine Erweiterung desjenigen Gesichtskreises, der für die von privatwirthschaftlichen Interessen überwucherte Periode der Volkswirthschaft seit der Mitte dieses Jahrhunderts charakteristich war und immer mehr auch für die Weltwirthschaft maassgebend wurde. In der Regel ist allerdings das Colonialland fast ausschliesslich der staatswirthschaftliche Interessent seiner eigenen Colonisation. Die Colonie allein kann ihre Bedürfnisse jederzeit unmittelbar erkennen und richtig beurtheilen, und sie hat jedenfalls das meiste und unmittelbarste Interesse an einer richtigen und möglichst vollständigen Befriedigung derselben. Immer aber ist es nicht die Colonie allein, welche an ihrem eigenen Gedeihen interessirt ist, sondern auch das Stammland; daher wird auch bei schon entwickelteren Verhältnissen der colonialen Volkswirthschaft die Regierung des Stammlandes sich veranlasst sehen können, mit zur Beschaffung der Capitalauslagen für die Colonisation beizutragen, sobald die Verwaltung des Coloniallandes sich ausser Stande sieht, die Last solcher wünschenswerthen Auslagen allein zu tragen, sei es dass sie sich dieselbe nicht für so lange und unbestimmte Zeit (wie nöthig) aufladen darf, sei es dass solche Last sie überhaupt zu schwer drücken würde, sei es dass ihr Credit garnicht einmal ausreicht, um die erforderlichen Mittel zu beschaffen. Vor allem ist dies in den Anfangsstadien colonialer Staatsbildungen der Fall. Diejenigen Kräfte, welche sich dieser schwierigsten aller Culturarbeiten unterziehen, sind naturgemäss am wenigsten leicht im Stande, die sehr grossen dazu nöthigen Mittel aufzubringen, und es erscheint um so weniger gerechtfertigt, diese mit solcher Verantwortlichkeit zu belasten, da sie eben dabei ohnehin schon die schwerste Last, die der Culturarbeit selbst tragen, und da doch voraussichtlich erst spätere Generationen die vollreifen Früchte dieser Arbeit ernten werden. *)

Gerade in diesem letzteren Falle hat das Stammland auch das meiste Interesse daran, diese Culturpioniere mit dem heimischen Wirthschaftsleben im geistigen und commerciellen Zusammenhang zu erhalten und sich in ihnen, in ihren Nachkommen und in Allen, die ihrem kühnen Vorgehen folgen, zahlungsfähige Kunden und neue Glieder seiner nationalen Cultur heranzuziehen. Ueberdies aber kann es auch in denjenigen Ländern Europas, von deren Ufern die Auswanderung ohnehin schon sehr gross ist, schreiende oder verdeckte Uebelstände geben, denen nur eine Massen-Auswanderung mit staatlicher Unterstützung abhelfen kann. Solche Fälle liegen wohl in Irland vor und besonders auch in vielen Gegenden Deutschlands. Wollte solches Land sich alsdann selbst alle Vortheile einer überseeischen Politik dabei entgehen lassen, so hat es doch kaum das Recht, ein anderes Land, und sei es auch eine eigene Colonialbesitzung, mit den überschüssigen meist proletarischen und hülflosen Kräften seines alt-europäischen Wirthschaftslebens zu belasten, ohne an den Kostenauslagen und deren Risico, welche das Gedeihen dieser Kräfte involvirt, zu participiren, wenn solches Land nicht freiwillig diese Kräfte für sich auf seine eigenen Kosten und Risico in Anspruch zu nehmen wünscht. Gehört dieses überseeische Land einer fremden Souveränität und Nationalität an, so ist dasselbe um so mehr berechtigt, eine Theilnahme des europäischen Landes an den Kosten und dem Risico der Ansiedlung solcher Kräfte in seinen Grenzen zu fordern, und zugleich ist es in diesem

---

*) Schon Merivale sagte 1841 in seinen „*Lectures*" etc., 2. Auflage (1861) S. 412: *those preliminary expenses cannot be left to be gradually defrayed by the settlers without entailing on them a long period of discouragement and privation.*

Falle auch für das europäische Land von ganz besonderem Interesse, solche Betheiligung zu gewähren und anzubieten.

Die Grundzüge des in dem Torrens'schen Vortrage besprochenen Colonisations-Planes sind nun kurz folgende: Die canadische Regierung schlägt vor, die von dem brittischen Parlamente zur staatlichen Auswanderung aus Irland bewilligten Beträge sollten zur Uebersiedlung der Auswanderer nach dem Westen von Brittisch-Nordamerika verwendet werden. Sie verpflichtet sich dagegen, jedem Ansiedler eine Heimstätte von 160 Acker Landes (ca. 65 Hectare) zu schenken, demselben dafür nur eine Registrations-Gebühr von 40 *M.* zu belasten und ihm ferner gegen Anrechnung einer gleichen Gebühren-Zahlung ein Vorkaufsrecht auf weitere 160 Acker einzuräumen. Ausserdem sollen jeder Colonisten-Familie auf ihrem Lande vorschussweise ein Wohnhaus gebaut und 8 Acker desselben unter Cultur gebracht werden. Als Kosten der Uebersiedlung einer Familie von 5 Personen von England bis nach Winnepeg rechnet die Vorlage 40 £stlg. (ca. 800 *M.*) und als Kosten der Vorbereitung jedes solchen Grundstücks 35 bis 40 £stlg. Den Unterhalt der Familie bis zur ersten Ernte soll der Familienvater sich an Arbeitslöhnen im Dienste der Regierung erwerben. Die gesammten Vorschüsse von also etwa 80 £stlg. sollen als erste Hypothek auf das Grundstück der Familie eingeschrieben und von dieser mit geringem Zinszuschlag in kleinen jährlichen Raten abbezahlt werden. Zur Ausführung dieses Planes soll eine Colonisations-Gesellschaft oder -Commission (*National Emigration Association*), in England und Canada ansässig, gegründet werden. Dieser Vereinigung sollen die Capitalmittel in die Hand gegeben werden, und zwar als Vorschuss, der bis zu seiner Rückzahlung an die brittische Regierung zu dem erwähnten, geringen Procentsatze zu verzinsen ist.

Dieser Plan ist, wie man sieht, auf die Anfangsstadien colonialer Entwicklung, auf recht eigentlich kleinbäuerliche Ansiedlung abgesehen. Gegen diese Art der Kostendeckung solcher Colonisation aber sind theoretisch wie praktisch mancherlei Bedenken zu erheben.

Zunächst verfällt auch Torrens in den Hauptfehler Wakefields, den des Systematisirens. Allerdings mildert auch er, wie dieser, denselben dadurch, dass er die Ausführung des Planes der individualisirenden, humanen Sorgfalt einer Privat-Gesellschaft übertragen will. Wo es sich um die Gewährung von Vorschüssen und um eine Bewilligung von Credit handelt, erscheint dies als der einzig richtige Weg der praktischen Durchführung. Bedenklich aber bleibt es dabei immer schon, dass eine solche Gesellschaft dazu den Emigranten gegenüber gesetzlich verpflichtet sein soll. Wo Jemand Hülfe fordern kann, ehe er etwas gethan hat, sich derselben würdig zu erweisen, wird sie ihn in der Regel nicht zum Fleisse und zur Sparsamkeit anspornen, sondern ihn eher zur Nachlässigkeit, zum übermässigen Sichverlassen auf solche Hülfe verführen. Und wie schwer es ist, Arbeiter, die nichts haben, zur Erfüllung ihrer Pflichten zu zwingen, vor allem in einem schwach organisirten Naturlande, das wurde schon oben bei Gelegenheit der Vorschläge in der »*Quarterly Review*« *) erwähnt.

Wichtiger noch ist die Frage der Möglichkeit einer contractlichen Abzahlung der Hypotheken. Das Anlage-Capital der Colonisation und seine Verzinsung gelten allerdings als durch die Hypotheken auf dem zu colonisirenden Lande gedeckt, sind es aber doch nur dann, wenn das Land wirklich colonisirt wird, und wenn der Ertrag solcher Culturarbeit es ermöglicht, die Hypotheken abzubezahlen. Dass diese Möglichkeit mit den in verschiedenen Gegenden und bei verschiedenem Menschenmaterial sehr verschiedenen Vorbedingen des Erfolges wechselt, liegt auf der Hand. Freilich haben wir es hier zunächst mit einem ganz concreten Falle, mit den wahrscheinlich vorher genau untersuchten Verhältnissen einer bestimmten Gegend des westlichen Brittisch-Nordamerikas zu thun. Der Gesammtbetrag aber der dort auf das Grundstück einer Familie zu legenden Hypothek wird mit Gebühren, Zinsen, Verwaltungskosten und Spesen immerhin auf mehrere Tausend Mark zu stehen kommen. Für ein Stück Land, von welchem nur 8 Acker angebaut sind und auf dem ein kleines Holzhaus steht, muss das immer schon als ein reichlicher Betrag erscheinen.

Indessen mag man sich dort eine glatte Abwicklung des Unternehmens vielleicht versprechen dürfen, selbst bei einer Verwendung irländischer Landarbeiter. Wenn sich aber dort auch eine besonders leichte Möglichkeit solcher Hypotheken Abzahlung ergeben sollte, so ist damit jedenfalls noch kein sicherer Schluss auf die Resultate zu ziehen, welche andere Fälle aufweisen werden.

*) Vergleiche oben Seite 71.

Es mag nicht überflüssig sein sich die hauptsächlichsten Factoren zu vergegenwärtigen, von denen die Resultate solches Colonisations-Planes abhängen werden.

Der erste Factor ist der Werth des Bodens. Auch den besten Willen und die grösste Tüchtigkeit des Ansiedlers eine gewissenhafte und liberale Unterstützung desselben und eine geschickte Leitung der ganzen Colonisation überhaupt vorausgesetzt, hängt der Erfolg derselben doch stets von der Güte und Ertragsfähigkeit des Bodens, von dessen geographischer Lage, von den dort gebotenen Transportmöglichkeiten bis zum nächsten Weltverkehrsmarkte, vom Klima des Landes und dergl. ab. Während nun Wakefield mit dem Factor des »genügenden Bodenpreises« und dessen willkürlicher Festsetzung glaubte rechnen zu können, — ein Factor der nicht beliebig in der Gewalt des Colonisators ist, — so könnte man hierbei allerdings das Princip eines »genügenden Bodenareals« aufstellen, da dieser Factor bei der Begründung colonialer Ansiedlungen allerdings wohl meist in grösserer Ausdehnung vorliegt, als im äussersten Falle für die erste kleinbäuerliche Periode erforderlich ist. Die Calculation dabei würde folgende sein:

Der Kostenbetrag der gesammten staats- und privatwirthschaftlichen Auslagen der Colonisation, inclusive der Herbeischaffung der Ansiedler, Gewährung von Vorschüssen, Berechnung von Zinsen u. s. w., ist im Durchschnitt auf eine gewöhnliche Ansiedlerfamilie von etwa 5 Personen, wovon 3 Arbeitskräfte, reichlich zu berechnen und nach oben abzurunden. Solcher Familie ist alsdann ein Stück Land je nach seiner Güte von solcher Grösse anzuweisen, dass der Werth desselben auch bei einer nur primitiven, kleinbäuerlichen Besiedlung der Gegend voraussichtlich dem berechneten Kostenbetrage der Auslagen für solche Familie entspricht. Die Grösse des Areals würde dabei auch mit der Kopfzahl der Familie, innerhalb gewisser Grenzen und *cum grano salis* zu schätzen, wechseln. Auf das Grundstück werden die Gesammtauslagen der Colonisation, auf die betreffende Familie berechnet, als Hypothek eingeschrieben, und der Boden müsste dann schon den angenommenen Werth nicht haben, wenn es der Familie nicht möglich sein sollte, innerhalb 5 bis 10 Jahren *) diese hypothekarische Schuld aus den Erträgen

*) Sir Wm. Denison erwähnte s. Zt. bei einer Abzahlung solcher Schuld

des Grundstücks abzubezahlen. Ein solches Grundstück würde alsdann ein für diese Colonisation »genügendes Areal« sein.

Der andere Factor der Colonisation sind die Kräfte, mit denen die Culturarbeit unternommen wird. — Ein Nachtheil dieses Vorschlages gegenüber den Wakefield'schen Colonisationen bleibt es immer, dass diese mit Capitalisten als Ansiedlern rechneten und unmittelbar auf die Vortheile der Grosswirthschaft abzielten, während wir es hier nur mit kleinbäuerlichen, proletarischen, culturell und financiell unzuverlässigen Arbeitskräften zu thun haben. Das Wakefield-System ist aristokratisch, jede kleinbäuerliche Colonisation dagegen ist im wesentlichen demokratisch, und in der hier vorgeschlagenen Form der Ansiedlung überwiegt sogar das aus dem Proletariat hervorgegangene Element. Dadurch fällt der Schwerpunct der Culturarbeit, die Verantwortung für ihr Gelingen auf immer niedrere Volkskreise, von landkaufenden Grosscapitalisten auf selbstarbeitende Bauern und endlich auf proletarische Arbeiter. Es sind dies drei verschiedene Stufen cultureller und socialer Entwicklung, die sich nach und nach die eine aus der andern herausbilden mit der zunehmenden Reife und Selbstständigkeit der vorwiegenden Volksclasse. Je weiter man in die Anfänge der Entwicklung zurückzugreifen gezwungen ist, auf desto unreifere, unentwickeltere Kräfte hat man sich zu stützen, und desto zweifelhafter wird auch der Erfolg des Unternehmens. Je tiefer man auf der socialen Stufenleiter hinabsteigt, desto beschränkter ist der Umfang der vorliegenden Leistungen nach welchen man die Entwicklungsfähigkeit der verwendeten Kräfte auf einem ihnen fremden Boden zu einer ihnen mehr oder weniger ungewohnten Arbeit beurtheilen kann. Nach dieser unbekannten Grösse aber richtet sich das schnellere oder langsamere, das bessere oder geringere Gelingen der Colonisation.

Proletarier sind in der Regel eines höheren Grades von Verantwortlichkeit, von Anpassungsfähigkeit, von Widerstandskraft und von muthigem, höherstrebendem Selbstvertraun baar und sind nicht

---

die Analogie der staatlichen Vorschüsse an brittische Grundbesitzer zur Verbesserung ihres Landes. Diese sind erst in 30 Jahren zu amortisiren. Es ist aber hier schwerlich eine längere Frist als 10 Jahre zu statuiren, und auch Torrens wird schwerlich an eine längere Zeitgewährung gedacht haben.

gewöhnt, solche hypothekarische Last, welche auf ihnen ruht, richtig zu schätzen, sowie im Verhältnisse zu derselben einerseits den Werth des Grundstücks, das sie dagegen besitzen, sowie andrerseits auch die Bedeutung derjenigen widrigen Umstände zu beurtheilen, die ihnen eine rechtzeitige Abzahlung der Schuldenlast zu erchweren oder unmöglich zu machen drohen. Da mag vielleicht schon ein Zusammentreffen einiger grösserer Unglücksfälle, das Ausbleiben oder der ungenügende Ertrag einiger Ernten, solche geborenen Proletarier veranlassen, das ihnen ungewohnte Glück eines eigenes Besitzes, eines selbst geschaffenen Heims, gering zu schätzen und ihren Grund-und-Boden in Verzweiflung zu abandonniren.

Mit sanguiner Sicherheit also den Erfolg einer solchen Unternehmung zu versprechen, wird eine Thorheit sein. Es ist stets ein Zusammentreffen einer Reihe von günstigen Umständen nöthig, die sich der menschlichen Beherrschung oder auch nur Berechnung ganz entziehen, um eine unmittelbare Wiedererstattung des Anlage-Capitals etwa mit Zinsen oder gar Gewinn zu ermöglichen. Für eine Erwerbs-Gesellschaft eine kleinbäuerliche Colonisation von voraussichtlich längerer Dauer*) für ihr Privat-Capital rentabel machen zu wollen, bleibt stets ein Hasardspiel mit mehr oder weniger Chancen; sich dabei aber noch mit der Erfüllung colonisationspolitischer oder gar anderer staatlicher oder cultureller Aufgaben befassen zu wollen, erscheint in der Regel als Uebermuth.

Jedenfalls jedoch wäre es im höchsten Grade wünschenswerth, dass den von der canadischen Regierung gemachten Vorschlägen in vorsichtigster und bester Weise Folge gegeben würde. Das Colonialland sowie auch das Stammland haben so wesentliche und bleibende Vortheile von solcher Emigration und Colonisation, dass sie zufrieden sein können und werden, wenn dieser Plan auch nur theilweise glückte, wenn also etwa auch die Uebersiedlungskosten, welche die brittische Regierung ja ohnehin nach dem bisher vorliegenden Parlamentsbeschlusse ohne Ersatz daran zu geben gewillt ist, bei

*) Ob die Aussichten für einen mehr oder weniger unmittelbaren Aufschwung zum Grossbetrieb, ob staatliche Grundlagen und günstige Naturverhältnisse vorliegen, welche die Colonisation einer ganz uncultivirten Gegend schnell auf die zweite Stufe der Entwicklung zu heben vermögen, das Alles zu beurtheilen, ist Sache der Colonisations-Technik.

diesem ersten Versuche verloren gingen. Wenn nur die Auslagen, welche Canada für solche Colonisation zu machen bereit ist, unmittelbar wieder erlangt würden, so könnte auch das heute schon als ein Erfolg gelten.

Als Prinzip der Deckung aller Kostenauslagen der Colonisations-Politik auf der untersten Stufe der Entwicklung wird sich voraussichtlich mehr und mehr die coloniale Staats- oder Provincial-Anleihe ausbilden, eventuell unter Garantie des Stammlandes oder desjenigen Staates, dessen Interesse die Gründung der Colonie oder die Colonisation der betreffenden Provinz ist. Bestimmte Einnahmen der Colonisations-Verwaltung sollten zur Verzinsung und Amortisation solcher Anleihe festgesetzt werden. Hoch kann der Ertrag des Landverkaufs in einer unorganisirten, uncultivirten Gegend nicht wohl sein, auch soll die wesentlichste Steigerung der Bodenwerthe ja erst die (private) Arbeit der Colonisation selbst rentabel machen. Das Mindeste aber, was räsonabler Weise von Anfang an zu erwarten sein wird, ist, dass der Preis, den die Colonisations-Verwaltung von den Käufern des Landes erlangen kann, hoch genug sei, um wenigstens mit Sicherheit die Zinsen einer Anleihe zu decken, deren Betrag im weitesten Umfange ausreicht, um alle Kostenauslagen der staatlichen Organisation, sowie der wirthschaftlichen Concentration, Anlage von Transportmitteln, Immigration u. s. w. zu bestreiten. Möglich bleibt es dabei, dass der Ertrag der Landverkäufe auch gleich anfangs schon den Beginn einer Amortisation solcher Anleihe ermöglichen könnte, wenn auch nicht wahrscheinlich. Es wird genügen, dies auf einen späteren Termin zu verschieben und zu diesem Zwecke eventuell auch den Ertrag von Ausfuhr- und Einfuhrzöllen oder sonstigen Abgaben, Steuern und andern Einnahmen der Colonisations-Verwaltung heranzuziehen. Uebrigens sollte gerade, je weiter die Entwicklung des colonialen Staatswesens und seiner Volkswirthschaft zur Reife fortschreitet, desto höher auch der Werth und Verkaufs-Ertrag des Bodens steigen, desto leichter also auch neben einer einträglichen Verzinsung der Anleihe oder der verschiedenen, nach einander gemachten Anleihen eine Amortisation derselben möglich sein. *)

---

*) Ebenso meinte auch schon im Jahre 1841 Merivale in der soeben ange-

Wie nun in jedem normalen Falle die oben erwähnte Berechnung oder Schätzung eines »genügenden Areals« zur Deckung der Kostenauslagen der für die betreffende Gegend und ihre zeitweilige Entwicklungsstufe nothwendigen Colonisations-Politik möglich ist, so ist auch für eine Anleihe zur Bestreitung dieser Kosten in ähnlicher Weise ein »genügendes Areal« abzuschätzen, welches als Sicherheit für den Betrag jeder bestimmten Anleihe dienen und gegen dieselbe hypothecirt werden kann. Je weiter die Entwicklung der colonialen Volkswirthschaft fortschreitet und je besser und gewissenhafter sich die Verwaltung des Colonisations-Gebietes erweist, je ehrlicher namentlich sich diese bemüht, mit allen, auch den nicht speciell gegen die Anleihen hypothecirten Mitteln und Kräften, ihre Verbindlichkeiten genau zu erfüllen, desto mehr wird der Staats-Credit des Gemeinwesens steigen, desto weniger wird für spätere Anleihen eine Real-Sicherheit gefordert werden. Je höher und weiter sich ein solches coloniales Gemeinwesen entwickelt, desto mehr theilt sich auch die Culturarbeit und zugleich die Verantwortung für die Kostenauslagen derselben zwischen der Staats-Verwaltung und den einzelnen Municipal-Verwaltungen des Landes. Diese mögen für ihren Wege- und Brückenbau und ihre anderen Local-Bedürfnisse selbst sorgen und die Anleihen, welche sie dafür machen, durch Gemeindesteuern verzinsen und amortisiren, auch dagegen Sicherheit aus ihrem eigenen Besitz und Einkommen geben, während es die Aufgabe der Staats-Verwaltung sein und bleiben wird, allein für solche Verkehrsanlagen und Bedürfnisse zu sorgen, welche durch das Interesse des ganzen Landes erfordert werden.

Die Schnelligkeit und Art der staatswirthschaftlichen Durchführung einer wirksamen Colonisations-Politik und eventuell auch die privatwirthschaftliche Rentabilität der Colonisation hängen in erster Linie ab von der Güte des Bodens und den übrigen Naturverhältnissen des Landes, seiner geographischen Lage,

---

führten Stelle (2. Aufl. S. 412): *There is no reason why a loan, not raised in the spirit of mere speculation on the possible resources of the colony, but limited in amount and charged on a definite fund, may not be serviceable, possibly necessary, in the outset of a colony.*

seinem Klima u. s. w.,*) und ferner von der Güte der staatlichen Organisation des Colonisations-Gebietes, von ihrer Sicherheit und Billigkeit, Zuverlässigkeit und rationellen Verwaltung. Diese Factoren bedingen das Maass, in welchem dort Capital und Arbeitskräfte hinfliessen und sich concentriren werden. Von der Güte dieser Cultur- und Menschenkräfte wird alsdann das Gedeihen der Colonisation sowohl als der Erfolg der Colonisations-Politik in zweiter Linie bedingt.

Colonisations-Politik, ihre staatswirthschaftlichen Aufgaben und die Deckung ihrer Kostenauslagen ist nie mit der (privatwirthschaftlichen) Culturarbeit der Colonsaition selbst zu vermischen, und diese ist nie mit dem Kostenaufwande jener zu belasten. Von den eben bezeichneten Factoren hängt es ab, ob sich die coloniale Volkswirthschaft schneller oder langsamer entwickeln wird, ob sich der Kostenaufwand der Colonisations-Politik höher oder geringer verzinsen und ob sich derselbe unmittelbar oder erst später amortisiren lassen wird. Wo diese Factoren einen schnellen Aufschwung zur Grosswirthschaft begüntigen, wird auch die Durchführung der Colonisations-Politik im Anfange der Entwicklung von einer privatwirthschaftlichen Capitalmacht unternommen werden können; wo man dagegen einem längeren Andauern der kleinbäuerlichen Periode entgegensieht, wird die erforderliche Colonisations-Politik nur mit Hülfe einer staatswirthschaftlichen Anleihe durchzuführen sein. In letzterem Fall wird, je geringer die vorliegende Gunst der Verhältnisse und die gebotene Sicherheit ist, desto eher eine Garantie solcher Colonisations-Anleihe durch denjenigen Staat gefordert werden, welcher ein Interesse an dem Gedeihen der betreffenden Colonisation hat.

Soweit die hauptsächlichsten Grundzuge der Colonisations-Politik. Ferner ist hier nun einleitungsweise noch aufmerksam zu machen auf einige Gesichtspuncte der

*) Bei Cultivationen ausserdem auch noch von der Güte und Billigkeit der dort vorhandenen (eingeborenen) Arbeitskräfte. Alsdann stehen diese mit in erster Linie und nur Intelligenz, Capital und Art der Organisation in zweiter Linie.

[B.] Colonial-Politik.

In der Geschichte der europäischen Colonisation in überseeischen Ländern treten uns zwei nach Wesen und Zeit sehr verschiedene Perioden entgegen. Zwischen beiden steht ein halbes Jahrhundert des Ueberganges. Wir finden in diesen drei Phasen der Colonial-Politik die Perioden aller menschlichen Entwicklung wieder, wie sie bei jeder Menschenrasse, bei jedem einzelnen Volke und bei jeder einzelnen Colonisation mehr oder weniger deutlich zu erkennen sind. Sie entsprechen der Kindheit, dem Jünglingsalter und der Mannesreife des einzelnen Menschen. Es ist die Entwicklung von primitiven Anfängen zu höherer Vollendung, der Fortgang von der Unbeholfenheit und Unmündigkeit zur Selbstständigkeit oder, wie Roscher es treffend ausdrückt, »der stufenweise Uebergang von der Beschränkung zur Freiheit.«

Die erste Periode der Colonial-Politik, die der gebundenen Colonisation, reichte bis in das letzte Viertel des vorigen Jahrhunderts, die letzte Periode, die der freien Colonisation, gelangte zum vollen Durchbruche erst im zweiten Viertel des gegenwärtigen. Jenes war die Blüthezeit der sog. »Colonialsysteme«, welche die überseeischen Besitzungen der europäischen Nationen möglichst eng und fest an die Stammländer ketteten und sie zum möglichst ausschliesslichen Vortheile derselben ausbeuteten; es war zugleich die Blütezeit büreaukratisch-policeilicher Bevormundung der europäischen Völker überhaupt. Der Zusammenbruch jener Kindheitsideale colonisatorischer Unternehmungen begann mit dem Emancipations-Kampfe der Vereinigten Staaten (1774—83); das Recht der freien Bewegung aller zur Selbstständigkeit herangereiften Volkskräfte brach sich Bahn mit der französischen Revolution (1789).

Zu allgemeinerem Aufschwunge aber gelangte das Princip der neuen Zeit erst mit der Unabhängigkeit des spanischen Amerikas (1824—26) mit der Entwicklung der modernen Colonisation in Nord-Amerika und Süd-Afrika, in Australien und Neu-Seeland im 3., 4. und 5. Jahrzehnt dieses Jahrhunderts. Ihren Abschluss fand diese Uebergangs-Periode endlich mit der Eröffnung des brittischen Freihandels (1846), mit der Aufhebung der brittischen Navigations-Beschränkungen (1849—51) und mit der Einführung parlamentarischer Regierungen in den grösseren brittischen Colonien in den 50-er Jahren. Für Frankreich und den europäischen Continent kam abermals die Wirkung einer inneren Revolution hinzu, das Jahr 1848; und seit jener Zeit hat auch das Princip der freien Colonisation in der Colonial-Politik aller europäischen Völker mehr und mehr Boden gefasst. Seit jener Zeit ist unsre Rasse mündig geworden; seit jener Zeit sind zugleich die überseeischen Colonien sich ihres berechtigten Strebens nach Selbstständigkeit immer mehr bewusst geworden. Die colonialen Völker colonisiren seitdem, wohl mit Unterstützung von seiten ihrer europäischen Stammländer, jedoch ohne staatspolitische Organisation der Verhältnisse von Europa aus. Die Colonial-Regierungen treiben Colonisations-Politik auf ihre eigene Hand. Die Colonial-Politik der europäischen Nationen aber wird mehr und mehr zu nationaler »überseeischer Politik«.

Noch einmal sehen wir dann auch in dieser überseeischen Politik ganz denselben Uebergang vom Zustande der Bevormundung zu dem der Freiheit, von der Benutzung der Colonisation für fremde Zwecke zur freieren Entwicklung derselben um ihrer selbst willen, sich vollziehen.

Der Charakter der älteren Periode war ein vorwiegend staats- und nationalpolitischer, derjenige unserer heutigen Periode ist in erster Linie cultur- und wirthschaftspolitisch. Heutzutage sind Cultur- und Capitalmacht an die Stelle der früheren Staatsgewalt und -Politik getreten. Diese neuauftretende Macht hatte aber sich die nöthige Erfahrung auch erst durch Misserfolge zu erkaufen, und die Ursachen dieser Fehlzüge waren ebenfalls dieselben wie in früherer Zeit. Es war der Irrthum, die Colonisation nach einseitigen, egoistischen Interessen betreiben zu können, ohne praktische Erfahrung an Ort und Stelle der überseeischen Operationsbasis die Organisation der Unternehmungen schablonenmässig gestalten zu können, die Colonisten büreaukratisch bevormunden und die Entwicklung, von Europa, von einem entfernten Centralpunkte aus beliebig leiten zu können. Namentlich bei den vielfachen Colonisations-Unternehmungen, die von Deutschland aus betrieben wurden, aber auch bei den brittischen, so beim Wakefield-System, machten sich solche Irrthümer geltend, bis man endlich mehr und mehr erkannte, dass das Interesse der Colonisten durchaus mit dem der

Colonisatoren Hand in Hand geht, dass die Förderung der Ansiedlung um ihrer selbst willen nach allen Richtungen hin culturell wie financiell die besten Resultate gewährt, dass die Unterstützung, welche solcher Entwicklung zu gewähren ist, sich nicht nach einseitigem Ermessen vorschreiben lässt, dass das selbstthätige und selbstständige Gedeihen der Ansiedler am besten begünstigt wird, wenn man es ihnen möglichst erleichtert, ihre eigenen Kräfte in freiester und zweckmässigster Weise zu entfalten.

Das sich auch aus diesen Thatsachen ergebende Resultat ist wiederum dieses, dass sich der Inhalt aller Colonialpolitik mehr und mehr in den von Colonisations- und Cultivations-Politik auflöst. Wie im Durchbruche der neuesten Zeit unserer Rasse überhaupt, so gingen auch in der praktischen Durchführung dieser Erkenntniss abermals die Vereinigten Staaten mit Erfolg vor. Es war die Unions-Regierung, welche zuerst die Colonisation ihres Landes durch Erleichterung und Begünstigung privater Unternehmungslust zu fördern suchte. Sie war es, welche unserer Rasse den Weg zeigte auf dem Gebiete der Colonisations- und Einwanderungs-Politik. Den »Staaten« folgte England schon am Anfange dieses Jahrhunderts mit gewohnter Energie und praktischer Vielseitigkeit seiner Experimente, zuerst in Canada, dann nach und nach auch in seinen übrigen Colonien. Frankreich schloss sich dieser Entwicklung erst später an, am spätesten aber und mit dem verhältnissmässig geringsten Geschicke haben bisher die romanischen Staaten Mittel- und Süd-Amerikas ihre Aufgaben auf dem Felde der Colonisations-Politik erkannt.

Bei uns in Deutschland hatte die Reichsregierung keine Gelegenheit in dieser Richtung praktisch vorzugehen. Dass es ihr aber an der richtigen Erkenntniss der Sachlage sowie der uns in dieser Richtung vorliegenden Aufgaben und Bedürfnisse nicht fehlt, hat sie mehrfach bewiesen. Leider ward ihr bisher durch unsere Volksvertretung die gesetzlich erforderliche Zustimmung und Unterstützung meistens versagt. Um so erfreulicher ist es jedoch, dass dennoch jetzt aus den jugendfrischen Lebenskreisen unseres gebildeten Volkes heraus mit dem Streben nach extensiver Entwicklung sich auch zugleich ein richtiges Verständniss für die erforderlichen Grundlagen solches Strebens Bahn gebrochen hat.

So erklärt vor allem Herr Dr. Fabri in seiner populär geschriebenen und mit Recht populär gewordenen Colonialschrift *) »die verständnissvolle und energische-Inangriffnahme einer Colonial-Politik« für gleichbedeutend mit einer »Organisation unserer Auswanderung« und definirt diesen Begriff als die Aufgabe, »unsern Auswanderern in überseeischen Ländern die Bedingungen »zu schaffen, unter denen sie nicht nur wirthschaftlich gedeihen, »sondern auch in reger nationaler und ökonomischer Wechselwirkung »mit dem Mutterlande bleiben«. Darin, dass man den Auswanderern in dem zu colonisirenden Lande die rechten Vorbedingungen für ein gesundes Gedeihen ihrer Culturarbeit schafft, darin liegt in erster Linie das Geheimniss des Erfolges einer solchen Organisation begründet. Diese Definition bedeutet für die Entwicklung unseres Volkes nicht nur eine klare Begriffsbestimmung; sie bezeichnet einen durchaus veränderten Standpunct der Anschauungen, eine Erweiterung des praktischen Horizontes, eine Umwälzung der unser Volk bewegenden Ideen. Es sind damit die Grundzüge sowohl für eine »Deutsche Colonisation« überhaupt, als speciell auch für eine unentgeltliche oder unterstützte Auswanderung von Proletariern auf Reichskosten gegeben.

Gesund und normal entwickeln sich nur diejenigen Verhältnisse, welche nicht blos systematisch oder mechanisch gebildet werden, sondern sich organisch gestalten. Es ist lediglich die Ansicht von Dem, was ihr eigener Vortheil, ihr eigenes Interesse ist, wodurch selbstständige Auswanderer in ihren Entschliessungen bestimmt und geleitet werden. Aber auch die auf Staatskosten nach überseeischen Ländern beförderten Proletarier lassen sich zur Colonisation nur dadurch organisiren, dass man ihnen die relativ beste Basis ihrer materiellen und culturellen Existenz schafft. Ausserdem freilich ist zu einer national- und culturpolitischen Verwerthung unserer Auswanderung, sei es in deren bisherigen Bahnen, sei es auf neugeschaffenen Grundlagen, erforderlich, dass denselben ein cultureller und nationaler Halt, ein gewisses Band der Organisation an die Hand gegeben werde. Auf solche Weise allein ist unserer Cultur und unserer Nationalität in der weiten Welt ein höheres

*) Dr. Friedrich Fabri: »Bedarf Deutschland Colonien?« Gotha (F. A. Perthes) 1879, Seite 28.

Ansehen und ein grösserer Einfluss als bisher zu sichern. Dadurch allein werden wir es erreichen, dass Deutsche in der überseeischen Welt nicht mehr nur um ihrer persönlichen Tüchtigkeit und Liebenswürdigkeit willen, sondern auch als Deutsche werden geachtet werden.

Hierzu ist vor allem ein frischerer, freierer Lebensgeist, ein grösserer Trieb nach Selbstständigkeit, ein Erwachen kühner Unternehmungslust in unseren gebildeten Volkskreisen erforderlich. Unsere Auswanderung ist stark genug; seit Jahrhunderten ist sie der werthvollste »Völkerdünger« unserer Rasse. Deutsche Intelligenz und Deutsches Capital allein aber sind der Stoff, aus dem sich das Band überseeischer Glieder unseres Volkes mit dem Heimathlande flechten lässt, das Gewebe, aus welchem wir das Netz einer volkswirthschaftlichen Organisation zu knoten vermögen. Allerdings bedarf solche Private Initiative dazu eines äusseren Haltes nationalpolitischen Schutzes. Zum vollständigen Nationalwesen gestaltet sich ein Volk erst durch eine politische Bethätigung auch auf dem Gebiete der extensiven Cultivation; der beste Maasstab seiner nationalen Reife und Tüchtigkeit ist die Kraft und die bewusste Klarheit, mit welcher die Regierung solches Volkes sich eben dieses naturgemässen und unerlässlichen Strebens desselben annimmt.

Dies zeigt uns die Entwicklungs-Geschichte aller hervorragenden Völker der Erde. Bei den Römern wurde von frühester Zeit an die extensive Entwicklung des Staatswesens und seines Wirkungskreises als ein Interesse, als eine Lebensaufgabe des gesammten Gemeinwesens angesehen. Bei den Griechen dagegen geschah dies erst spät oder garnicht; und so ist ja auch das alte Hellas nie zu einer wirklichen Nation geworden, hat es nie über den zerfahrenen Particularismus eines Bundes-Elends hinausgebracht.

In der neueren Zeit hat es England in seiner extensiven Entwicklung und ebenso auch in seiner nationalen Kraft und Bedeutung am weitesten gebracht. Erst später und mit weniger Geschick nahm sich in Frankreich der Staat des Colonisationswesens an, und in ebensoviel geringerem Grade erscheint auch heute die französische Nation den Anforderungen der Weltwirthschaft gewachsen als die englische. In noch viel weiterem Abstande stehen die übrigen Nationen, und zwar im Verhältnisse zu ihren extensiven, überseeischen Leistungen, an nationaler Bedeutung für den weiten Kreis aller Erdtheile hinter Grossbritannien zurück. Der Britte allein ist der moderne Weltbürger, der Römer der neuen Zeit. Die englische Sprache ist das Latein der heutigen Welt.

Bei uns Deutschen gehen, wie immer, theoretische Erkenntniss und Gesetzes-Paragraphen voran. Wir haben unseren Aufschwung zu einer Nation gleich anfangs mit der Anerkennung überseeischer Politik als einer Aufgabe unserer Reichsregierung besiegelt *). Dass unser kaum 12 Jahre altes Nationalgebilde diese Aufgabe bisher noch nicht in grossem Stil und in weitem Umfange gelöst hat: Wen wird das wundern? Wer dürfte dieses erwartet haben?

Der Gegenwart erst ist der Anbruch einer neuen Epoche der Civilisation vorbehalten, — der Epoche, in welcher die Cultur mit ihren geistigen und wirthschaftlichen Mitteln die Uebermacht gegewinnt über alle physische Macht. Gerade in diese Zeit fällt die Gründung des Deutschen Reiches; ein Mitwirken und Eingreifen in diese Epoche ist uns von vorne herein ganz und voll ermöglicht. Dass wir dies nur mit Vorsicht und ohne Uebereilung beginnen, versteht sich von selbst, um so mehr da die Nothwendigkeit sorgfältiger Erwägung gerade jetzt mehr denn je auf der Hand liegt.

Dass die Völker der Erde in Zukunft, je mehr sie zu einer Weltwirthschaft durch die Civilisation solidarisch mit einander werden verbunden werden, um so mehr auch im Kampfe um die Existenz und das Uebergewicht ihres Typus mit einander ringen werden, kann keinen Zweifel leiden. Um innerhalb dieses Ganzen unsern eigenen Culturtypus mehr oder weniger zur Geltung zu bringen, dazu ist heutzutage noch die Nationalität und ihre politische Macht ein sehr starkes Hülfsmittel. Nützen wir also neben unserer Ueberlegenheit an Culturkräften auch dieses Mittel aus, solange es noch möglich ist. Schaffen wir, dass deutsches Wesen und deutsche Cultur stets unter der Zahl der lebendigen Gestaltungen der Civilisation erhalten bleibe, dass es sich hervorzuthun und thätig, ja tonangebend zu wirken vermöge. Schreiten wir jetzt in der richtigen Bahn voran, so wird dereinst gerade diejenige Eigenschaft, wegen derer wir heute noch in aller Welt verspottet und verlacht werden — unser Streben nach theoretischer Erkenntniss

*) Deutsche Reichs-Verfassung Art. 4.

und systematischer Organisation der Dinge, vordem und indem wir dieselben praktisch durchführen und während wir dabei aus der Praxis weiter lernen, — diese Eigenschaft wird unserer deutschen Cultur dereinst ein Uebergewicht in der Civilisation des Menschengeschlechtes sichern!

II

Wirksamkeit der Colonisations-Gesellschaften.

Je ideeller die Cultur-Politik,
desto kostspieliger deren Durchführung.

Colonisations-Gesellschaften sind alle diejenigen privaten Organisationen eines Volkes, welche auf eine Verwendung von Arbeitskräften derselben Nationalität oder doch derselben Rasse zu einer Culturarbeit abzielen, bei welcher die Aneignung eines neuen Bodens durch dauernde Ansiedlung solcher Arbeitskräfte (meistens Einwanderer daselbst) geschieht. — In diesem zusammengesetzten Begriffe wird stets Colonisation im engeren Sinne des Wortes gebraucht.

Die auf Cultivation speciell gerichteten Unternehmungen könnte man Cultivations-Gesellschaften nennen. In Deutschland dagegen bezeichnet man sie von einem der Sache nach längst überwundenen Standpuncte aus, meist immer noch als »Handels-Gesellschaften«, während doch dabei der Handel nur auf der ersten, untersten oder vielmehr nur auf der Vorstufe dieser Culturarbeit die Hauptsache, bei der eigentlichen Aufgabe einer solchen Gesellschaft aber nur eine abgeleitete Nebensache, eine Consequenz derselben ist. Wie bei der Colonisation so leitet vor allem auch bei der Cultivation der Handelsbetrieb seine Existenz und seinen Aufschwung erst aus der dabei verrichteten Culturarbeit her.

Colonisations- und Cultivations-Gesellschaften sind an und für sich betrachtet Privat-Unternehmungen, bezwecken als solche in der Regel den materiellen Erwerb und erstreben eine privatwirthschaftliche Rentabilität für ihr Anlage-Capital. Auch wenn sie ausnahmsweise in erster Linie politische oder culturelle Zwecke der Nationalität oder der Humanität verfolgen, werden sie die Erhaltung und Verzinsung ihres Capitals zu ermöglichen suchen. Namentlich auf der untersten Stufe der colonialen Entwicklung aber sind solchen Gesellschaften sehr oft Aufgaben der Colonisations- resp. Cultivations-Politik, ja sogar solche der Colonial-Politik übertragen worden; besonders ist dies vonseiten Englands auf dem Gebiete der Cultivation sogar die Regel gewesen, von der nur wenige Ausnahmen von geringerer Bedeutung (Gründungen von Kron-Colonien) zu nennen sind. Eine der ersten und jedenfalls die grösste solcher staatlich privilegirten Gesellschaften war die *East India Company*, und erst im vorigen Jahre (am 1. November 1881) ist aus einem solchen Staatsacte die *Royal Chartered British North Borneo Company* hervorgegangen. — Auch bei eigentlichen Colonisations-Gesellschaften ist dies oftmals geschehen von den frühesten Zeiten der extensiven Cultivation Englands an bis wenigstens in die Mitte dieses Jahrhunderts. Die oben schon erwähnte *New-Zealand Company* war eine der letzten, die solche staatliche Autorisation über ein eigentliches Colonisations-Gebiet erhielt.

Während nun jene Cultivations-Gesellschaften bisher fast durchweg glänzende Erfolge erzielten, auch financiell, sei es mit, sei es ohne die ihnen gebührende staatliche Unterstützung, so schlugen die älteren Colonisations-Gesellschaften dieser Art financiell fast alle fehl; und auch in der Periode der modernen Colonisation sahen nur die wenigsten derselben ihre sanguinen Hoffnungen erfüllt und ihre privatwirthschaftlichen Berechnungen durch den Erfolg bestätigt. Eine Ursache hiervon war aber in der Regel die, dass sie Aufgaben der Colonisations- oder der Colonialpolitik unternahmen, ohne genügend für dieselben vorbereitet und staatlich ausgerüstet zu sein.

Diese Thatsache ist der Grund, weshalb es erforderlich war, im Vorhergehenden die Grundzüge der Colonisations-Politik wie der Colonial-Politik kurz zu entwerfen. Eine richtige Erkenntniss der Vorbedingungen ist die Voraussetzung zur Lösung jeder Aufgabe. Nur ein Ueberblick über jene staatswirthschaftlichen Aufgaben ermöglicht ein richtiges Urtheil über die Wirksamkeit und Rentabilität solcher privatwirthschaftlichen Unternehmungen. Bei der hier vorliegenden Arbeit aber ist es ferner nöthig, speciell auf die staatswirthschaftliche Wirksamkeit solcher Gesellschaften einzugehen, weil es sich gegenwärtig für die deutsche Nation nicht um die Begründung einer Colonisations-Gesellschaft als Selbstzweck, als sichere und rentable Capitalanlage handelt, sondern nur darum, mit deutschen Kräften arbeitend, culturpolitische Aufgaben zu erfüllen. Sollten die heutigen Aussichten einer colonisatorischen Wirksamkeit solcher Gesellschaften überhaupt oder auch die ihrer nationalpolitischen Wirksamkeit unbefriedigend erscheinen, so wird eine Beantwortung der Frage nach ihrer financiellen Rentabilität hier kaum noch Interesse haben.

Die hier zu erörternden Fragen betreffen also zunächst den äusseren, dann den inneren Werth der Colonisations-Gesellschaften. Dieser letztere Gesichtspunct der Rentabilität derselben ist eine Frage der Colonisations-Technik; die äusseren staatswirthschaftlichen Seiten derselben aber gehören theils dem Gebiete der Colonisations-Politik, theils dem der Colonial- oder Ueberseeischen Politik an. Jene Seite wird sich in die Beantwortung der Frage zusammenfassen lassen, ob solche Gesellschaften ein geeignetes Mittel sind, um überhaupt wirksam zu colonisiren (Frage der Colonisations-Politik); diese Seite dagegen kennzeichnet sich durch die Frage, ob sie ein geeignetes Mittel sind, um nationale Cultur und nationalen Einfluss von Europa aus in der überseeischen Welt zu verbreiten (Frage der überseeischen Politik). Anknüpfend an diese Erörterungen, soweit dieselben bejahend ausfallen, wird alsdann vom privatwirthschaftlichen Standpuncte der Colonisations-Gesellschaften aus die Frage zu stellen sein: Welche Maassregeln (Vergütungen etc.) sind nöthig, um solche Gesellschaften in den Stand zu setzen, die ihnen obliegenden politischen Aufgaben zu lösen?

[A.] Sind Colonisations-Gesellschaften das geeignete Mittel, um wirksam zu colonisiren?

Colonisations-Gesellschaften werden, soweit sie einen materiellen Erwerb im Auge haben, fast durchweg kurz nur Land-Gesellschaften genannt, weil sie ihren Gewinn lediglich aus dem Ertrage ziehen, den ihnen ihre im Coloniallande erworbenen Ländereien bringen, sei es, dass sie dieselben parcellirt an Colonisten zu gesteigertem Preise wiederverkaufen, sei es, dass sie dieselben theilweise in eigener Regie selbst bewirthschaften.

Gegen solche Land-Gesellschaften sind nun von jeher bis auf diesen Tag die heftigsten Einwendungen von verschiedenen Gesichtspunkten aus erhoben worden. Diese Einwände sind fast allemal da — aber auch nur da — zutreffend, wo es sich bei solchen Gesellschaften nicht um Colonisation oder irgend welche Culturarbeit, sondern lediglich um Geld-Speculationen, um die Ausnutzung einer gegenwärtigen oder später zu erwartenden Land-Conjunctur handelt. Man wirft solchen Land-Gesellschaften meist mit Recht vor, dass sie die Colonisation verzögern, weil und wenn sie den besten Boden des Landes besetzt halten, ohne etwas für die Zubereitung und Cultivation desselben zu thun, dass sie, ihre unbebauten Landstrecken ohne Wege und sonstige Verkehrsmittel lassend, die Verbindung zwischen den anliegenden Ansiedlungen sowie eventuell auch den Verkehr dieser Colonisten-Niederlassungen mit den Handelsmärkten, mit den schiffbaren Flüssen und mit der Küste erschweren und vertheuern. Dass sie warten, bis die Colonisation solches umliegenden Bodens, also die Arbeit Anderer, den Werth ihrer eigenen Ländereien steigert, und dass sie dann überdies noch den Verkaufspreis derselben durch künstliche Bewerkstelligung einer Nachfrage nach denselben zum Schaden der eigentlichen Ansiedler hochzutreiben suchen.

Solches »Land-Jobberthum«, das von mühelosem Gewinne seinen Erfolg erwartet, wirkt allerdings sehr oft culturfeindlich und ladet alsdann nur den gerechten Hass aller Wohlgesinnten auf sich. Es findet sich heut zu Tage kaum seltener als in früheren Zeiten. Ueberall, wo ein neues Land der Cultur eröffnet wird, fällt der Grund-und-Boden bei ungenügender Colonisations-Politik in der Regel Land-Speculanten oder grösserer Speculations-Gesellschaften in die Hände, und es ist dabei kaum ganz vermeidlich, dass je reicher und vortheilhafter das Land, je aussichtsvoller seine schnelle Fortentwicklung ist, desto üppiger daselbst auch solches Jobberthum arbeitsscheuer, erfindungsarmer und aller geistigen Interessen baarer Speculanten pilzartig hervorspriessen und durch alle jene eben erwähnten Nachtheile die normale Entfaltung des Landes verhindern oder aufhalten wird. Am meisten macht sich dieser Uebelstand gegenwärtig wohl in den südamerikanischen Gegenden namentlich in den La-Plata Ländern geltend. Dem Ueberwuchern solcher Speculations-Gesellschaften kann die Staatsgewalt immer nur in sehr beschränktem Maasse entgegenwirken, so durch gesetzlich festzustellende, dem Verkaufe oder der Ueberlassung des Landes an solche Gesellschaften (resp. allen Käufern desselben) aufzuerlegende Bedingungen. Dahin gehört die Bestimmung des ursprünglichen Landverwendungs-Systems in den Ver. Staaten, wonach alle Käufer vom 5. Jahre nach dem Kaufacte an eine Steuerabgabe für ihr Land zu zahlen haben; diese Abgabe drückt den kleinen Ansiedler für sein wohl bebautes und guten Ertrag lieferndes Grundstück nicht, sie erschwert es aber den Speculations-Gesellschaften sehr, oder macht es denselben gar unmöglich, für grössere Areale längere Zeit hindurch die Steuer aus ihrem Anlage-Capital zu bezahlen, um das Land andauernd unbesiedelt liegen lassen zu können. *)

Wenn man aber ferner sogar gegen Land-Gesellschaften, welche *bona fide* Colonisation betreiben, eingewendet hat, dass ihre durch Besiedlung des Bodens erworbenen Dividenden eine Ausraubung des Landes seien, so ist das eine offenbare Thorheit, die hier kaum einer weiteren Erörterung bedarf. Solche Gesellschaften ernten

*) Das Auftauchen einer Speculationswuth, namentlich auch bei der Erschliessung eines neuen Landes, zu verhindern, muss gegenwärtig als unmöglich bezeichnet werden. Auch das anfängliche Hochsetzen der Landpreise, welches Wakefield als Heilmittel dagegen vorschlug, hilft nicht, wie die unsinnige Land-Speculation bei der Begründung der australischen Colonien, besonders in Süd-Australien bewiesen hat. Solche fieberhafte Sinnlosigkeit wird im Gegentheil durch hohe Preise erst recht gesteigert. Die »Gründer-Perioden« und nachfolgenden Speculations-Krisen sind eine Volks-Kinderkrankheit, von der heutzutage noch alle Culturvölker unserer Rasse periodisch befallen werden; sie treten ungefähr alle 10—12 Jahre auf und zwar, wie man beobachtet hat, ziemlich gleichzeitig mit dem Erscheinen häufiger Sonnenflecken; sie können aber auch auf Anreizung durch irgend eine besondere Veranlassung weniger stark und allgemein in der Zwischenzeit auftreten.

Sollte einmal irgend ein überseeisches Land in die Hände unserer Regierung gelangen und dort Arbeitskräfte von derselben beschafft werden, so dass damit unserm flüssigen Capitale ein ganz neues Arbeitsfeld eröffnet würde, von dem unser grosses Publikum bisher weder Kenntniss noch Verständniss hat, so wird man sich darauf gefasst machen müssen, dass dann auch bei uns eine Periode der Landjobberei aufblühen wird, ein neuer »Giftbaum«, dem man alsdann nur einen recht baldigen und möglichst unvergesslichen Zusammenbruch aller betrogenen Betrüger, die ihn nähren und pflegen, wird wünschen können.

nur den legitimen Gewinn für ihr zu Gunsten solches Landes riskirtes und in wachsendem Umfange aufgewendetes Capital; ihr Gewinn ist vielleicht kein sichrerer als der des Landjobbers, er ist aber jedenfalls wohl verdient durch die Bemühungen um die Colonisation und Cultivation des Bodens, durch die kostspielige Vorbereitung und schwierige Leitung derselben. Wer solchen Gesellschaften ihren Gewinn nicht gönnt, der ist vielmehr selbst culturfeindlich gesinnt.

Es kommt für den Werth von Land-Gesellschaften sehr auf die Tüchtigkeit ihrer Leitung und auf die Energie ihrer Absichten an; wo diese aber vorhanden, da ist ihr wohlthätiger Einfluss garnicht zu verkennen. Die gesammte heutige Colonisationsarbeit der überseeischen Welt beruht fast ausschliesslich auf dieser Grundlage. Solche Gesellschaften arbeiten und floriren in fast allen Ländern der gemässigten Zone. Sie gewähren diesen Ländern in normaler Weise privatwirthschaftlich eben diejenigen Vortheile, welche das Wakefield-System denselben in mehr oder weniger künstlicher Weise staatswirthschaftlich beschaffen wollte. Sie ziehen grösseres Capital, höhere Intelligenz und mehr Arbeitskräfte schneller dorthin als eine planlose Einwanderung und Colonisation allein dies zu thun im Stande sind; sie gewinnen dem Lande zahlungsfähige resp. zuverlässige und arbeitstüchtige Colonisten; sie beschleunigen auf diese Weise die Cultur-Entwicklung daselbst um Jahrzehnte, vielleicht Jahrhunderte.*)

Für die Regierung des Coloniallandes ist es von wesentlichem Vortheil mit grossen, verantwortlichen Gesellschaften anstatt mit lauter kleinen, alleinstehenden Colonisten zu thun zu haben. Während es kaum rathsam ist für eine Colonisations-Verwaltung, sich in die Privatangelegenheiten solcher kleinbäuerlichen Ansiedler weit einzumischen, ist es durchaus gerecht und vortheilhaft durch die Organisation solcher grossen Gesellschaften einen Einfluss auf die Art der Besiedlung des Landes auszuüben. Andrerseits gewähren solche capitalstarken und einflussreichen Gesellschaften dem Stamm-

*) Ueber Land-Gesellschaften der früheren Zeit vergl. Merivale „*Lectures*" etc. (II Aufl., 1861) Seite 386, 421 und 437 ff. Seinen Ausführungen schliessen sich im Wesentlichen auch Roscher und Leroy-Beaulieu an; der letztere behandelt auch die Wirksamkeit solcher Unternehmungen in Algerien.

lande den Vorzug, dass sie die Aufmerksamkeit der heimischen Capitalisten auf solche überseeische Colonisation hinlenken, eine Menge von neuen Interessen anregen und als ein segensreiches Organ dienen, um die Sache der Colonien daheim aufrechtzuerhalten und zu fördern. Sie sind ein natürliches Band zwischen der alten und der neuen Heimath der Colonisten auch dann, wenn die Nationalität der beiden Länder nicht dieselbe ist.

Dass Colonisations- oder Land-Gesellschaften bei allen Colonisationen und auf allen Stufen ihrer Entwicklung absolut unentbehrlich seien, lässt sich freilich nicht behaupten. Wenn z. B. die Vereinigten Staaten seit einigen Jahrzehnten alle Land-Gesellschaften in der Union unterdrückt hätten und nur ihre Landerwerbs-Gesetze, namentlich die neueren derselben, das Heimstätte- und das Vorkaufs-Recht hätten wirken lassen, so würde ohne Zweifel die Besiedlung des Westens einen Fortgang genommen haben, und und zwar in eben dem Verhältnisse, wie alsdann die Unions-Regierung sich genöthigt gesehen hätte, selbst die präparatorischen Arbeiten der Colonisation, die Anlage von Eisenbahnen und Einrichtung sonstiger Verkehrsmittel und -Erleichterungen in die Hand zu nehmen. Die Besiedlung hätte vielleicht ein Drittel, oder ein Viertel, oder auch nur ein Zehntel von dem Umfange angenommen, den sie jetzt mit Hülfe privater Gesellschaften erreicht hat. Nicht zu verkennen bleibt aber immer die Thatsache, dass gerade in den Vereinigten Staaten also auf der letzten und höchsten Stufe der Colonisation, auf der das Eingreifen colonisatorischer Initiative noch am wenigsten ein unmittelbares Lebensbedürfniss des colonialen Staatswesens ist, die Colonisation mehr als anderwärts durch private Land-Gesellschaften, die meistens zugleich Eisenbahn-Gesellschaften waren, gemacht worden ist. Dass auf den unteren Stufen colonialer Entwicklung das isolirte Vorgehen des einzelnen Colonisten unwirksamer ist, dass im Verhältniss zur Naturzuständlichkeit des colonialen Landes das Eingreifen von Colonisations-Gesellschaften immer nöthiger wird, das liegt auf der Hand.

Auf allen Stufen der Entwicklung beschleunigen Colonisations-Gesellschaften den Culturprocess der colonialen Volkswirthschaft. Sind sie aber nicht ein unentbehrliches Mittel für die Colonisation selbst, so sind sie jedenfalls das beste, ja meist sogar ein ganz unersetzliches Mittel der Colonisations-Politik.

Während Auswanderungs-, Einwanderungs- und Colonisations-Politik naturgemäss Sache der Staatsregierung, der Provincialbehörde oder der Municipal-Verwaltung des betreffenden Landes sind, so ist die Colonisation selbst recht eigentlich Privatsache, und auch die unmittelbare Leitung dieser privaten Culturarbeit geschieht am besten und wirksamsten durch die Bethätigung privater Kräfte. Diese Erfahrung ist als das Ergebniss der gesammten Geschichte der modernen Colonisation seit etwa 50 Jahren zu betrachten. Dies lehrt uns positiv die erfolgreiche Colonisation der Germanen in Nord-Amerika und in den australasischen Ländern, und dieselben Grundgedanken ergeben sich negativ aus der unbefriedigenden Colonisation der Romanen, vor allem aus den endlosen Fehlzügen der Immigrations- und Colonisations-Politik der verschiedenen süd-amerikanischen Staaten, so oft sie es unternahmen die Leitung der Colonisation unmittelbar durch Staatskräfte versehen zu lassen.

Ueberall haben die Germanen, die »Angelsachsen«, die Initiative zur Colonisation und die Leitung derselben privater Intelligenz und privatem Capital überlassen, das Eingreifen staatlicher Behörden aber auf das Gebiet der Politik beschränkt, ja sogar auch die Ausübung dieser politischen Functionen und Ausführung politischer Aufgaben Privaten übertragen. Schon Wakefield meinte in einem Artikel im »*Spectator*« vom 4. December 1841: »Es ist »doch höchst fraglich, ob eine Regierung weise handeln würde, »wenn sie sich mit der Durchführung eines Geschäftes befasse, »das einer Miscalculation so sehr unterworfen sei, so oft in »Enttäuschung ende und den Landverkäufer so vielerlei Vorwürfen »aussetze; überdies werde bei einer von der Regierung selbst unter»nommenen Colonisation die Auswahl der beabsichtigten Städte »und Dörfer in einem erst kaum halberforschten Lande die unheil»volle Capitalanlage aller Art von Speculanten sehr leicht fördern«. Ebenso aber rechnet auch wiederum der neuste Vorschlag von McCullagh Torrens, eine ***Imperial and Colonial Partnership in Emigration*** in Canada durchzuführen, wie oben schon erwähnt, ganz unbedingt mit der Organisation einer privaten Gesellschaft.*)

*) Auch die französische Regierung bediente sich mehrfach privater Erwerbs-Gesellschaften zur Cultivation wie zur Colonisation Algeriens; als die bedeutendste solcher Compagnien ist wohl die in den 60er Jahren mit Hülfe der Regierungen von den Herren Frémy & Talabot gegründete Gesellschaft zu nennen.

Dieser Maxime, die Colonisation selbst nur durch die eingreifende Hand persönlicher Interessenten bewerkstelligen zu lassen, sei es mit, sei es ohne Unterstützung und Garantie staatlicher Gewalt, dieser Maxime schreibt man mit Recht das ungewöhnlich schnelle und grossartige Gedeihen der modernen Colonisation in den verschiedensten Theilen der Welt zu.

Wie schlecht angelegt und gewissenlos verwaltet dagegen die Staats-Colonisation z. B. in Brasilien war und wie ungenügend auch die Erfolge derselben sind, darüber ist gerade in den letzten Jahren in Deutschland hinreichend geredet und geschrieben worden. Es genügt hierzu, u. a. auf die zusammenfassenden Aeusserungen der Herren von Koseritz und Sellin in den »Geographischen Nachrichten« *) zu verweisen. Wie ausserordentlich schlecht daselbst gerade ein ähnlicher Plan, wie der Torrens'sche für Canada, aber mit Staatskräften durchgeführt worden, und wie kläglich die Misserfolge dabei waren, das stellt besonders Herr von Koseritz**), aber noch mit milden Farben, dar. Vergleicht man mit solchen Thatsachen die unleugbaren Erfolge der Privat-Colonisation, auf der die ganze Cultur-Entwicklung der Provinz Rio Grande do Sul beruht, sowie auch weiter nördlich die blühenden Colonien Dona Francisca und Blumenau so findet man auch dort eine sehr evidente Bestätigung der oben hingestellten Behauptung zu Gunsten der Colonisation als Privat-Unternehmung. Freilich sind auch bei manchen dieser Ansiedlungen Fehlzüge und Missgriffe aller Art gemacht worden, aber es waren dort in der Regel aussergewöhnliche Schwierigkeiten zu überwinden und nur das individuelle Interesse, persönliche Gewissenhaftigkeit, Ausdauer, Beharrlichkeit und das Gefühl moralischer Verantwortung, wie sie sich bei tüchtigen Privatleuten vereinigt finden, konnten über diese Schwierigkeit hinweghelfen. Auch waren solche private Tüchtigkeit und private Connexionen allein im Stande, die brasilianische Regierung zu den nöthigsten Colonisations-politischen Unterstützungen und Schutz-

*) »Geogr. Nachrichten« für Welthandel und Weltwirthschaft von Dr. O. Kersten, Berlin, II Jahrgang, Heft 1 und 2, Juni 1880, Seite 20 ff. und 87. Herr Director Sellin hat sich darüber speciell auch wiederholt im »Export«, Berlin 1879—81, geäussert.

**) A. a. O. Seite 24 ff.

maassregeln zu veranlassen, welche die Culturarbeit jener Colonisationen überhaupt nur ermöglichte.

Wenig glücklicher und auch kaum staatswirthschaftlich rentabler hat sich die Staats-Colonisation in Argentinien erwiesen Ueber diese giebt der letzte »Jahresbericht des Centralbüreaus für die öffentlichen Ländereien in der Argentinischen Republik (1880)« Auskunft. Allein vom December 1875 bis zum 15. November 1880 wurden für diese Colonien mehr als eine Million Dollars (Pesos fuertes) also etwa $4^1/_4$ Millionen Mark verausgabt. Diese Summe vertheilte sich auf die einzelnen Colonien wie folgt:

für Chubut	$f.	23,678. 57
Resistencia	»	169,563. 40
Villa Libertad	»	105,936. 97
General Alvear	»	170,196. 46
Sampacho	»	65,708. 56
Caroya	»	78,318. 18
Formosa	»	67,315. 79
Präsident Avellaneda	»	140,422. 57
Santa Cruz	»	10,582. 45
Iriondo	»	12,899. 32
Olavarria	»	14,882. 20
San Javier	»	29,507. 14
Rodriguez	»	1,600. 00
Municipalität von Paraná	»	4,200. 00
Contract Calvari	»	44,188. 31
Verschiedenes und Passagen	»	80,217. 14
Summe	$f.	1'019,217. 06

Nur wenige dieser Colonien, und zwar nicht gerade die best-dotirten, werden sich voraussichtlich behaupten können, die grosse Mehrheit siecht dahin, und viele gehen bereits ihrer Auflösung entgegen. Es wird gut sein die Erklärung dieser Thatsache in der nachfolgenden Darstellung des erwähnten Memorials des nationalen Land-und Colonie-Departements selbst wiederzugeben. Erschöpfend freilich ist diese Erklärung nicht und die tieferliegenden Krebsschäden des Argentinischen Staatslebens, welche die eigentlichen Ursachen so unverantwortlicher Zustände sind, das Politikmachen und Staatsmittel-Verschleudern lediglich um Vetterschaften der zeitweiligen

Machthaber zu versorgen, diese verschweigt jener Bericht selbstredend. Es heisst dort u. a.:

»Die Colonien waren nicht gehörig vermessen und von vorne »herein nicht so eingetheilt, dass sie den Bedürfnissen, welche ein »neu zu gründendes Bevölkerungs-Centrum, das überdies vom Staate »protegirt wird, hätten gerecht werden können. Die übergrossen »Anstrengungen, welche die National-Regierung gemacht hat, um »— theilweise sogar mit Hülfe von Baar-Vorschüssen — planlos »heranschlendernde Einwanderer als Colonisten für den Staat nutz»bringend zu machen, waren nicht mit dem gehofften Erfolge »gekrönt. Aber diese Vorschüsse wurden entweder zu spät oder »zu früh oder nicht in dem vom Gesetze vorgeschriebenen Maasse »gemacht, so dass sie keinen productiven Nutzen haben konnten. »Andrerseits wurden die Verwaltungsbeamten der Colonien nicht »gehörig überwacht, was zur Folge hatte, dass einige weniger ge»wissenhafte Angestellte ihre amtliche Stellung zu persönlichen »Zwecken missbrauchten und ausbeuteten, so dass die Interessen »der Colonisten — und somit auch die Interessen der Nation — »vielerwärts gänzlich vernachlässigt wurden. Ein anderer Grund »des Verfalls der National-Colonien bestand in den unbegrenzten »Vollmachten der Beamten. Ihre Competenzen und ihre Pflichten »waren denselben nicht genau vorgeschrieben, und Jeder handelte »folglich nach eigenem Ermessen. Daraus entstand Parteilichkeit »und ungerechte Bevorzugung gewisser Colonisten oder Nationalitäten »auf Kosten anderer; kurz es herrschte allgemeine Unzufriedenheit »unter den Ansiedlern gegen ihre Behörden. Ausserdem existirte »in vielen Colonien nicht eine Spur von Buchführung, so dass das »nationale Schatzamt heute noch nicht weiss, wie viel Vorschüsse »eigentlich den Colonisten gemacht wurden, und welche Beträge »jeder Einzelne schuldet. Es mussten mit bedeutendem Kosten»aufwande eigene Experten bestellt werden, um die Bücher auch »nur einigermassen in Ordnung zu bringen, so dass heute erst »annähernd bestimmt werden kann, wie viel diese Experimente »dem Staate gekostet haben. Eine Ausnahme hiervon macht allein »die Colonie Villa Libertad, deren Verwalter das Rechnungswesen »ordnungsmässig führte.«

Es wird schwerlich irgend Jemand befriedigen, wenn man solche Misswirthschaft einer Staats-Colonisation mit allgemeinen

Redensarten wie »verlottertes Creolenthum« oder »leichtfertiges Romanenthum« und dergleichen localen Entschuldigungsgründen decken wollte. Freilich wäre es auch andererseits nicht zutreffend, wollte man auf die allbekannte Thatsache hinweisen, dass die Vereinigten Staaten zu der Weltmacht, die sie heute sind, erst durch die Thätigkeit der zahllosen grossen Erwerbs-Gesellschaften geworden sind, der Eisenbahn-Companien, ja selbst Landspeculations-Unternehmungen und anderer, die ihr Augenmerk auf die Förderung der Colonisation des Landes gerichtet haben; denn auf einer niedreren Stufe der colonialen Volkswirthschaft muss die Staatsgewalt ganz anders in die Entwicklung eingreifen, eine viel energischere Colonisations-Politik betreiben, namentlich auch viel mehr Mittel und Kräfte für die Einwanderung und deren Ansiedlung aufwenden, als dies bisher in den Vereinigten Staaten erforderlich war. Die zur Colonisation selbst erforderlichen Speculationen und Calculationen aber, die dazu nöthige Rührigkeit, die individuelle Beurtheilung und das persönliche Eingreifen, wo es wünschenswerth ist, sind von einer schablonenmässig arbeitenden Staats-Maschine nicht zu erwarten. Diese Aufgaben sind bisher stets von den in ihrem eigenen Interesse activ vorgehenden Erwerbs-Gesellschaften besser, schneller und grossartiger durchgeführt worden, als dies Staatsbehörden möglich ist, die nur den Wirkungen einmal gegebener Gesetze mehr passiv dienstbar sind.

Was freilich die Zukunft bringen mag, wer will das sagen; zumal hier in Deutschland, wo unsere Staatsgewalt so entschieden neue, originelle und von allen bisherigen Maximen abweichende Bahnen betreten hat! Freilich wird der Staats-Socialismus auch bei uns nur dann wirkliche Erfolge erzielen, wenn ihm das bisher Unmögliche gelingt, die persönliche, praktische Erfahrung und Tüchtigkeit, sowohl diejenige ersten, als die niederen Ranges, zu erschwingbarem Preise in den Dienst der Staatsgewalt zu bringen. Wird unsere Nation dereinst ein überseeisches Gebiet zur Verfügung haben, so mag es uns ja vielleicht besser als andern Völkern vor uns gelingen, die Aufgabe unserer extensiven Entwicklung mittelst Staats-Colonisation zu lösen. Sollten im nächsten Jahrhundert socialistische Principien überhaupt zur allgemeineren Herrschaft im Culturkreise unserer Rasse gelangen, vielleicht mag auch dann die

Colonisation eine Sache staatlicher Organisation massenhafter Volkskräfte werden. Wie dergleichen aber möglich sein könnte, davon ist es heute jedenfalls unmöglich sich auch nur annähernd eine lebenswahre Vorstellung zu machen, geschweige denn davon zu reden oder gar praktische Vorschläge darauf zu basiren.

Als die Erfahrung des 19. Jahrhunderts auf diesem Gebiete gilt unzweifelhaft in der ganzen überseeischen Welt der Satz, dass Colonisations-Gesellschaften das beste und natürlichste Mittel zur Beförderung der Colonisation eines jeden Landes sind, in welchem sie nur die nöthigen Vorbedingungen ihrer privatwirthschaftlichen Rentabilität finden, und dass es unter Umständen die klügste Colonisations-Politik ist, solche privaten Erwerbs-Gesellschaften zu begünstigen, dieselben mit Aufgaben der Colonisations-Politik zu beauftragen, und dieselben demgemäss zu entschädigen und zu unterstützen. Solange wir noch, wie jetzt, in einer Culturperiode des Privat-Socialismus leben, sind wir auch genöthigt anzunehmen, dass unsere Reichsregierung, wenn sie in irgend einem überseeischen Lande Colonisations-Politik betreiben wollte, genöthigt sein würde, sich dazu einer oder mehrerer privaten Gesellschaften zu bedienen. Sollte etwa zur Entlastung unserer relativen Uebervölkerung in einzelnen Theilen Deutschlands eine Massen-Auswanderung auf Reichskosten veranstaltet, und für diese Volkskräfte durch eine Ansiedlung derselben in überseeischen Ländern gesorgt werden, oder zu dem Ende gar ein Vertrag mit fremden überseeischen Regierungen in der Art der Torrens'schen *Partnership in Emigration* abgeschlossen werden, so wäre dazu das natürliche Organ der Vermittlung nach allen bisherigen Erfahrungen eine grosse, deutsche Colonisations-Gesellschaft.

Ferner fragt es sich jetzt:

[B.] Sind Colonisations-Gesellschaften das geeignete Mittel, um nationale Cultur und nationalen Einfluss von Europa aus in der überseeischen Welt zu verbreiten?

Die Beantwortung dieser Frage hat ihre Schwierigkeiten; sie führt zu allerhand Erwägungen politischer Art, deren unverholene Erörterung die wünschenswerthe Unbefangenheit im Wettstreit der verschiedenen, culturellen Interessen um das Uebergewicht in kleineren oder grösseren Wirkungskreisen wesentlich beeinträchtigen könnte. Indessen wird es doch nicht nöthig sein, sich hier auf die Beurtheilung irgend welcher speciellen überseeischen Verhältnisse einzulassen. Es handelt sich hier zunächst nur um die besonderen, ich möchte sagen, die subjectiven Interessen deutscher Cultur und Nationalität; und es genügt daher, sich ausschliesslich auf die Erörterung der Stellung deutscher Colonisations-Gesellschaften zu diesen ideellen Interessen zu beschränken.

Die drei verschiedenen Möglichkeiten*) denen europäische Colonisations-Gesellschaften in überseeischen Ländern überhaupt gegenübertreten können, sind folgende:

1) Besitzungen der eigenen Nationalität,
2) Länder der eigenen Sprache und Cultur, aber fremder, selbstständiger Nationalität,
3) Länder fremder Sprache und fremder Nationalität.

Es liegt auf der Hand, dass die culturpolitischen Wirkungen der Colonisations-Gesellschaften um so mehr und vollständiger werden erreicht werden, je mehr das Wirkungsfeld derselben im culturwirthschaftlichen Besitze derselben Nationalität oder desselben Volkstypus sich befindet, denen die Gesellschaft angehört und für welche sie wirkt. Die ersteren beiden der genannten Möglichkeiten sind deutschen Colonisations-Gesellschaften bisher versagt. Welche Chancen sich bieten, dass ihnen jemals solche Grundlagen und solche Umgebungen geschaffen werden, das näher zu erörtern, ist weder hier der rechte Ort, noch jetzt die rechte Zeit.

Um die eine oder die andere dieser Eventualitäten zu verwirklichen, können auch private Colonisations-Gesellschaften wenig oder garnichts wirken, wenigstens nicht die Initiative ergreifen.

Wollten wir Reichscolonien erwerben, so muss die deutsche Regierung sich in den Besitz dazu geeigneter überseeischer Länder-

*) Vergl. hierzu auch die Ausführungen, welche schon der erste Vertreter einer deutschen Colonisation, der kürzlich verstorbene Professor Dr. J. E. Wappäus (Göttingen) in seiner Schrift »Deutsche Auswanderung und Colonisation«, Leipzig 1846, hierüber aufstellte.

strecken mit gemässigtem Klima setzen; und Das kann auf organischem Wege heutzutage überhaupt nicht mehr geschehen. Es ist dies ausschliesslich eine Sache der hohen auswärtigen oder überseeischen Politik, die sich nur mit diplomatischen oder militärischen Mitteln und Kräften entscheiden lässt. Etwas anderes wäre allerdings die culturwirthschaftliche Aneignung solcher Gebiete, nachdem wir dieselben national-politisch erworben hätten, sie aber noch im überwiegenden Maasse unter der Herrschaft der fremden Sprache und der fremden Cultur ihrer früheren Nationalität fänden. Da wäre freilich die Thätigkeit privater Erwerbs-Gesellschaften, Colonisations- und sonstiger Unternehmungen recht eigentlich am Platze, und diese sollten dort in jeder Hinsicht das günstigste Arbeitsfeld finden. — Auch zum Erwerbe von Cultivationsgebieten ist wohl kein Mittel geeigneter als grosse, vom Reiche zu concessionirende Erwerbs-Gesellschaften, um so mehr, da die Aneignung und Verwerthung von Cultivationen doch nur culturwirthschaftlich geschehen kann. *)

Handelte es sich ferner um die Begründung überseeischer deutscher Staaten (selbstständiger Republiken), so können auch dazu eigentliche Colonisations-Gesellschaften nicht unmittelbar beitragen. Es wäre dazu in erster Linie erforderlich, dass in solchem Lande deutsche Culturkräfte, deutsche Intelligenz und deutsches Capital zur Herrschaft gelangten, dass dort sich deutsche Städte bildeten, deutsche Centren der Geistesbildung und des Wirthschaftslebens erwüchsen, deutsche Staatsmänner und deutsche Heerführer erständen, eine deutsche Volkswirthschaft sich entwickelte, die als ein selbstständiges Glied der Weltwirthschaft aufzutreten vermögte.

Ein andrer Fall aber ist die dritte der erwähnten Möglichkeiten, die Erhaltung deutscher Cultur unter fremder Souveränität, die Hebung deutschen Einflusses in überseeischen Ländern. Dies ist recht eigentlich das Gebiet der culturpolitischen Wirksamkeit deutscher Colonisations-Gesellschaften und solche Bethätigung steht denselben in fast allen Ländern der überseeischen Welt in grösserem oder geringerem Umfange offen.

*) Was in dieser Hinsicht unsere Reichsregierung auch immer künftighin in der überseeischen Welt wird machen können, im Wesentlichen wird sie dabei an Das gebunden sein, was jetzt die vorangehende Privat-Initiative schafft oder schon geschaffen hat.

Hier handelt es sich darum, deutsche Elemente in solchen Ländern culturell und wirthschaftlich mit ihrem Stammlande in Verbindung zu erhalten, in ihnen und ihren Nachkommen unsern deutschen Waaren Consumenten zu sichern, ihre Production zu fördern, die sie in den Stand setzt unsere Waaren gut zu bezahlen, durch sie dem Einflusse unserer Cultur und der rentablen Anlage unseres Capitals in solchem Lande eine Stütze und Grundlage zu schaffen und unserm heimathlichen Volksleben durch die geistige und wirthschaftliche Rückwirkung solches fernen Deutschthums auf unser Vaterland eine allseitig belebende Anregung zu bieten. Dies aber kann nicht etwa durch ein politisches Sichvordrängen deutscher Cultur und deutscher Sprache geschehen, sondern lediglich durch die geistige Kraft und die praktische Leistungsfähigkeit des deutschen Wesens.

Wollten wir versuchen eine Art eigenen Staatsverbandes innerhalb des fremden Staates zu bilden, so würden wir dadurch schwerlich unserm Deutschthum je irgend welche Erfolge erringen. Nur dadurch, dass unsere Culturelemente formell in den Staatsverband des fremden Coloniallandes hinübertreten, erhalten sie das Recht in demselben mitzureden, und nur dadurch können sie zu wirklichem, selbstständigem Einflusse daselbst gelangen. Allerdings »in seiner »Muttersprache ehrt sich jedes Volk. — Ein Volk das (im Auslande) »seine eigene Sprache verlernt, giebt sein Stimmrecht in der »Menschheit auf und ist zur stummen Rolle auf der Völkerbühne »verwiesen. Mag es aller Welten Sprachen begreifen und übergelehrt »bei Babels Thurmbau zum Dollmetscher taugen, es ist kein Volk »mehr, nur ein Mengsel von Staarmenschen«! (Ludwig Jahn.) Vor allem muss daher bei der älteren Generation der im Auslande ansässigen Deutschen, die ihrer Zeit noch kein deutsches Nationalitätsgefühl von der Heimath mit hinausnehmen konnten, die rechte Achtung und Liebe zu ihrer deutschen Sprache und Cultur, wie zu den Vorzügen des echten deutschen Wesens in gesteigertem Maasse erwachen und sich geltend machen; dann erst wird auch das Deutschthum draussen den rechten Boden gewinnen, zu grösserem Einflusse gelangen und auch dann erst eine nachhaltigere Wirkung auf die wirthschaftliche und geistige Verbindung solches Landes mit unserer Heimath üben. Aber nicht durch irgend ein äusserliches, formelles Band, wie etwa die Immatriculation auf den

Consulaten des alten Heimathlandes erhält man den Geist seiner Sprache und das Wesen seiner Cultur aufrecht, erweckt auch keine sonderliche Achtung und Liebe zu derselben, sondern vielmehr durch die Einwirkung von Handel und Verkehr, von Schulen und Kirchen, von Vereinigungen und Gesellschaften in heimischer Art. Dazu sind grössere Massen deutscher Volkselemente in genügend enger Verbindung und nahem Verkehr nöthig. Und um solche Elemente, wo es nöthig, nach geeigneten Orten im Laufe der Zeit hinzuschaffen dazu eben sind grössere, capitalstarke Organisationen, wie Colonisations-Gesellschaften und andere private Unternehmungen erforderlich.

Die Uebersiedlung freilich, die Concentration und die Deutsch-Erhaltung solcher Kräfte kann jedenfalls nicht ohne Vorwissen, ja oft auch nicht ohne directe, financielle und administrative Unterstützung der betreffenden Landesregierung geschehen. Warum aber sollte dieses nicht geschehen? Warum sollte dies nicht sogar an manchen Orten sehr erwünscht sein? — Dies ist es thatsächlich!

Selbst da, wo der hervorragende Einfluss deutscher Kaufleute übersee unbestritten ist, pflegt er gerne gesehen zu sein; und es ist daher kaum zu erwarten, dass man von einer Stärkung dieses Einflusses sonderliche Nachtheile fürchten und demselben Hindernisse in den Weg legen sollte. Der Segen, den das deutsche Element der höheren Cultur-Entwicklung junger Länder stets gebracht hat, wird dort vielfach hinlänglich anerkannt. Man erwartet meist sehr entschiedene Vortheile von einer Zunahme des deutschen Einflusses im Gegensatze zu anderen in den letzten Jahrzehnten übersee massenhaft angesammelten, weniger guten Volkselementen. Der deutsche Arbeiter sieht sich allerdings sehr oft im Nachtheil gegen solche anderen Elemente. Er siedelt nicht nach dem neuen Lande über, um dort nur ein kleines Vermögen zu erarbeiten und dann mit demselben nach der alten Heimath zurückzukehren; er wird vielmehr durch schwere, mühsame Culturarbeit auf seinem zu eigen erworbenen Boden zum tüchtigsten Grundstocke der Bevölkerung. In demselben Maasse aber wie diese deutschen Culturkräfte tüchtiger und nachhaltiger sind, als andere Elemente, in eben dem Maasse sind auch ihre Lebensansprüche gesteigert. Der Deutsche ist dadurch sehr benachtheiligt, wenn es für ihn gilt, im Wettbewerb mit leichtfüssigeren, genügsameren Arbeitern sich den nöthigen Tagelohn zu verdienen. Dagegen sind gerade alle diese Eigenschaften des deutschen Arbeiters der beste Vortheil für das Land, in dem sich solche gesunden und geistig solide veranlagten Kräfte für immer ansiedeln, daselbst zugleich den *Standard of life* heben und eine Basis schaffen für eine höhere und intensivere Cultur-Entwicklung.

Noch eine andere Eigenschaft des Deutschthums ist geeignet, einer Stärkung desselben jeden Argwohn und Neid der fremden Souveränität zu ersparen. Es ist dies die allgemein anerkannte Erscheinung, dass der Deutsche ebenso sehr eine Vorliebe für die ländliche Ansiedlung hegt, wie andere Völker für das städtische Leben. Politischer Ehrgeiz und Herrschsucht sind dem Deutschthum übersee völlig fremd. Allerdings muss und wird die Gestaltung unserer überseeischen Entwicklung von den Mittelpuncten des Landes, von den Städten, ausgehen; in diesen aber braucht unser Wesen nur seinen geistigen Einfluss geltend zu machen und wird verständiger Weise dort nie auf seine äusseren Seiten übermässiges Gewicht legen. So wird das Deutschthum auch im privaten Wirthschaftsleben Boden gewinnen und sich ausbreiten können, ohne die fremden Souveränitäten zu beeinträchtigen.

In erster Linie wird es sich darum handeln, die übersee seit längerer Zeit ansässigen, deutschen Capacitäten für die Verhältnisse und Bedürfnisse in Deutschland selbst zu interessiren und sie zu veranlassen, die heimatlichen Kräfte für ihre eigenen Interessen draussen zu verwenden. Wenn diese Deutschen übersee in grösserem Maasse deutsches Capital und deutsche Geisteskräfte zur Stärkung ihrer Interessen heranziehen werden, dann erst wird auch die deutsche Cultur daselbst einen kräftigeren Aufschwung nehmen. Dazu mögen nun Eisenbahnanlagen oder Trambahnen, Flussschifffahrten oder sonstige Dampferlinien, Canal-Anlagen oder andere Unternehmungen sich bieten: wo immer nach dem Urtheile tüchtiger, erfahrener, sachverständiger und deutsch-gesinnter Männer an überseeischen Plätzen mit Erfolg einzusetzen ist, um deutsche Cultur und deutschen Einfluss zu stärken und zu fördern, da und auf die Weise sollte man zu wirken beginnen. Dass dann dabei auch die Verwendung deutscher Auswanderer, sei es als Lohnarbeiter, sei's als Ansiedler, eine bedeutende Rolle spielen wird, das darf als selbstverständlich gelten.

Eine Verwendung von tüchtigen Auswanderern hat den evidenten Vortheil über den blossen Handelsbetrieb und andere Unternehmungen, dass diese nur mit leblosen Waaren operiren oder doch meist nur einen indirecten Einfluss üben, während das lebendige Culturmaterial selbstthätiger Arbeitskräfte stets ein directes, geistiges und körperliches Machtelement repräsentirt. Die deutsche Auswanderung freilich ist nur dadurch für unsere Cultur und unsere Nation zu verwerthen, dass deutsche Intelligenz und deutsches Capital zugleich mit hinausziehen, dass sie die Ansiedlung der Auswanderer betreiben und leiten, dass sie dieselben unter ihrem dauernden Einflusse erhalten, und dass sie den culturellen Zusammenhang derselben mit den edelsten Seiten des Deutschthums ermöglichen und immer fester knüpfen. Rückwirkend aber sind auch gerade diese angesiedelten Auswanderer dasjenige Element, welches dem Cultureinflusse unserer deutschen Geisteskräfte und unserem, in Unternehmungen d erwähnten Art angelegtem Capital den stärksten Rückhalt gewähren, und zwar Dieses um so mehr, je weniger entwickelt das überseeische Land noch ist, je mehr Aussicht unsere Cultur dort hat, hervorragenden Einfluss zu gewinnen. In einem solchen Lande wird es auch um so mehr möglich sein, das culturelle und commercielle Band zwischen den Ausgewanderten und der Heimath fester zu knüpfen und den wechselwirkenden Verkehr zwischen beiden lebhafter zu gestalten.

Deutsche Colonisations-Gesellschaften auf der angegebenen Grundlage nutzbringender überseeischer Unternehmungen sind es allein, die uns solche Vortheile bringen können. Wo deutsche Auswanderer nicht unter dem Einflusse deutscher Intelligenz und deutschen Capitals bleiben, ist es stets und in allen fremden Ländern nur eine Frage der Zeit, dass sie vollständig entdeutscht werden; unter dem Einflusse solcher deutschen Culturkräfte aber vermögen sie auch als treue Glieder des fremden Landes ihr Deutschthum selbstständig zu entwickeln.

Das grosse Privat- und Gesellschafts-Capital ist heutzutage vor allem diejenige Macht, welche die Cultur und das Leben der Völker bestimmt. Auch England beherrscht die Weltwirthschaft heute nicht mehr — wie in vergangener Zeit — durch seine Seemacht, sondern nur durch das Uebergewicht seines Capitals und seines Credites. Die Macht der brittischen Flotte, des brittischen Welthandels, der brittischen Weltverkehrsmittel, ja selbst die Vorhand, welche England im Handel und Wirthschaftsbetrieb seiner eigenen Colonien geniesst, sie alle sind gegenwärtig nicht mehr bedingt durch die politische Macht Alt-Englands, sondern hängen im Wesentlichen nur ab von der brittischen Weltcapitalmacht. Credit und commercielle Verbindungen sind in der heutigen Welt ein noch stärkeres Band von Mensch zu Mensch, von Volk zu Volk, als selbst die Gemeinsamkeit von Sprache und Sitte da, wo diese nicht durch directen wirthschaftlichen Verkehr unterstützt wird. Brittisches Capital allein und die dasselbe verwendende Intelligenz machen den nationalen Einfluss Englands sogar heute noch in Europa geltend, wo dieser noch zu spüren ist. — In ähnlicher Weise sucht jetzt auch Frankreich sowie Belgien, suchen neuerdings namentlich die Vereinigten Staaten sich innerhalb der Weltwirthschaft zur Geltung zu bringen. Auf diese Weise vermag auch die deutsche Nation ihrer Cultur eine Weltstellung zu erringen, die auf keine andere Weise heute noch für uns zu erlangen ist.

In diesem Sinne allein ist heute überhaupt noch von Colonial-Politik zu reden. Die Ausbreitung der eigenen Capitalmacht und der in Erwerbs-Unternehmungen zu verwendenden Culturkräfte (Intelligenz und Arbeitsfähigkeit) ist jetzt die Quintessenz aller überseeischen Politik; sie ist ihr Zweck und zugleich ihre treibende Kraft; sie umfasst alle Vortheile, die uns irgend eine Form überseeischer Politik nur zu bringen vermag. Aus der freien, normalen Bethätigung jener Culturkräfte erwachsen auch alle ideellen Güter des Menschenlebens, und nur daraus. — Wirthschaftsfragen sind heutzutage das Grundelement aller Politik.

Auch deutsche Reichscolonien können für uns nur diesen indirecten Werth haben, die Verwendung dieser unserer Kräfte in der überseeischen Welt zu erleichtern und zu sichern. Die Aufrechthaltung deutscher Nationalität und politischer Macht in solchen überseeischen Besitzungen kostet uns an und für sich nur Opfer an Geld und Menschen. Solcher Kraft- und Geldaufwand kann sich deutschen Steuerzahlern gegenüber nur dann und dadurch rechtfertigen, dass er uns diejenigen Gewinne und Vortheile unserer Unternehmungen daselbst erst ermöglicht, um derentwillen solcher

Aufwand gemacht wird und durch die derselbe auch staatswirthschaftlich gedeckt werden muss.

Es ist kein Nachtheil für uns Deutsche, dass wir vorerst auf unsere private Initiative angewiesen sind. Erst wenn unsere Nation durch Colonisations-Gesellschaften und andere derartige praktische Unternehmungen reifere Erfahrungen in der Handhabung überseeischer Verhältnisse gesammelt hat, erst dann wird auch unsere Reichsregierung den culturwirthschaftlichen Erwerb überseeischer Besitzungen unternehmen können, erst dann wird sie es mit Vortheil für unsere Nationalität und unsere Cultur versuchen können, die relativ übervölkerten Gegenden unseres Vaterlandes durch eine systematisch organisirte Auswanderung zu entlasten. — Colonisations-Gesellschaften und die sich daran anschliessenden überseeischen Erwerbs-Unternehmungen erscheinen daher als das geeignetste Mittel, durch welches unsere Nation heutzutage sowohl Colonisations-Politik als auch überseeische Politik überhaupt zu betreiben vermag.

Auf diese Weise wird sich Deutschlands überseeischer Handel sowie rückwirkend auch der Wirthschaftsbetrieb und Wohlstand daheim heben. Deutsches Capital und deutsche Intelligenz werden mehr und mehr rentable Verwendung in überseeischen Unternehmungen finden. Unsere jetzt in planloser Auswanderung uns fast ganz verloren gehenden Arbeitskräfte werden dabei zur Stärkung deutscher Interessen verwendet werden. Durch den sich mehr und mehr belebenden Wirthschaftsverkehr des überseeischen Landes mit unserer Heimath wird auch ein immer regerer geistiger Verkehr zwischen beiden Ländern zu Beider Vortheil angebahnt werden. Der praktische Horizont unseres inländischen Capitals und unserer heimischen Intelligenz wird von den engen Grenzen Europas weit über das Meer hinaus erweitert und nach und nach bis über die ganze überseeische Welt ausgedehnt werden. Diese Wechselwirkung wird auch unser ganzes Volksleben günstig beeinflussen. Mit dem wachsenden Wohlstande wird ein frischerer Zug durch alle Kreise unseres in dumpfer, schwüler Stimmung stagnirenden Vaterlandes hinwehen. Der schlummernde Welthandelsgeist unserer Nation wird aus seiner vielhundertjährigen Lethargie erwachen. Dann wird auch unser nationaler Einfluss übersee sich mehren und ausbreiten. Deutsche Cultur, deutscher Idealismus und die feinsten intensivsten Seiten des deutschen Wesens werden auf dieser Grundlage allein die ihnen gebührende Stellung innerhalb der werdenden »Civilisation« *) des Menschengeschlechts erringen.

Endlich sind hier noch einige Gesichtspuncte zu erörtern in Beantwortung der Frage:

[C.] Welche Maassregeln sind nöthig, um Colonisations-Gesellschaften in den Stand zu setzen, die ihnen obliegenden politischen Aufgaben zu lösen?

Die Kosten der Durchführung politischer Aufgaben zu bestreiten, ist Sache derjenigen Regierung, durch die, resp. in deren Interesse, solche Politik betrieben wird.

Privat-Gesellschaften, ja sogar einzelne hervorragende Privatmänner sind unser Umständen sehr wohl geeignet, einer Regierung als Werkzeug zur Durchführung ihrer politischen Absichten zu dienen. Sie haben sogar schon oftmals durch ihre culturwirthschaftlichen Leistungen der späteren Politik einer Regierung vorge-

*) Es mag nicht überflüssig sein, zur Rechtfertigung dieser Anschauung von einer jetzt erst »werdenden Civilisation« hier noch einmal auf das schon oben (Seite 7 u. 8) Gesagte hinzuweisen. Unter »Civilisation« versteht man anerkanntermaassen die Cultur-Entwicklung der Menschheit oder wie man auch sagen kann, die »Organisation« des Menschengeschlechts; das Ziel dieser organischen Entwicklung, soweit wir dasselbe bis jetzt erkennen können, ist die solidarische Vereinigung aller Völker der Erde zu einer sich gegenseitig helfenden und ergänzenden Wirthschaft. Jetzt sind auch nur rein äusserlich von den 1450 Millionen Menschen, die gegenwärtig auf der Erde leben, nicht einmal die Hälfte, 700 Millionen, in den Kreis der Weltwirthschaft hineingezogen, welche heute als die Basis erscheint, auf der sich einst das Ziel der Civilisation verwirklichen wird. Das numerische Uebergewicht der Menschheit steht noch ausserhalb dieses Verbandes der Humanität. Aber auch von den innerhalb dieses Culturverbandes lebenden Menschen stehen doch ganze Völker und Rassen noch geistig fast vollständig ausserhalb desselben, ja selbst unter den höchst civilisirten Culturvölkern ahnen bis jetzt doch immer nur erst relativ sehr wenige Menschen höherer geistiger Entwicklung, was eigentlich die Civilisation sein wird, und wie weit selbst unsere europäische Cultur von dem Ziele derselben entfernt ist — von einem Zustande ohne Krieg und ohne Hungerelend, ohne Börsenschwindel und ohne Missbrauch des Privatcapitals zu culturwidrigen Zwecken — einem Zustande, in welchem nicht nur extensiv, sondern auch intensiv der Mensch dem Menschen, das eine Volk dem anderen, die eine Rasse der anderen solidarisch verbunden ist.

arbeitet. Sofern diese Privatkräfte aber solche politischen Ziele ins Auge fassen, gehen sie über den ihren Privat-Unternehmungen gegebenen Wirkungskreis hinaus. Staats- oder National-Politik auf eigene Hand zu betreiben ohne positiven Rückhalt oder wenigstens geheimes Einvernehmen mit der betreffenden Regierung, widerstreitet dem Zweck und Wesen solcher privaten Organisation; es sei denn, dass ein seltener Ausnahmsfall vorläge, in welchem an Stelle eines Einverständnisses mit der zeitweiligen Regierung ein Einvernehmen mit den dauernd tonangebenden und auch in culturpolitischen Fragen entscheidenden Kreisen der Bevölkerung des betreffenden Landes genügte und eventuell sogar eine nachhaltigere Wirkung zu üben vermögte.

So wenig eine Colonisations-Gesellschaft sich selbstständig vorgehend mit überseeischer Politik befassen sollte, so wenig kann es auch ihre Aufgabe sein, auf eigene Hand die innere Politik eines Coloniallandes, dessen Colonisations-Politik, zu betreiben. Eine solche Gesellschaft mag unter Umständen die nöthige Politik der betreffenden Regierung veranlassen, sollte sich sonst aber nur den ihr gegebenen Verhältnissen anpassen. Sonst wird sie der Natur der Sache nach Gefahr laufen, solchen politischen Aufgaben, auch wenn es ihr gelingen sollte, dieselben zu lösen, ihre privatwirthschaftlichen Erfolge, von denen ihre Existenz abhängt, zu opfern. — Werden einem solchen Privat-Unternehmen aber Aufgaben der Colonisations- oder gar solche der Colonial-Politik übertragen, so wird dasselbe fordern müssen, für die Kosten solcher Politik resp. für die Auslagen einer staatswirthschaftlichen Durchführung derselben von derjenigen Regierung, die es angeht, unterstützt und entschädigt zu werden, sei es offenkundig, sei es stillschweigend.

Das Princip der Kostentragung oder des Risicos und der Verantwortung für die Kostenauslagen wird hier dieselbe Maxime der Gerechtigkeit sein müssen, welche für civilisirte Rechtsverhältnisse überhaupt gilt. Jeder Interessent sollte in eben dem Verhältnisse an den Kosten und Nachtheilen eines Unternehmens participiren, wie er aus dem Gelingen desselben Nutzen und Vortheil zieht. Dieses Verhältniss zwischen Regierung und Privat-Unternehmen für Colonisation allgemein festzustellen, ist unmöglich, denn dasselbe variirt mit jedem einzelnen, neuen Falle. Für die Colonisations-Politik wechselt es zunächst mit den Bedürfnissen des Coloniallandes, mit der Entwicklungsstufe desselben und auch mit dessen Naturverhältnissen.

Das Interesse einer Colonial-Regierung, die Colonisation ihres Landes energisch und mit grösserem Kostenaufwande zu unterstützen, wird mit der steigenden Entwicklung ihrer colonialen Volkswirthschaft abnehmen. In einem reichen Naturlande ferner wird ein Colonisations-Unternehmen in weiterem Umfange sich selbst zu helfen im Stande sein, als in einem dürftigen und ungünstig gelegenen Lande, in welchem es, wenn es daselbst überhaupt zu wirken unternehmen will, fast ausschliesslich auf Staatsmittel angewiesen sein mag.

Das Maass von Unterstützung aber, welches ein Colonisations-Unternehmen zu fordern berechtigt sein wird, hängt sowohl von dem Grade der Entwicklung in dem betreffenden Landstriche oder der Provinz ab, in welcher die Colonisation stattfinden soll, als auch von der Entwicklungsstufe des ganzen Landes, zu welchem dieser Landstrich oder diese Provinz gehören.

Während die grossen Eisenbahn-Companien und Colonisations-Unternehmungen in den Vereinigten Staaten nie mit Geldbeiträgen von der Unions-Regierung unterstützt werden, weil ihr Gewinn ein leichter ist und ihre colonisatorische Leistung fast ausschliesslich zu ihrem eigenen Vortheil geschieht, für das Land selbst aber kein Lebensbedürfniss mehr ist: haben offenbar diejenigen Colonisations-Gesellschaften, welche in einem bisher unerschlossenen Lande den Grund zu einer colonialen Entwicklung desselben legen, die schwerste Mühe der Gestaltung des Ganzen, und das grösste Risico für ihr Capital. Die Regierung solches Landes oder solcher Provinz aber hat den grössten und längst andauernden Vortheil einer solchen Entwicklung; sie erntet den Nutzen des in riesigen Dimensionen wachsenden Culturaufschwunges, der zunehmenden Volkszahl, der steigenden Productivität, der sich mehrenden Zahlungsfähigkeit und Steuerkraft des Landes. Es ist daher logisch wie praktisch nothwendig und gerecht, dass die Regierung eines solchen werdenden Staates den grössten Theil zu den Kosten dieser Colonisation resp. zu den in besonders grossem Umfange in derselben enthaltenen staatswirthschaftlichen Anlagen beiträgt.

Aber diese Beisteuer der Staatsgewalt zur Colonisation solcher uncultivirter Gegenden wird auch eine verschiedene sein im Verhältnisse zur Reife der culturellen Entwicklung und der staatlichen Organisation des Landes, von welchen solche Gegenden einen Theil bilden. Vergleiche man in dieser Hinsicht z. B. den Westen Nord-Amerikas mit den uncultivirten Provinzen Süd-Amerikas! — Im Westen der Vereinigten Staaten hat selbst die am weitesten vorgeschobene Colonisation einen ganz anderen Rückhalt an den wohl organisirten Verhältnissen der Union mit einer Bevölkerung von über 50 Millionen Menschen, als die Colonisation an den Culturgrenzen der weit ausgedehnten und von nur 2½ Millionen Menschen bewohnten Argentinischen Republik. Während daher unter jenen Verhältnissen weder die Colonisations-Unternehmungen ein Bedürfniss noch die Unions-Regierung ein sonderliches Interesse haben, dass der Colonisation eine Unterstützung gewährt werde, beginnt hier erst jenes Bedürfniss so wie dieses Interesse lebhaft zu erwachen und sich im vollsten Maasse geltend zu machen. Auch ist Das, was die Unions-Regierung seit 100 Jahren durch die Schaffung civilisirter Grundlagen für die heutige, weitere Colonisation ihres Gebietes bereits geleistet hat, unzweifelhaft jeder neuen derartigen Land-Gesellschaft oder sonstigem Ansiedlungs-Unternehmen dort als eine indirecte Unterstützung anzurechnen, während davon in Süd-Amerika bisher ja garnicht oder doch kaum die Rede sein kann.

In sehr ungenügendem Maasse freilich hat bisher die National-Regierung Argentiniens sich bestrebt, dieser Thatsache gerecht zu werden. In ihrem Colonisations-Gesetze *(Ley de Inmigracion y Colonisacion)* von 1876 gewährt sie zwar Concessionen von Staatsländereien an Privat-Unternehmungen zur Colonisation derselben unter gewissen sehr günstigen Bedingungen und verspricht die Einwanderung und die Beförderung derselben im Innern der Republik auch mit Staatsmitteln zu unterstützen. Das jedoch, was sie verspricht, würde höchstens für die schon besser organisirten central gelegenen Provinzen des Landes hinreichen, dort aber besitzt die National-Regierung keine Ländereien mehr, und überdies bleibt Das, was dieselbe wirklich leistet, auch noch in der Ausführung beträchtlich hinter dem zurück, was ihre Versprechungen erwarten lassen.

In gerechterer Würdigung der Verhältnisse ihres Landes hat dagegen die kaiserlich brasilianische Regierung sich bestrebt, die meisten bäuerlichen Ansiedlungen in ihrem Lande zu unterstützen, indem sie zu den Anlage- und Verwaltungskosten derselben einen grossen Theil beigesteuert hat. Dass sie bei ihrer Staats-Colonisation freilich nicht selten durch die Unfähigkeit, Unkundigkeit und Gewissenlosigkeit ihrer Beamten alle Erfolge solches Kostenaufwandes eingebüsst hat, ist schon oben erwähnt worden. Wo solche Unterstützungen aber privaten Colonisations-Unternehmungen in die Hände gegeben wurden, welche nicht nur ihre culturellen Ziele, sondern auch ihren eigenen Vortheil dabei im Auge hatten, da sind die Resultate solches Vorgehens durchweg höchst befriedigend gewesen.

Will man die Hauptpuncte hervorheben, um welche es sich bei einer colonisations-politischen Unterstützung eines kleinbäuerlichen Ansiedlungs-Unternehmens handeln wird, so sind etwa folgende zu nennen:

1) Zuschuss zu der Passage der Colonisten von Europa, eventuell Beförderung derselben ganz auf Staatskosten,
2) Kostenfreie Ausschiffung, Beförderung und Ernährung derselben im Coloniallande bis zum Ort der Ansiedlung,
3) Befreiung der Colonisten von directen Staats- und Provincial-Steuern für eine Reihe von Jahren,
4) Zuschuss zum Schul- und Kirchenwesen, Besoldung von Lehrern und Pfarrern.
5) Zuschuss zu den erforderlichen Bauten für Regierung, Municipal-Verwaltung, Schulen und Kirchen,
6) Anlegung einer Hauptfahrstrasse, Eisenbahn oder sonstigen Verkehrsmittels durch das Terrain der Colonisation je nach Maassgabe der individuellen Umstände.

Lässt sich nun schon die Unterstützungspflicht des Staates zu den Aufgaben der Colonisations-Politik, die einem Privat-Unternehmen zufallen, nur sehr schwer genauer feststellen, so ist dies in noch höherem Maasse bei den Aufgaben der Colonial- oder überseeischen Politik der Fall. Auch hier würden die Begünstigungen und Vergütungen der Regierung des Stammlandes nur nach Sachlage und Bedürfnissen jedes einzelnen Falles zu beurtheilen sein.

Abgesehen von den Interessen, welche die Regierung resp. die Nation, um welche es sich dabei handelt, an der Colonisation hat, wird es dabei hauptsächlich auf das Culturmaterial, ferner aber auch wieder auf die Verhältnisse desjenigen Landes ankommen, welches solcher Colonisation zu Gebote steht. Als wesentlichste Unterscheidungs-Merkmale für die Möglichkeit solcher Colonisation im Interesse einer nationalen Cultur mit Privatmitteln und für die Nothwendigkeit einer Beschaffung oder Unterstützung derselben mit Staatsmitteln sind etwa folgende Puncte aufzustellen:

1) die Art und Entwicklungsstufe des Landes, in welchem die Colonisation stattfinden soll,
2) die Art der Auswanderer, welche bei derselben verwendet werden sollen,
3) die Art und der Umfang der erforderlichen Vorschüsse an solche Colonisten sowie der entsprechenden Bevormundung derselben und
4) die Art sowie auch die voraussichtliche Zeit, wie und wann der Erfolg der gemachten Auslagen zu erwarten ist.

Wenn also beispielsweise in schon entwickelteren Colonial-Verhältnissen im Anschluss an eine bestehende staatliche Organisation unbesetzte Theile eines Landes mit selbstständigen Colonisten besiedelt werden (spontane Auswanderung), welche durch die ihnen gebotenen, wirthschaftlichen Vortheile des Landes herangezogen werden oder vielmehr von selbst herbeikommen und zu einem, solchen Vortheilen entsprechendem, hohem Preise den Grund-und-Boden zu ihrer Ansiedlung mit eigenen Geldmitteln kaufen, oder wenn das Land besondere Facilitäten zum Grossbetrieb irgend einer landwirthschaftlichen oder industriellen Production für den Export bietet, und dazu die Herbeischaffung und Verwendung europäischer Arbeitskräfte auf Kosten des Unternehmens gestattet, so sollte solche Colonisation sehr wohl als eine einfache Privat-Unternehmung betrieben werden. — Wenn aber Proletarier von Europa nach einem noch unentwickelten Colonial-Lande übergesiedelt werden (systematische Auswanderung), wenn sie dort installirt, auch in geeigneter Weise unterstützt und belehrt, oder ihre Arbeitskräfte in Lohnarbeit zu gemeinnützigen Anlagen verwerthet werden, wenn sie dann erst nach einer längeren Zeit kleinbäuerlicher Ansiedlung zu tüchtigen steuerzahlenden Angehörigen des Colonialstaates heranwachsen und die wirthschaftliche Kraft desselben schaffen und heben sollen, so ist das eine Colonisation, welche nie von einem Privat-Unternehmen ohne financielle Mitwirkung des interessirten Staates betrieben werden kann.

Eine Colonisations-Gesellschaft, welche privatwirthschaftliche Rentabilität anstrebt und ohne Unterstützung einer Regierung arbeitet, ist darauf angewiesen, ihre Colonisation möglichst bald in die grosswirthschaftliche Periode der Entwicklung eintreten zu lassen; sie wird ihr Land von vornherein zu relativ hohem Preise verkaufen müssen, wird daher nur möglichst wohlhabende und garkeine unbemittelten Ansiedler zulassen können, und wird Alles darauf berechnen müssen, dass ihre Ansiedler sich möglichst schnell zum Grossbetriebe aufschwingen. Intelligente, junge Familien mit etwas Capital, Scharfsinn und Unternehmungsgeist sind das Culturmaterial, welches für solches rein private Colonisations-Unternehmen am wünschenswerthesten ist. Im Uebrigen wird ein solches sein Augenmerk auf productive Anlagen verschiedener Art zu richten haben, wobei dann die Colonisation lediglich auf eine Frage richtiger Verwendung ihrer nationalen Arbeitskräfte hinausläuft. Colonisation kann, wie sich weiter unten ergeben wird, eine ausserordentlich rentable Capitalanlage sein, und ist dies meist in culturell hoch entwickelten überseeischen Staaten; in uncultivirten Ländern aber ist sie eine der schwierigsten und riskantesten aller überseeischen Unternehmungen, erfordert ungewöhnlich viel Erfahrung, allseitige Tüchtigkeit, hingebende Aufopferungsfähigkeit, ausdauernde Zähigkeit und involvirt eine grosse Verantwortlichkeit. Eine Colonisation gar, bei welcher man die Verwendung nationaler Auswanderer um jeden Preis als Zweck im Auge hat, nicht aber als das in einem gegebenen Falle für die Rentabilität des anzulegenden Capitals geeignetste Mittel, ist im Wesentlichen Staatssache und sollte von Privatkräften allein nicht unternommen werden.

Auch des schon oben erwähnten Falles einer Organisation deutscher Auswanderung auf Reichskosten und Verwendung einer Colonisations-Gesellschaft zur Durchführung dieser politischen Aufgabe, sowohl daheim als übersee, muss in diesem Zusammenhange noch einmal gedacht werden. Dass sich hierzu nur ein Privat-Unternehmen eignen wird, welches schon hinlängliche Beweise von seiner Lebensfähigkeit, von den genügenden Grundlagen seiner übersee erworbenen Stellung, von der Tüchtigkeit und Erfahrenheit seiner Leitung gegeben hat, ist nicht nur um der Solidität einer solchen halb-staatlichen Organisation willen nöthig, sondern ist auch eine unerlässliche Vorbedingung für die Möglichkeit ihrer Durchführung. In einem Lande, nach welchem mit Nutzen für die Auswanderer und für das Stammland eine systematische Uebersiedlung in grösserem Umfange stattfinden kann, muss schon eine breitere Basis colonialer Volkswirthschaft vorhanden sein, die sich schon über die Stufe der Kleinbäuerlichkeit hinaus entwickelt hat, oder doch zu solcher Entwicklung unmittelbar im Stande ist; und diese Basis muss bei einer deutschen Massen-Uebersiedlung überdies im Deutschthum beruhen. Grosse Züge von unbemittelten Arbeitskräften können nur dann in einem Coloniallande gedeihen, wenn daselbst schon grössere Massen bemittelter Arbeitskräfte angesiedelt sind, und wenn dort auch genügende Capacitäten an Capital und Intelligenz ansässig sind, durch welche diejenigen unbemittelten Einwanderer, die sich noch zur Selbstständigkeit unfähig erweisen, als Lohnarbeiter Verwendung finden können, und durch welche die zuwandernden Elemente auch culturell und wirthschaftlich deutsch erhalten bleiben werden. Solche Grundlagen müsste eine Colonisations-Gesellschaft bereits geschaffen haben, ehe es für unsere Reichsregierung gerechtfertigt erscheinen könnte, derselben die politische Durchführung der wichtigsten Lebensinteressen unserer Nation für die nächste Zukunft zu übertragen.

In welcher Art und bis zu welchem Umfange alsdann dabei die Unterstützung und Betheiligung der Regierung am besten zu gestalten sein würde, darüber sind ebenso wenig, wie für die weiter oben angeführten Fälle, allgemeinere Grundsätze aufzustellen. Auch dies kann sich nur nach speciellen Verhältnissen und Bedürfnissen des einzelnen Falles richten. Am einfachsten erscheint dabei die Unterstützung in Form einer Garantie von Capital und Zinsen für das Unternehmen. Jedenfalls aber muss solche Betheiligung und Vergütung vonseiten der Regierung der Art sein, dass sie der Gesellschaft ein solches Maass von Sicherheit und Ansehen gewährt, wie es der politischen Machtstellung entspricht, welche dem Unternehmen durch die Betrauung mit einer so grossen Aufgabe eingeräumt wird.

III

Rentabilität der Colonisations-Gesellschaften.

Natur- und Culturkräfte
bedingen die Rentabilität.

»Nur ein Unwissender kann die anfängliche Schwierigkeit »solcher Unternehmungen geringschätzen. Wir dürfen nicht ver»gessen, dass von Carlisles und Raleighs Zeiten an bis auf »die Gegenwart herab noch fast jede Speculation zur Gründung »einer Colonie, mochte sie nun von einzelnen Capitalisten oder »von Actien-Gesellschaften ausgehen, in kaufmännischer Hinsicht »gescheitert ist. Die Früchte einer neuen Colonisation werden »gewöhnlich erst im folgenden Menschenalter geerntet, und ein »solches Zuwarten liegt gar wenig im Sinne unserer Zeit.« Dieser Ausspruch Rochers*) erklärt sich leicht, wenn man bedenkt, dass er unter dem höchst deprimirenden Eindrucke der vielen Fehlzüge und Missgriffe auf dem Gebiete der Colonisation in den 40er und 50er Jahren geschrieben wurde. Damals mochte es allerdings wohl einem so feinsinnigen Beobachter als ein allgemeines Gesetz erscheinen, dass ehrlich betriebene Colonisation zwar culturell glücken, aber nicht financiell rentiren könne. Dennoch hat sich diese Vermuthung, in solcher Allgemeinheit ausgesprochen, seither als eine irrige erwiesen.

*) Wm. Roscher, »Kolonien etc.«, Leipzig 1856, S. 361. Diesem Urtheil stimmt im Wesentlichen auch Paul Leroy-Beaulieu in seiner verdienstvollen Schrift „*De la Colonisation chez les peuples modernes*", Paris 1874, S. 528, bei; indessen lehnt dieser geniale, französische Wirthschaftspolitiker sich in seinen colonialwissenschaftlichen Studien überhaupt so stark an unsern grossen Nationalökonomen an, dass hier kaum ein selbstständiges Urtheil Leroy-Beaulieus anzunehmen ist.

Es wird hier die Aufgabe sein, diese Behauptung auf ihr richtiges Maass zu beschränken und die Ursachen nachzuweisen, welche die Rentabilität oder die Erfolglosigkeit solcher Unternehmungen bedingen. Diese Ursachen und Vorbedingungen sind wesentlich zu unterscheiden nach den verschiedenen Perioden der colonialen Entwicklung.

(1.) **Kleinbäuerliche Stufe der colonialen Entwicklung.**

Es sind hier zunächst diejenigen Ursachen zu nennen, welche in allen Fällen mehr oder weniger stark dahin wirken, die Rentabilität einer Colonisation während ihrer ersten kleinbäuerlichen Periode unmöglich zu machen. Diese Ursachen sind in der Natur der Verhältnisse begründet und liegen auf der Hand; so:

1) die Thatsache, dass aller Anfang schwer und dass bei jedem Unternehmen die Organisation und anfängliche Leitung desselben am schwierigsten ist. Es mag Manchem nicht leicht werden, von den Erfahrungen und Enttäuschungen Anderer zu lernen und dieselben mit Erfolg zu benutzen; weniger leicht aber ist es jedenfalls das Bett zu machen, in das sich Andere legen, und zwar ist dies um so schwieriger, je weniger Vorgänger und Vorarbeiter man vor sich hat. Die Schwierigkeiten und Kosten irgend einer Culturarbeit sind naturgemäss grösser, je naturzuständlicher das Land ist, in welchem dieselbe stattfindet.

2) Dieser Thatsache steht ergänzend eine andere gegenüber, welche gerade das umgekehrte Verhältniss darstellt. Werth und Ertrag eines Landes nämlich werden erst durch solche Culturarbeit gesteigert und sind daher um so geringer, je naturzuständlicher das Land noch ist.

3) Eine weitere Thatsache endlich verschärft noch der Widerstreit dieser beiden Elemente, des nothwendigen Kostenaufwandes und seiner möglichen Deckung. Je neuer und unbekannter ein Land ist, desto schwieriger ist auch die leibliche und geistige Acklimatisation der dort anzusiedelnden Culturkräfte. Die Einwanderer sind den äusseren Lebensbedingungen eines solchen Landes zuerst am wenigsten gewachsen; sie haben erst zu lernen, sich denselben anzupassen und müssen sich auch meistens erst durch Fehlzüge, Enttäuschungen und Entbehrungen mancherlei Art an eine zweckmässige Cultivation des Landes gewöhnen.

Rentable Colonisation in einem Coloniallande, das auf der untersten Stufe der Entwicklung steht, ist in der Regel nur mit staatlicher Hülfe, d. h. mit Vergütung desjenigen Kostenaufwandes möglich, welchen jede Colonisation von vorneherein im Interesse auch aller späteren Ansiedler zu machen hat. Diese Keime staatlicher Organisation ohne solche Hülfe durch die Culturarbeit der Colonisten aus dem Lande heraus allein zu beschaffen oder deren Anlagekosten zu ersetzen, ist nur dann ausnahmsweise möglich, wenn erstens die Naturverhältnisse (Fruchtbarkeit, Zugänglichkeit, geographische Lage etc.) des Landes besonders günstige sind, und wenn ferner dem Unternehmen ein bedeutendes Anlage-Capital zur Verfügung steht. Diese Vortheile müssen so bedeutend sein, dass es solcher Colonisation gelingen kann, sich sofort oder doch sehr bald auf die Stufe grosswirthschaftlicher Entwicklung zu heben und alsdann Erträge zu liefern, welche dem Capital die anfangs verlorenen Dividenden oder Zinsen in genügendem Maasse ersetzen.

Andernfalls ist kleinbäuerliche Ansiedlung nur durch solche Privatkräfte zu ermöglichen, die von vorneherein auf alle Rentabilität während dieser Periode verzichten, sei es nun eine humane Vereinigung, welche zu irgend einem ideellen Zwecke der Wohlthätigkeit oder politischer Interessen eine solche Colonisation bewerkstelligt, sei es dass die Ansiedler selbst, von solchen Zielen geleitet, die dazu nöthigste, staatliche oder communale Organisation durch Selbstverwaltung kostenlos besorgen, sich allen Entbehrungen der Pionierarbeit auf ihr eigenes Risico unterziehen, und sich Alles, was sie erlangen wollen, aus eigenen Mitteln und Kräften zu beschaffen bereit sind. Solche Colonisationen sind mit den realistischen Culturfortschritten des 19. Jahrhunderts seltener geworden und wenden sich auch, soweit sie heute noch stattfinden, verständiger Weise nicht mehr den uncultivirten Wildnissen zu, sondern colonialen Ländern auf höheren Entwicklungsstufen, wo sie in mehr oder weniger engem Anschlusse an ein bestehendes Culturleben die eigene Entwicklung leichter haben, und wo das Risico ihres Gedeihens ein geringeres ist.

Aus früherer Zeit auch noch bis in den Anfang dieses Jahrhunderts hinein sind solcher Niederlassungen eine grosse Anzahl zu nennen, meist von religiösen Interessen geleitet, zum Theil auch communistisch oder socialistisch, so z. B. die communistischen Herrenhuter Gemeinden Bethlehem und Nazareth bei Philadelphia, ferner Oekonomie bei Pittsburg, Zoar von Bimeler aus Würtemberg und Eben Ezer bei Buffalo von hessendarmstädter »Inspirirten« gegründet, auch die von dem berühmten Schwärmer Rapp aus Schwaben gegründete Niederlassung Harmonie und die von demselben begonnene Colonie Neu-Harmonie in Indiana, welche später von dem socialistischen Schotten Robert Owen reorganisirt wurde. Die meisten solcher Unternehmungen glückten dank der energischen Centralisation ihrer Anlage, der uneigennützigen Aufopferungsfähigkeit aller Betheiligten und der geschickten Leitung durch praktische Männer an Ort und Stelle.

Aus neuerer und neuester Zeit sind hier vor allem kirchliche Vereinigungen zu nennen, so die katholische Organisation der Auswanderung durch das seit 1868 thätige »Comité zum Schutze katholischer Auswanderer« und den seit 1871 mit demselben verbundenen »St. Raphaels Verein«, beide unter dem Präsidium des Fürsten zu Isenburg-Birstein. Diese Organisationen, über ganz Deutschland verzweigt und namentlich in den Nordseehäfen energisch vertreten, erreichen mit verhältnissmässig geringen Mitteln sehr anerkennenswerthe Resultate, gewähren deutschen Katholiken einen treuen, zuverlässigen Halt, erweisen ohne Aufsehen vielen Hülfsbedürftigen mancherlei Wohlthaten und stiften in ihrer Weise Segen, wo sie können. Auch ist diese Organisation bestrebt, unsere katholischen Auswanderer in den »Staaten« möglichst zu concentriren; dies freilich mit weniger befriedigendem Erfolge, der auch nicht in erster Linie beabsichtigt zu sein scheint. Ausserdem erzielt allerdings die katholische Geistlichkeit für sich, resp. für die römische Kirche, in Nord-Amerika ganz eminente, materielle Erfolge, die aber nicht in das Gebiet der Colonisation schlagen. — Auf protestantischer Seite sind den eben erwähnten Organisationen gegenüber zu nennen: der »Verein zur geistlichen Fürsorge für die deutschen Auswanderer in den Weststaaten der Union«, gegründet zu Berlin 1852 und die Evangelische Gesellschaft für die protestantischen Deutschen in Amerika« zu Barmen, mit der jener Verein im Jahre 1881 verschmolzen worden ist. Letztere Gesellschaft arbeitet vorzugsweise nach Süd-Amerika und hat Manches dazu beigetragen, um den geistigen

Verkehr der deutschen kleinbäuerlichen Niederlassungen in den südamerikanischen Ländern mit der Heimath lebhaft zu erhalten und das culturelle Band zwischen den stammverwandten Geistern enger zu knüpfen.

Wo nun aber der Zweck der Rentabiliät bei modernen Colonisationen in uncultivirten Ländern vorlag, sei es als alleiniger Hauptzweck, sei es als wesentlicher Nebenzweck und Voraussetzung der Unternehmungen, da scheiterten dieselben oftmals an Mängeln und Missgriffen, deren hauptsächlichste fast überall wiederkehrten, in der Regel verstärkt durch mehr oder weniger wichtige Nebenursachen. Als Ursachen des Fehlschlagens sind hier hervorzuheben:

1) eine Unterschätzung der Schwierigkeiten und Kosten der Colonisation, namentlich im Anfange; eine Verkennung des Unterschiedes ihrer Entwicklungsstufen und der sich daraus ergebenden verschiedenen Aufgaben und Anforderungen derselben;

2) eine ungenügende staatliche Unterstützung der Colonisation für ihre gemeinnützigen und politischen Aufgaben;

3) eine Auswahl ungeeigneten Terrains für die beabsichtigte Besiedlung oder Bewirthschaftung;

4) eine Verschwendung oder schlechte Verwendung des Anlage-Capitals der Unternehmungen;

5) der Versuch, fertige europäische Zustände unmittelbar auf naturzuständliche Colonialländer zu übertragen;

6) manche Nebenursachen, wie: politische und religiöse Streitigkeiten, persönliche Eifersüchteleien; Unverstand und Eigensinn der Colonisten; Ueberwuchern des Land-Jobberthums; Feindseligkeit fremdrassiger Eingeborenen und Anderes.

Schon im ersten Abschnitt sind beiläufig die Ursachen des Scheiterns mancher Colonisations-Unternehmungen angegeben worden, so die des ersten Ansiedlungs-Versuches am *Swan-River* in West-Australien, die der *New Zealand Company* in den mittleren Theilen Neu-Seelands und einiges Andere. Hier mögen als ferneres Beispiel noch die Gründe aufgezählt werden, welche das financielle Scheitern der Colonisation Süd-Australiens, der ersten Muster-Colonisation nach dem Wakefield-System, veranlassten:

1) die Kosten der Einrichtung der Colonie, die Vermessung des Grund-und-Bodens, Anlage von Wegen und anderer Verkehrsmittel zu Wasser und zu Lande, die innere staatliche Organisation, die militärische und policeiliche Sicherung des Landes u. s. w. erwiesen sich sehr viel grösser, als man es für möglich gehalten hatte. Es war daher auch nicht im Entferntesten daran zu denken, diese Kosten aus dem Verkaufs-Ertrage des Grund-und-Bodens zu decken.

2) Die Gunst der Naturverhältnisse des Landes erwies sich überdies anfangs als ungenügend. Es boten sich dort nicht die genügenden Grundlagen für einen schnellen Aufschwung des Landes zur Grosswirthschaft. Süd-Australien ist freilich jetzt eine blühende Colonie, war aber weniger günstig gelegen und weniger fruchtbar als die Nachbargegenden, Neu-Süd-Wales und Victoria. Naturgemäss zogen sich daher die dort eingewanderten Arbeiter und Colonisten hierher, während doch die Colonial-Verwaltung von Süd-Australien mit den Kosten ihrer gratis oder zu ermässigten Preisen gewährten Passage dieser Einwanderer belastet blieb.

3) Die Finanzen der Colonie wurden von dem Gouverneur Gawler mit unsinniger Opulenz und in eigensinniger und eigennütziger Weise vergeudet. Das dem Unternehmen anfangs reichlich zufliessende Capital wurde so gut wie gar nicht zu Culturarbeiten, weder staatswirthschaftlichen noch privatwirthschaftlichen, verwendet, sondern meist zu theoretischen Versuchen und zu gouvernementalem Luxus.

4) Die faulste Land-Jobberei brachte endlich das Maass dieser Missgriffe zum überfliessen. Schon sehr bald nach der Begründung der Colonie stellte sich dort eine Speculationswuth in Landobjecten ein; viele dieser Schwindel-Unternehmungen hielten sich allerdings mehrere Jahre, der unvermeidliche Zusammenbruch derselben aber war schliesslich die eigentliche Ursache des wirthschaftlichen Ruins der Colonie, wenngleich derselbe äusserlich durch die Nicht-Acceptirung der Wechsel des Gouverneurs auf die brittische Regierung den Eclat veranlasste.

Im Jahre 1836 wurde diese Colonisation Süd-Australiens in Angriff genommen, 1839 war der Höhepunkt ihrer ersten kurzen Blütheperiode, 1840 war dieselbe vollständig bankerott. Später erst gestalteten sich die staatswirthschaftlichen sowie die privatwirthschaftlichen Verhältnisse der Colonie in der glänzendsten Weise, namentlich nachdem auch in Neu-Süd-Wales und Victoria die besten Chancen vorweggenommen und vertheuert waren. Danach brach das Goldfieber über Australien herein und durchkreuzte für längere Zeit die ruhige und normale Entwicklung dieses Continents.

Auch bei den zahlreichen Versuchen deutscher Colonisation, welche im Laufe der letzten Jahrhunderte bis über die Mitte des gegenwärtigen hinaus unternommen wurden, wirkten oft die meisten der soeben genannten Ursachen mit, um den financiellen und nur zu oft auch den culturellen Erfolg derselben zu beeinträchtigen oder völlig zu vereiteln. Ausserdem aber sind für diese deutschen Unternehmungen noch einige specielle Ursachen anzuführen, welche für das Scheitern derselben fast noch wichtiger waren als jene anderen allgemeineren Gründe. Es waren dies vor allem

1) ungenügendes Anlage-Capital und ferner, was damit Hand in Hand geht,

2) unzureichende, nicht aus dem Leben herausgewachsene Leitung der Colonisation; Mangel an praktisch befähigten, erfahrenen Führern der Unternehmungen; Mangel an dem freien Lebens- und Schaffensgeiste, ohne den in der Weltwirthschaft Nichts zu machen ist; systematisch-schablonenhafte Organisation der Unternehmungen ohne eine geschickte, individuelle Behandlung im Einzelnen; Verwöhnung und Bevormundung der Colonisten über das nöthige Maass hinaus; muthloses, schwächliches Nachgeben der Leitung des Unternehmens gegen die Nicht-Erfüllung der Pflichten und Verbindlichkeiten, welche die Colonisten dem Unternehmen schuldeten;

3) unzulängliches Menschenmaterial, das zu arm, zu unbeholfen und zu eigensinnig war;

4) ungünstige Verhältnisse der Heimath; gesetzliches Entgegenarbeiten der preussischen Regierung gegen einige der besten deutschen Colonisations-Unternehmungen; das dadurch denselben aufgedrungene, patriarchalische Verhältniss zu den Colonisten, ein ungenügender Ersatz für das erforderliche, rechtliche Verhältniss zu denselben; völlige Unkenntniss der deutschen Behörden in überseeischen Verhältnissen; Unfähigkeit derselben die Unterschiede solcher Verhältnisse zu beurtheilen.

Zu allen Mängeln, welche auch die angelsächsische Colonisation oft empfindlich schädigten, fehlten also uns Deutschen bisher meist noch diejenigen Dinge, welche für jedes Colonisations-Unternehmen gerade die wichtigsten und unentbehrlichsten Grundelemente sind, das nöthige Capital und die Fähigkeit zur Organisation und Leitung solcher Unternehmungen. Das ist der Grund, weshalb wir Deutschen es für uns allein nie über die kleinbäuerliche Periode der Colonisation hinaus gebracht haben, stets von fremdem Capital und fremder Cultur absorbirt worden sind, und nie die Resultate unserer colonisatorischen Culturarbeit geerntet haben.

Vergleicht man die charakteristischen Grundzüge der Art, in welcher die vier im Mittelpuncte des Weltverkehrs wohnenden Völker Europas sich während dieses Jahrhundert in überseeischen Leistungen bethätigt haben, so findet man, dass durchweg nur die Britten alle drei Elemente des Wirthschaftslebens, die Culturkräfte der Intelligenz sowie die Naturkräfte des Capitals und die der Arbeitsfähigkeit in ihrer nationalen Expansion zur Anwendung brachten; sie allein sind daher auch recht eigentlich die überseeische Nation unserer Rasse geworden, resp. geblieben. Die Niederländer dagegen sahen sich ihrer geringen Volkszahl wegen darauf beschränkt, nur ihre Intelligenz und ihr Capital zu bethätigen; sie haben dabei auf dem Gebiete der Cultivation in tropischen Ländern die Britten übertroffen, Colonisation mit europäischen Arbeitskräften aber war ihnen verschlossen. Die Franzosen ferner verwendeten auf ihr extensives Streben überwiegend, ja fast ausschliesslich ihre Intelligenz; sie haben damit die Begründung überseeischer Macht und Ansehns, den Besitz weit-ausgedehnter Landstrecken und manche wirthschaftlichen Vortheile erzielt, culturell aber blieben ihre Leistungen ohne grosse Erfolge und ohne hervorragenden Einfluss. Wir Deutschen endlich lagen seit Jahrhunderten so vollständig in nationaler Ohnmacht darnieder, dass eine nationalpolitische Bethätigung unserer Intelligenz schon deshalb ausgeschlossen war; an Capital fehlte es unserm Volke ebenso sehr wie an dem nöthigen Unternehmungsgeiste und an dem weiten, weltwirthschaftlichen Horizonte zur überseeischen Verwendung des wenigen, überschüssigen Capitals, das vorhanden war. So kam es, dass wir uns nur mit den nationalpolitisch und culturell unselbstständigen Elementen unserer überschüssigen Arbeitskräfte an der überseeischen

Cultur-Entwicklung unserer Rasse betheiligen konnten. Unserm heimatlichen Wirthschaftsleben entging dabei jeder Vortheil dieser überseeischen Culturarbeit und unserer Nationalität fehlte bis vor Kurzem jeder überseeische Einfluss, jedes Ansehn in der weiten, aussereuropäischen Welt.

Eben diese Sachlage erklärt es, dass Deutschland vor allem dasjenige Land war und ist, von welchem aus wieder und immer wieder der Versuch gemacht wurde und noch gemacht wird, unsere Auswanderung und überseeische Colonisation zu organisiren und dass er fast ebenso oft scheiterte, weil es dabei an den genügenden Mitteln des Capitals und an den richtigen Kräften der Intelligenz fehlte. Dass dabei culturelle Erfolge erzielt sind, beweisen die mächtigen, deutschen Grundelemente in den Vereinigten Staaten. Ebenso aber beweist die politische und wirthschaftliche Anglisirung dieser Elemente, dass unserm Volke dabei aller nationale und finanzielle Erfolg versagt geblieben ist.

Dass freilich auch aus deutschem Stamm und Boden die zur Colonisation erforderlichen cultur-schaffenden und zum Theil auch capital-beherrschenden Kräfte der Intelligenz hervorgehen können, davon sind zahllose Beispiele bekannt. Aber auf dem Boden des deutschen Inlandes, unter der Misere unserer civilisationsfeindlichen Kleinstaaterei konnten solche Kräfte nicht heranwachsen; erst wenn sie von diesem heimatlichen Wesen völlig erlöst, entdeutscht, auf ihre eigenen Füsse gestellt waren, regten sich ihre geistigen Schwingen; und das Feld, auf dem sie arbeiteten, lag weltweit und himmelhoch über Dem, was bis vor wenigen Jahren noch deutsche Nationalität war; was diese Kräfte schufen, war nicht mehr deutsche Colonisation. In klaren, markigen und ergreifenden Zügen schildert uns ganz besonders Friedrich Kapp*) den bittren Jammer

*) Friedrich Kapp, »Geschichte der deutschen Einwanderung in Amerika« (I Band, Leipzig 1868), ein bei unserer jüngeren Generation leider noch viel zu wenig bekanntes Buch. Der Herr Verfasser würde sich durch eine Fortsetzung desselben bis in die neueste Zeit hinein ein grosses Verdienst um die fernere Entwicklung unserer Nation erwerben. Eine Art von Fortsetzung findet sich allerdings schon im I Bande seines ebenso interessanten wie verdienstlichen Werkes »Aus und über Amerika« (Berlin bei Julius Springer, 1876); indessen regen doch diese wenigen Schilderungen eigentlich nur mehr das Verlangen nach einer ausführlicheren Darstellung an. Der Sachlage gemäss musste in Kapps Schilderungen bisher die sich

jenes nationalen Elends in den vorigen Jahrhunderten, führt uns dann aber auf diesem düstren Hintergrunde so einige erfrischende Beispiele hell leuchtender Gestalten deutscher Männer und deutscher Gemeinden in Nord-Amerika vor, deren kerngesunde Kraft es vermochte, in der frischen, freien Lebensluft der weiten Welt sich zu selbstständiger Existenz emporzuarbeiten — die aber, je mehr ihnen dies gelang, um so mehr ihrem deutschen Stamme entfremdet werden und um so mehr unserer Nation wirthschaftlich und culturell verloren gehen mussten.

Weniger trostreich noch ist das Gesicht, welches uns die Versuche deutscher Colonisation in diesem Jahrhundert zeigt. Allerdings finden sich jetzt in manchen überseeischen Gegenden mehr oder weniger zerstreut zahlreiche, kleinbäuerliche Ansiedlungen, in denen sich wenigsten Reste der erwachenden Manneskraft unseres deutschen Volkes um die Mitte dieses Jahrhunderts erhalten haben, aber es fehlten noch immer die hervorragenden Führer und die tonangebenden Elemente des Capitals und der auf deutschem Boden gewachsenen, bahnbrechenden Intelligenz, welche solchen Colonisationen zu einem höheren Aufschwunge verhalfen. Erst in aller neuster Zeit scheint eine neue, hoffnungsreichere Aera für uns anbrechen zu sollen, scheint eine selbstständige Entwicklung deutscher Kräfte aus solchem überseeischen Deutschthum hervorgehen zu wollen, scheint auch ein geistiger und wirthschaftlicher Verkehr mit unserm Stammlande diesen deutschen Colonisationen den erforderlichen Rückhalt gewähren zu können.

Die meisten Niederlassungen dieser modernen deutschen Colonisation sind direct und indirect aus den zahllosen Auswanderungs-Gesellschaften und Vereinigungen hervorgegangen, welche sich in den 40-er Jahren, in allen Theilen Deutschlands bildeten, um solcher extensiven Lebensäusserung Raum zu geben — ein erstes Zeichen unseres wiedererwachenden nationalen Geistes. Als die haupt-

---

in Internationalität und Amerikanerthum auflösende Verzweiflung der »Achtundvierziger« noch zu überwiegend das letzte Wort behalten gegenüber der culturellen Macht, die das Deutschthum seit 1871 in seinen gesünderen und stärkeren Seiten doch auch in den Vereinigten Staaten zu werden beginnt. Es mag daher vielleicht jetzt noch nicht die rechte Zeit gekommen sein, die »Geschichte der deutschen Einwanderung in Amerika in diesem, 19. Jahrhundert« zu schreiben.

sächlichsten dieser quasi Colonisations-Gesellschaften sind die folgenden zu nennen:

Die erste, welche sich im Innern Deutschlands zusammenfand, war der »Auswanderungs-Verein« in Düsseldorf (1843). Ihm folgte das »Centralbüreau zur Fürsorge der Auswanderung« in Leipzig (1846) und dessen Zweigverein in Dresden (1847). Sehr reich an Vereinsgründungen dieser Art waren, wie sich denken lässt, besonders die Jahre 1848 und 1849. Die bedeutendste derselben war der »National-Verein für deutsche Auswanderung« in Frankfurt am Main mit Zweigvereinen in Darmstadt, Reutlingen, Karlsruhe, Limburg und Wiesbaden (1848—50), dieser Verein war mitbegründet und unterstützt durch die Regierungen Badens, Würtembergs und Sachsens. Ferner ist hier auch der »Verein zur Centralisation deutscher Auswanderung« in Berlin (1849) zu erwähnen, der dann (1852) seinen Namen umgestalltete in: »Central-Verein für die deutschen Auswanderungs- und Colonisations-Angelegenheiten«.

All' diese Vereinigungen sind mit der Zeit durch den Mangel an positiven Erfolgen in ihren Bestrebungen erlahmt und bis auf zwei gänzlich verschwunden. Es besteht nur noch der Frankfurter Verein von 1849 als Local-Verein und der Dresdener als Zweigverein der dortigen Geographischen Gesellschaft. Am regsten und einflussreichsten war der Frankfurter Verein vermöge der ihm zu Gebote stehenden, mächtigen Kräfte und vielseitigen Interessen. Zeitweiligen Erfolg gehabt haben aber diese Vereine nur dann, wenn sie Absichten der Privat-Speculation in ihre Ziele mit aufnahmen und wenn sie sich, wie z. B. die »Gesellschaft für nationale Auswanderung und Colonisation« in Stuttgart (1849) auf Chile (Valdivia und Chiloë) beschränkten, die richtigen Leiter ihrer Unternehmungen an Ort und Stelle der Colonisation zu beschaffen wussten und ihre Organisation auf günstiger Basis mit Sachkunde und politischem Geschick in's Werk setzten.

Solchen Erfolgen gegenüber, deren Resultate noch bis auf die Gegenwart wenigstens culturell nachwirken, ist es beschämend für einen Deutschen auf die Abenteuerlichkeiten hinzuweisen, durch welche sich Deutschland zu eben jener Zeit unvortheilhaft hervorthat, und durch die so manche anderweitig wohl zu verwendende Kraft einem kläglichen, ja zum Theil sogar grässlichen Ende entgegen geführt wurde. Es mag hier ein einfacher Hinweis genügen auf die unheilvolle Thätigkeit solcher Unternehmungen, wie der »Verein Deutscher Fürsten und Herren«, zu Mainz 1843—44 gegründet, der in Texas colonisatorisch zu operiren versuchte, oder der »Preussische Verein für die Mosquito-Küste«, in Berlin 1845 gestiftet, welcher durch die versuchte Gründung der preussischen Colonie Carlstadt, (einer Vorstadt von Bluefield an der Ostküste Nicaraguas,) ein so trauriges Andenken in der Geschichte der deutschen Colonisation hinterlassen hat. Was Unverstand, Unkenntniss und unzureichende Mittel an Unheil anrichten konnten, das wurde bei derartigen deutschen Unternehmungen verwirklicht. An gutem Willen fehlte es dabei wohl freilich nicht, aber leider auch nicht an einem Abenteurersinn, der fast in die Zeiten der spanischen Eroberungen Mexicos und Perus zurückversetzt oder an die ersten brittischen Colonisationen in Amerika erinnert.

Wenig glücklicher waren auch Actien-Gesellschaften wie die »belgische Colonisations-Compagnie«, unter dem Protectorate des Königs der Belgier 1842 gegründet, welche eine deutsch-belgische Colonie Santo Tomas in Guatemala auf genossenschaftlichen, fast communistischen Principien zu begründen versuchte. Abgesehen davon, dass sich diese Grundsätze als unzulänglich erwiesen, lag der hauptsächlichste Fehler dieser Gründung darin, dass die Leitung des Unternehmens am Orte der Colonisation von der Gesellschafts-Verwaltung in Europa zu stark beeinflusst und beschränkt wurde. Der Verwaltungs-Apparat wurde dadurch für so kleine Verhältnisse viel zu kostspielig und schwerfällig, und, was noch schlimmer war, es fehlte den Herren daheim an den nöthigen Kenntnissen und Fähigkeiten zur Beurtheilung der Verhältnisse, über die ihnen ohnehin bei damaliger schwerfälliger Verkehrsmöglichkeit stets nur ungenügende und verspätete Nachrichten und Materialien vorlagen. Handelt es sich dabei überdies um eine Organisation der Niederlassung aus den eigenen Mitteln der Auswanderer, so widerstreitet auch die Befriedigung der Interessen Anderer als dieser Colonisten dem Gedeihen oder doch den gerechten Forderungen der letzteren. Was jedoch selbst unter so erschwerenden Umständen durch eine energische und concentrirte, aber humane und rationelle Leitung erreicht werden kann, das hat damals Freiherr Alexander von Bülow, ein früherer preussischer Officier, bewiesen, welcher die Direction dieser Colonie Santo Tomas von 1845—47 übernahm und sie aus den trostlosesten Zuständen wenigstens bis zur Lebensfähigkeit heraufarbeitete.

Es mag hier gerechtfertigt sein, etwas näher auf die Vorschläge einzugehen, welche dieser soeben genannte Herr von Bülow zur Kostendeckung einer »Organisation der Auswanderung« machte*). Er lehnte sich mit denselben wesentlich an die in Gemeinden organisirte Colonisation an, wie diese einst von William Penn in Nord-Ameria durchgeführt wurde. Deutsche, Schweden, Norweger, Schweizer und Amerikaner sind am meisten dieser dem Germanenthum angehörigen Art der Ansiedlung gefolgt. Die Colonisten bleiben dabei sich selbst überlassen und suchen sich auf eigene Hand den richtigen Weg, der ihren gemeinsamen Interessen am meisten zusagt. Wo sich Auswanderer finden, die eine dazu genügende Selbstständigkeit, Sachkunde und Erfahrung mitbringen oder sich die richtige Leitung auf gemeinschaftliche Kosten zu verschaffen wissen, kurz, sich selbst zu organisiren verstehen, da mag solches Vorgehen sicherlich noch heute gerechtfertigt sein, und es ist thatsächlich oft genug unter solchen Umständen mit bestem Erfolge gekrönt worden. Selbst heutzutage aber wird Dies nur selten Auswanderern von Europa gelingen, während Colonisten, die schon seit längerer Zeit im Coloniallande angesiedelt und dort zu einer Gemeinde organisirt sind, auf diese Weise schon leichter nach einem günstigeren Platze übersiedeln und sich dort eine neue, bessere Niederlassung gründen können.

Von Bülow hielt dies System für so vortrefflich, dass er meinte, es solle überhaupt gar keine Auswanderung von Europa erlaubt werden, wenn sich die Leute nicht schon in ihrem Heimathlande für die Ansiedlung in einer bestimmten, überseeischen Gegend zu Gemeinden vereinigten. Die Ueberfahrtskosten und alle späteren Auslagen der Colonisation sollten gemeinsam getragen werden, die Erfahrensten sollten vorangehen, recognosciren, Land kaufen u. s. w. Alles sollte im gemeinsamen Interesse eingerichtet und verwaltet werden, bis die Sonder-Interessen sich ganz von selbst geltend zu machen anfingen und der Boden zum Gedeihen derselben genügend vorbereitet sei.

---

*) Alex. von Bülow, »Auswanderung und Colonisation im Interesse des deutschen Handels«, Berlin und Posen (bei Mittler & Sohn) 1849.

Dass sich aber eine solche »Organisation der Auswanderung« von Europa aus doch nicht wohl machen lässt, wenn diesen Gemeinden nicht in irgend einer Weise Schutz und Halt dabei geboten werden, das hat auch Von Bülow wohl gefühlt. Wie es in Deutschland üblich, weist er diese Aufgabe unmittelbar dem Staate zu und zwar in einer Weise, deren ausführliche Widerlegung bei den heute herrschenden Anschauungen nicht als überflüssig erscheinen wird. Das, was er dabei schliesslich verwirklicht hätte, wenn seine Absichten praktisch umgearbeitet und weiter ausgearbeitet worden wären, war viel mehr eine genossenschaftliche Organisation als eine eigentliche Gemeinde-Colonisation, die sich aus sich selbst heraus organisirt. Die Quintessenz seiner Vorschläge war folgende: *)

»Einer geregelten Colonisation müsste zunächst die Organisation »der Auswanderung etwa in folgender Art vorhergehen:

»1) Die Regierung bestätigt überall, wo es das Bedürfniss »erheischt, Auswanderungs-Vereine oder -Agenten, welche die frei»willigen Auswanderer nach Städten, Kreisen und Provinzen ordnen, »die Befähigung nach Mitteln und den Zweck der Auswanderer »prüfen, und sie über die Vortheile und Nachtheile des Ortes ihrer »Wahl aufklären. Die Controlle durch die gesetzlichen Behörden »sowie die Leitung der inneren Colonisation behält sich die »Regierung vor.

»2) Sie bestätigt Handels- und Colonisations-Gesellschaften, die »durch Association zusammentreten und ausser einem von irgend »einer (überseeischen) Regierung erworbenen Landstriche hinlänglich »Capital besitzen müssen, um die freie Colonisation vorbereiten zu »können.

»3) Es bildet sich unter Garantie des Staates eine Auswanderungs»bank, bei welcher sowohl die Auswanderer, als die verschiedenen »Colonisations-Gesellschaften ihre Fonds niederlegen können. Unter »Verpfändung der Ländereien und des Vermögens solcher Gesellschaften »würden dieselben behufs Gründung des freien Besitzes für einzelne »unbemittelte Familien von der Bank einen Credit erhalten.

»Durch solche in kundige Hände gelegte Auswanderungsbüreaus »und Colonisations-Gesellschaften würde die Regierung mit Hülfe »einer Auswanderungsbank auf die innere und äussere Coloni-

*) A. a. O. Seite 27.

»sation*) einen derartig dirigirenden Einfluss üben können, dass »nicht nur ein richtiges Verhältniss in die Ackerbau- und Gewerbe-»Industrie der Auswanderer und der Bleibenden zu bringen wäre, »sondern auch dem Ueberfluss an Erzeugnissen unserer heimischen »Gewerbs-Industrie vorgebeugt werden könnte.«

Wie man sieht, im Wesentlichen ein staatssocialistisches Programm! Praktisch und zweckmässig an demselben ist für die Gegenwart, dass dabei der privaten Initiative die eigentliche Mache der Colonisation selbst zugewiesen wird, dass also Capital und Intelligenz der Nation herangezogen werden, um die Führung unserer bäuerlichen und sonstigen unmündigen Volkskreise zu übernehmen. Ohne die welterfahrene Leitung und ohne grosses Capital ist in der That von keiner überseeischen Auswanderung und Colonisation heute irgend welcher nennenswerthe Erfolg zu erwarten. Durch diese Thatsache wird freilich der eigentlich genossenschaftliche *(co-operative)* Charakter der Unternehmungen beeinträchtigt; denn so wie Von Bülow sowohl die Colonisations-Gesellschaften als auch die Auswanderungs-Bank zu gestalten dachte, sind dieselben eben nicht möglich, nicht lebensfähig. Ob privat oder staatlich, sie müssen doch ihren Betrieb für das angelegte Capital rentabel machen. Die tüchtige Leitung aber und das grosse Capital, welche dazu erforderlich sind, kann eine Vereinigung von Auswanderern unter sich (aus der Mitte ihrer Genossenschaft) schwerlich zusammen bringen. Dies ist nur auf dem gewöhnlichem Wege der Begründung von Speculations- oder Erwerbs-Unternehmungen möglich.

Das genossenschaftliche, co-operative System leidet (wenigstens bis auf die Gegenwart und für alle absehbare Zukunft) meistens an der Schwierigkeit, die genügende Leitung seiner Unternehmungen zu beschaffen. Die wirklich besten oder auch nur überhaupt hervorragend befähigten Kräfte werden, solange Privat-Capital überhaupt noch productiv angelegt werden darf, stets von diesem bessere Bedingungen und mehr Aussichten gestellt erhalten, um im Dienste und mit Verwendung desselben ihren eigenen Vortheil zu wahren und sich schliesslich selbstständig zu machen, als von einer Genossenschaft,

*) Hier steht das Wort »Colonisation« offenbar für Cultur-Entwicklung; jedenfalls eine schwer zu rechtfertigende linguistische Licenz! In meiner Ausdrucksweise gebrauche ich dafür das Wort »Cultivation« intensiv und extensiv; vergl. hierzu »Uebers. Politik« I Theil S. 13 und hier den Anfang des ersten Abschnittes.

deren Organisation naturgemäss darauf gerichtet ist, die Kräfte der Einzelnen möglichst nivellirend für das Interesse aller Betheiligten gleichmässig auszubeuten.

Was aber ferner das nöthige Capital betrifft, so wird heute, trotz des so unendlich erleichterten und immer billiger werdenden, modernen Verkehrs doch die Organisation einer überseeischen Colonisation zu colonial-politischen Zwecken immer kostspieliger. Die Ansprüche der modernen Cultur an die »unentbehrlichen Lebensbedürfnisse« *(Standard of life)* steigen gerade in überseeischen Ländern noch mehr als in Europa. Ausserdem werden auch die günstigsten, bestgelegenen und am leichtesten zu erreichenden Ländertheile der überseeischen Welt mehr und mehr occupirt und colonisirt. Immer weiter hat der nach cultureller Unabhängigkeit strebende Colonist in das Innere der Länder vorzudringen, und immer kostspieliger werden daher auch die Vorbereitungen, welche die Niederlassung erfordert. Endlich sind auch die politischen und diplomatischen Ansprüche der Gegenwart höhere als die früherer, naiverer Zeiten.

Wenn nun Von Bülow dies Alles billigst durch eine Auswanderer-Bank zu beschaffen dachte, wie soll ein solches Institut denn bestehen?! Mehr als höchstens 1 % kann sie doch den Auswanderern resp. den aus diesen organisirten Colonisations-Gemeinden für die Entgegennahme und Remittirung von deren Einschüssen rationeller Weise nicht berechnen. Der Ertrag davon genügt aber nicht einmal, um die Gehalte der Beamten und Commis solcher Bank zu bezahlen, geschweige denn Dividenden! Und nun gar das Risico der überseeisch zu gewährenden Credite für Vorschüsse an die Colonisten auf deren gutem Willen allein fundirt?! Denn was hilft der Bank eine Hypothek auf das Land, wenn sie dessen Organisation und Cultivation nicht selbst in der Hand hat oder mit controllirt?! — Es bleibt eben in dieser Richtung kein anderer Ausweg, als dass eine solche Bank (man mag das Institut nennen wie man will; das ist ganz gleichgültig!) die Functionen einer Erwerbs-Gesellschaft zum Zwecke der Colonisation selbst unternimmt, also selbst die Land-Speculation betreibt und aus dem geschickten Verkauf, der Besiedlung oder Bewirthschaftung des Landes sich bezahlt macht.

Heute jedoch, wo wir noch keine eigenen Colonien haben, solche Thätigkeit für einen über die weite Welt zersplitterten

Wirkungskreis in einem Institut concentriren zu wollen, wäre eine Thorheit, eine Unmöglichkeit. Heutzutage muss nothwendig an jedem Orte oder für jedes Gebiet die Gesellschaft, der dasselbe gehört, für sich arbeiten, und hat Mühe genug damit befriedigend fertig zu werden. Anders wäre es, wenn wir überseeische Besitzungen hätten, auf welche die Reichsregierung eine Organisation unserer Auswanderung concentriren wollte; dann wäre eine Landbank für solches Gebiet wohl durch staatliche Bevorzugung in den Mittelpunct der Organisation zu stellen, obwohl man auch dann schwerlich die Wirksamkeit anderer bestehender, privater Colonisations-Gesellschaften unmittelbar würde unterdrücken dürfen oder können. Für solche Colonisations-Gesellschaften oder -Banken, einerlei ob privat- oder staatlich-organisirt, wird es selbstredend jeder Zeit ein grosser Vorzug sein, wenn sich ihnen grössere Massen von Colonisten anbieten, die entschlossen sind, sich gemeinsam anzusiedeln, und denen sie alsdann auch im eigenen Interesse beliebig grosse Strecken Landes zu den günstigsten Bedingungen zur Verfügung stellen können. Schwerlich jedoch werden sich oft in Deutschland die rechten, tüchtigen Leute zu einer organisationsfähigen und wirthschaftlich leistungsfähigen Gemeinde zusammen finden. Am unwahrscheinlichsten aber ist, dass es irgend einer staatlichen Organisation gelingen wird, die heterogenen Elemente aus verschiedenen Theilen unseres Vaterlandes, ja auch nur aus verschiedenen Gegenden einer und derselben Provinz, wenn sie einander völlig unbekannt sind, mechanisch zu Gemeinden zusammen zu schmieden.

Die Schwierigkeiten und Mühsale einer Ansiedelung in wilden ferngelegenen Gegenden oder auch in denjenigen Ländern, deren beste Theile bereits colonisirt sind, werden von deutschen Auswanderern in der Regel unterschätzt. Aber wenn auch die Furcht vor solchen unbekannten Schwierigkeiten die Auswanderer bewegen sollte, sich die Ueberwindung derselben durch genossenschaftliches oder communales Zusammenschliessen (wenigstens im Vergleich zur völligen Isolirung) zu erleichtern, so liegt es doch nahe, dass gerade die tüchtigsten Auswanderer, welche mit der nöthigen Energie und genügenden Geldmitteln ausgestattet sind, den billigeren und weniger mühevollen Weg zu ihrem wirthschaftlichen Gedeihen wählen werden, indem sie sich den bequemsten und vortheilhaftesten Verhältnissen, die sie übersee zu finden wissen, anschliessen; (es sei denn, dass sie speciell etwa aus colonisatorischem Patriotismus auswanderten — ein kaum glaublicher Fall!) Die vom rein materiellen Standpuncte aus günstigsten Vorbedingungen ihres Gedeihens werden derartige Auswanderer in der Regel je nach individuellen Bedürfnissen und Beziehungen irgend wo in der weiten Welt finden. Alle Interessen der eigenartigen Cultur und Nationalität gehen aber bei solcher Zersplitterung unserer Auswanderer in fremden Ländern natürlich verloren.

Bemittelte Auswanderer lassen sich überhaupt nicht zwangsweise dirigiren, und die Freizügigkeit gar in der Weltwirthschaft aufzuheben, würde heute auch kaum zeitweilig noch gelingen können, abgesehen davon, dass solches Streben nur den Zuständen früherer Jahrhunderte angehört. Eine allgemeine Organisation ferner unserer meist nach den Vereinigten Staaten ziehenden Auswanderung zu Gemeinden, denen anderswo das Arbeitsfeld bereitet werden könnte, wird speciell desshalb nicht gelingen, weil die meisten der Fortziehenden nur ihren bereits vor längerer Zeit vorangegangenen Verwandten und Bekannten nacheilen, mit denen sie unter günstigeren Lebensbedingungen als daheim wieder vereinigt sein wollen. Sie sind brieflich oder mündlich hinreichend über Das unterrichtet, was ihrer übersee wartet, und wissen ganz genau das Ziel ihres Strebens und die Art des Vorgehens, das sie in's Auge gefasst haben; auch reisen eine grosse Anzahl derselben garnicht auf eigene Kosten, sondern auf die Ueberfahrt-Billets, welche ihnen von ihren Freunden in Amerika bezahlt worden sind. Der Procentsatz dieser so nach den Vereinigten Staaten Beförderten betrug von der Gesammtzahl aller Auswanderer im Jahre 1878 : 16 %, im Jahre 1881 : 20 %.

Es sei denn also, dass unserer Auswanderung ein neues, eigenes Land erschlossen würde, anders wird es weder deutschen Gemeinden mit eigenen Mitteln gelingen, sich übersee selbstständig anzusiedeln und zu gedeihen, noch wird es unserer Regierung möglich sein, unsere Auswanderung zu einer »geregelten Colonisation« zu organisiren. Unter den jetzigen, ungünstigen Verhältnissen sind nur grosse als Erwerbs-Unternehmungen organisirte Colonisations-Gesellschaften durch die Kräfte ihrer sachkundigen Leitung und ihres grossen Capitals im Stande, einen regulirenden Einfluss auf unsere Auswanderung auszuüben.

Alexander von Bülow, der immerhin als einer der ersten, tüchtigsten und verdienstvollsten Vorkämpfer für eine socialpolitische Organisation unserer Auswanderung genannt zu werden verdient, hatte übrigens bald nach der Veröffentlichung seiner obigen Vorschläge, die beste Gelegenheit dieselben praktisch zu erproben. Im Winter 1848 auf 49 hatte er Vorträge in Berlin gehalten über den Werth Mittel-Amerikas für deutsche Colonisation, und es gelang ihm darauf im Jahre 1850 eine »Berliner Colonisations-Gesellschaft für Central-Amerika« *) zu Stande zu bringen. Unter den ersten Zeichnern derselben waren zum Theil dieselben »Fürsten und Herren«, welche sich schon 1843 und 44 an der Stiftung des »Texas-Colonisations-Vereins« in Mainz betheiligt hatten; der Vorstand wurde aus Gerichtsräthen, Landtags-Abgeordneten, einem Fabrikbesitzer und einem Kaufmann gebildet. Es meldeten sich sofort 600 Familien zur Betheiligung an der Colonisation, von denen 400 ihr Vermögen zusammen auf über ½ Million Thaler angaben. Die Gesellschaft begann ihre Operationen ehe ihr Anlage-Capital gezeichnet war. Gegen Ende des Jahres 1851 ging Von Bülow begleitet von Eduard Delius aus Bremen mit umfassenden Vollmachten nach Central-Amerika hinaus. Es wurde versucht am Reventazon Flusse eine Colonie anzulegen; dieser Versuch kam aber nie über die ersten Vorarbeiten hinaus, eine Ansiedlung fand nicht statt. Das Unternehmen verlief nicht glücklicher als das der »Fürsten und Herren« in Texas, und kostete viele Menschenleben. Mitte 1854 starb Von Bülow in Costa Rica, wohl am meisten zu seinem eigenen Glücke, denn das ganze Unternehmen, an das er seine Existenz und seine Ehre gesetzt hatte, lag draussen sowohl wie in Berlin hoffnungslos. Es fehlte an allen Mitteln und Kräften, die zur Organisation und Leitung desselben erforderlich gewesen wären.

Auch hier waren die Ursachen des Scheitern wieder dieselben immer wiederkehrenden Fehler solcher deutschen Versuche:

1) Der Mangel an Capital. Das anfängliche Anlage-Capital war auf nur 100,000 Thaler festgesetzt; man sprach allerdings dabei

---

*) Das wichtigste Material zur Beurtheilung dieses »Preussischen Colonisations-Versuches in Costa Rica« hat vor Kurzem Herr Dr. Polakowsky im Feuilleton der »Germania« Nro. 90, 92, 94, 98 und 100 vom 24. Februar bis 2. März 1882 (XII. Jahrgang) veröffentlicht und in ein sehr anschauliches Bild zusammengefasst.

von der späteren Aufbringung einer Million Thaler, aber im Ganzen scheinen von den Unternehmern überhaupt nur 20,000 bis 30,000 Thaler zusammengebracht worden zu sein. Ob die preussische Regierung dem Unternehmen durch eine energischere Unterstützung hätte aufhelfen können, muss sehr fraglich erscheinen. Die »Seehandlung« zeichnete übrigens 4000 Thaler, die sie dabei natürlich völlig einbüsste. Dass man vonseiten der Regierung auf Vorangehen der privaten Initiative bestand, war jedenfalls ein Beweis praktischer Auffassung der Sache.

2) Von Bülow verlor unter dem ungünstigen Einflusse des unerträglichen Klimas und unter dem Drucke seiner sich rasch häufenden Missgriffe und Misserfolge ganz und gar seinen praktischen Menschenverstand, von dem er doch früher als Director der Colonie Santo Tomas in Guatemala hinlängliche Beweise gegeben hatte. Er verlor alle Urtheilskraft über sich und seine Umgebung, verschwendete seine Zeit und Kräfte auf werthlose Experimente und büsste schliesslich alle Selbstbeherrschung und mithin auch alle Autorität über seine Leute ein. *) Vor allem hatte er auch gleich anfangs die bedenklichsten Missgriffe in der Wahl der Leute begangen, deren er sich zur Leitung des Unternehmens und zur Durchführung seiner Absichten bediente.

3) Die Auswahl der Ländereien für die Colonisation war die denkbar ungünstigste und unglücklichste. Am heissen, ungesunden Abhange der klimatisch viel zuträglicheren Hochebene Central-Amerikas mitten im Urwalde zwischen Sümpfen und zerklüftetem Gebirgslande weit ab von der Küste, die allein dem Unternehmen eine Verbindung mit der Aussenwelt hätte sichern und demselben einen Aufschwung ermöglichen können, wählte Von Bülow den Ort seiner Ansiedlung. Dass unter solchen Umständen die Anlage eines Weges von dem hauptsächlichsten Küstenplatze Limon bis

*) Aehnlichen Thatsachen begegnet man nicht selten bei überseeischen Unternehmungen, namentlich im ozonreichen, tropischen Klima, und man muss bei der Aussendung verantwortlicher Kräfte in eine ihnen fremde Gegend stets im Anfange gewärtig sein, dass gerade die tüchtigsten und begabtesten Leute unter den veränderten Verhältnissen ihr geistiges Gleichgewicht, Ruhe, Besonnenheit, Urtheil, kurz sich selbst verlieren. Ihre besten Charakter-Eigenschaften wie ihre geistigen Fähigkeiten erscheinen dabei gleichsam wie gelähmt. Diese auffallende psychische Erscheinung wird im Wesentlichen auf physische Ursachen zurückzuführen sein, denen sich vielleicht mit Voraussicht wird entgegen arbeiten lassen.

zu der Colonie die erste Vorbedingung derselben sei, erkannte er dabei allerdings, kam aber kaum darüber hinaus, die Richtung dieses Weges zu bestimmen.

4) Das wenige vorhandene Capital wurde schlecht verwendet, resp. auf Untersuchungs-Expeditionen, unfruchtbare Experimente und Wegebau durch den Urwald verschwendet. Von Bülow unterschätzte die Schwierigkeiten der Colonie-Gründung und den nöthigen Kostenaufwand für dieselbe in fast unglaublicher Weise. Der Weg, welchen er zu bauen beabsichtigte, hat jetzt schon mehr als das Hundertfache von dem gekostet, worauf er, resp. sein Ingenieur denselben veranschlagte.

Dies Alles ein warnendes Beispiel auch für die Gegenwart!

Man erstaunt heutzutage, wenn man sieht, welche Unzahl von derartigen Unternehmungen und Speculationen damals in Deutschland auftauchten. Von den zu jener Zeit gegründeten Auswanderer-Zeitungen *) sind namentlich die ersteren Jahrgänge überfüllt mit denselben. Allerdings finden sich dort auch ganz praktische Vorschläge neben den abenteuerlichsten Plänen. Die meisten Unternehmungen jener Zeit richteten sich nach den Vereinigten Staaten, ferner auch nach Australien, nach Süd-Australien von Bremen aus (1837—41), nach Neu-Seeland (Chatham-Inseln, Warrekauri) von Hamburg aus (1841) **), nach West-Australien von Berlin aus

---

*) Die hauptsächlichsten dieser Zeitschriften waren:
Die »Allgemeine Auswanderer-Zeitung«, Rudolstadt 1846—66;
»Der deutsche Auswanderer«, Centralblatt für Auswanderung und Colonisirung, Darmstadt 1847—50;
Die »Deutsche Auswanderer-Zeitung«, Bremen 1852—75;
»Hansa«, Centralorgan für deutsche Auswanderung«, Hamburg 1852—62 und die »Hamburger Zeitung für deutsche Auswanderungs- und Colonisations-Angelegenheiten, Hamburg 1853—67.

Neuerdings erscheint in der »Weltpost«, I und II Jahrgang (Leipzig 1881 u. 82) eine sehr verdienstvolle Arbeit von J. Altenberg, »Geschichte der deutschen überseeischen Colonisation und Auswanderung«, welche sehr lesenswerth ist.

**) Vergl. hierüber u. a. Joh. Nic. Beit, »Auswanderung und Colonisation auf den Chatham-Inseln«, Hamburg 1842; auch des Syndicus Sievekings Denkschrift über »Warrekauri«, Hamburg 1841. Eine kurze Zusammenstellung der auf dies Unternehmen bezüglichen Thatsachen erschien vor kurzem in der Hamburger »Bürgerzeitung« Nro. 31 vom 12. März 1882.

(1848), und endlich war Süd-Amerika, vor allem Brasilien, ein Ziel dieser Bestrebungen. Letzteres erwies sich als das günstigste Gebiet, wenigstens als das für deutsche Colonisation damaliger Zeit den meisten oder doch den leichtesten Erfolg bietende. Dort eben sind auf Grundlage und in Anknüpfung an jene Bestrebungen diejenigen deutschen Niederlassungen entstanden, welche jetzt mit vollem Recht das Interesse des deutschen Publicums auf sich gelenkt haben. Den Grund zu dieser Colonisation legte (1825) die kaiserlich brasilianische Regierung durch ihr energisches Vorgehen auf dem Wege der Einwanderungs- und Besiedlungs-Politik für die südlichen Provinzen ihres Reiches; ihr folgten die brasilianischen Provinzial-Regierungen mit der Anlage einiger Colonien, welche jetzt sehr befriedigende Resultate aufzuweisen haben. Die ersten und auch jetzt noch hervorragenden Ansiedlungen dort, welche aus rein deutscher Initiative hervorgegangen, sind Dona Francisca (von Hamburg aus 1849—51 gegründet), Blumenau (von Dr. Blumenau am 28. August 1852) und Saõ Lourenco (von Jacob Rheingantz aus Altona 1858), die beiden ersteren in der Provinz Santa Chatarina, die letztere in der Provinz Saõ Pedro do Rio Grande do Sul.

Unsere besondere Aufmerksamkeit verdient vor allen diesen Unternehmungen der »Colonisations-Verein von 1849« zu Hamburg.*) Derselbe ist das einzige Unternehmen in Deutschland, welches aus jener Zeit herrührend seine Existenz bis auf die neueste Gegenwart herüber gerettet und auch noch in der Mitte des vorigen Jahrzehntes über seine eben erwähnte Colonie Dona Francisca (mit der Hauptstadt Joinville) hinaus eine neue vielversprechende Niederlassung auf dem Hochlande des Innern im oberen Flussgebiete des Paraná, Saõ Bento mit Namen, gegründet hat. Was diesen Verein hier aber besonderer Erwähnung werth macht, ist der Umstand, dass derselbe recht eigentlich eine Colonisations-Gesellschaft mit dem Zwecke materiellen Erwerbes aus der von

*) Die bisher beste Zusammenstellung über die Entwicklung und Wirksamkeit dieses Vereins, von dem verdienstvollen Secretär und Geschäftsführer desselben Herrn C. A. Holtermann bearbeitet, findet sich im Jahrgange 1876—77 der »Mittheilungen der Geogr. Gesellschaft zu Hamburg«, war auch bisher in Separat-Abdruck zu haben. Diese Arbeit wird ergänzt durch die späteren, von derselben Hand herrührenden Jahresberichte des Vereins.

ihm betriebenen Culturarbeit ist, und als Prototyp seiner Gattung auf dem Gebiete kleinbäuerlicher Ansiedlung das lehrreichste Beispiel auch noch für unsere Zeit bietet. Es wäre sehr zu wünschen, wenn uns von competenter Hand eine ausführliche Darstellung der geschichtlichen Entwicklung und Wirksamkeit dieses Vereins, speciell vom praktischen, colonisations-politischen Standpuncte aus mit Erwähnung aller Schwierigkeiten des Unternehmens und wie dieselben überwunden wurden, geliefert werden könnte. Noch leben die Männer, welche das Alles durchgemacht und selbst geleistet haben, die also solche Monographie liefern oder doch *viva voce* das vorhandene, schriftliche Material ergänzen könnten. Vielleicht dürfte es sich empfehlen, die zur Herstellung einer solchen Arbeit erforderlichen Kosten im Interesse der extensiven Bestrebungen unserer Nation aufzubringen. Auf Einzelheiten einzugehen ist in dem Rahmen dieser Studie selbstredend unmöglich.

Dieser »Colonisations-Verein von 1849« ist ziemlich allen Schwierigkeiten begegnet, denen eine kleinbäuerliche Colonisation während 30 Jahren in der zweiten Hälfte des 19. Jahrhunderts noch ausgesetzt sein konnte; er hat auch nicht mehr und nicht weniger Missgriffe und Fehlzüge gemacht, als von irgend einem europäischen Unternehmen unter diesen Umständen zu erwarten waren. Es ist aber vor allem interessant zu sehen, wie die kleine, geschlossene Zahl dieser praktischen, welterfahrenen Kaufleute es jeder Zeit verstanden hat, sich durch alle Ungunst der Verhältnisse hindurch zu winden und vor allem ihrem Unternehmen von vorne herein eine so praktische Grundlage einflussreicher Connexionen zu geben, dass es ihnen möglich war, demselben die unerlässlichen Unterstützungen und Vergütungen der brasilianischen Regierung für alle ihre staatlichen, colonisations-politischen Leistungen von einer Contract-Periode bis zur andern immer wieder zu sichern.

Das Terrain war dem Unternehmen mit der Erlangung dieses letzteren Vortheils gegeben, sonst hätte man sich wahrscheinlich ein Terrain ausgesucht, welches schon eher eine Entwicklung zur Grosswirthschaft mit Exportbetrieb zugelassen hätte. Auch das erste Anlage-Capital der Gesellschaft war zu gering angesetzt (300,000 *M.*). Dabei waren und sind heute noch die Preise, welche der Verein für seine an Colonisten verkauften Grundstücke fordern kann, viel zu niedrig, um den nöthigen Kostenaufwand für einen schnellen Aufschwung der Colonie auf der vorhandenen kleinbäuerlichen Basis allein zu ermöglichen, und schliesslich ist vor allem auch das Menschenmaterial, welches dem Verein zu Gebote stand und steht, viel zu ungenügend sowohl an Quantität wie an Qualität.

Vergleicht man z. B. die Landpreise, welche dieser Colonisations-Verein angesetzt hat, mit den in den westlichen Staaten von Nord-Amerika geforderten Preisen, so findet man, dass dieselben nur den geringsten Preisen erster Hand (den Regierungs-Preisen von 1¼ bis 2½ $ pro Acker) entsprechen (3 Milreis gegen Baarzahlung und 4 Milreis auf Credit pro preuss. Morgen). Zu den niedrigsten Preisen der nord-amerikanischen Land-Gesellschaften aber (5 bis 6 $ pro Acker) verhalten sie sich ungefähr wie 1 : 2 oder 3. Der hamburger Verein also erhält ca. 30 M. baar pro Hectar, die nord-amerikanischen Gesellschaften aber von 50 M. aufwärts bis etwa 100 M.. In den australischen Colonien, namentlich in Neu-Seeland ist der erzielte Preis pro Hectar nicht selten 500 M..

Wesentlicher noch als dieser Umstand ist wohl vor allem der Nachtheil des hamburger Vereins sowie so mancher anderen deutschen Unternehmungen, dass ihnen nur so ungenügendes Menschen-Material zur Verfügung stand. Die meisten Auswanderer, die sie zu befördern hatten, waren zu sehr verarmt resp. zu wenig bemittelt und auch geistig zu wenig den Schwierigkeiten der ihnen ganz neuen, überseeischen Verhältnisse gewachsen, um grossartige Colonisation mit ihnen betreiben zu können. Ueberdies aber war die Zahl dieser ungenügenden, schwerfälligen Kräfte auch viel zu gering, und ist es noch heute, hauptsächlich in Veranlassung des Ministerial-Erlasses des preussischen Ministers von der Heydt vom November 1859, welche alle Auswanderung von Preussen nach Brasilien überhaupt verbietet. Die Maassregeln mancher anderen deutschen Staaten schlossen sich diesem Vorgehen Preussens mehr oder weniger energisch an; und so war damit der Wirksamkeit des hamburger Vereins im deutschen Inlande fast aller Boden entzogen.

Je mehr es dem Verein aber an allem Schutz und aller Unterstützung in der Heimat fehlte, desto mehr sah er sich also auf die wenigen, schwächlichen Kräfte, die sich ihm trotzdem zu Gebote stellten, angewiesen; es blieb ihm nichts übrig, als mit redlichem Bemühen das Beste aus denselben zu machen, war dabei jedoch in der Regel gleichsam von der Gnade dieser zweifelhaften Kräfte abhängig. Um es zu vermeiden, dass auch die unberechtigsten Klagen aus seinen Niederlassungen daheim verlauteten, sah er sich genöthigt, eine für die Ansiedler selbst nicht einmal heilsame Sorgfalt und Fürsorge auf dieselben zu verwenden und gelegentlich auch den unbilligsten Anforderungen nachzugeben. Er war darauf angewiesen, mit Güte und Nachgiebigkeit von seinen Colonisten Das zu erreichen, was Colonisations-Gesellschaften unter irgendwie normalen Verhältnissen so gut in Süd-Amerika wie mehr noch freilich in den Vereinigten Staaten einfach auf gerichtlichem Wege erlangen; und doch hat sicherlich keiner der betheiligten Herren dabei verkannt, dass Dies nur unter dem drohenden Risico ihres Capitalverlustes geschehen kann. Noch gegenwärtig aber sieht sich dieser Verein mit seiner Forderung rückständiger Beträge oft auf den guten Willen von Undankbaren angewiesen, denen er zu Lebensglück und Stellung verholfen hat.

Zum Schluss ist hier noch der schweizerisch-deutschen Colonisation in der Argentinischen Republik zu gedenken, und zwar steht bei derselben ein Mann im Vordergrunde, der auf diesem Arbeitsfelde auch seinerseits geleistet hat, was auf der primitiven Stufe kleinbäuerlicher Colonisation überhaupt nur zu erreichen ist, Herr Carl Beck-Bernard, jetziger argentinischer Consul in Lausanne. Dass ohne staatliche Unterstützung die erste Pionier-Unternehmung seiner baseler Colonisations-Gesellschaft in jenem völlig uncultivirten Lande nicht rentiren konnte, ist heute als selbstverständlich zu bezeichnen; die Colonie San Carlos in Santa Fé selbst aber gedieh culturell dank der geschickten und gewissenhaften Thätigkeit ihres eben genannten Leiters; und, konnte dem Deutschthum durch eine kleinbäuerliche Ansiedlung im Innern eines so weitausgedehnten Landes auch keine einflussreiche Basis geboten werden, so hat sich doch Herr Beck-Bernard durch sein tonangebendes Vorgehen daselbst unzweifelhaft die grössten Vordienste um die Cultivation Argentiniens erworben.

Diesem Manne folgte eine ganze Reihe anderer Colonisations-Unternehmungen, meistens aus der Schweiz, bei denen das deutsche Element überwog, dann aber auch aus England, Italien etc. und zerstreuten ihre Kräfte weit über die argentinische Provinz Santa Fé hinaus, nach Córdoba, Entre Rios, Uruguay und andern Gegenden. Jetzt ist die Besiedlung Argentiniens bereits soweit gediehen, dass sie unmittelbar auf der Grenze des Uebergangs von der kleinbäuerlichen zur grosswirthschaftlichen Stufe steht. Dabei spielen namentlich die sich nach allen Richtungen hin erweiternden modernen Verkehrsmittel der Eisenbahnen und Dampfschiff-Verbindungen die Hauptrolle. Zu nennen ist an Colonisations-Gesellschaften, die sich mit Erfolg dieser Mittel zu einem schnellen Aufschwunge bedienten, vor allem die *Central Argentine Land Company* in London, von der sogleich noch weiter die Rede sein wird. Aber auch ohne solche Mittel hat schon mancher Speculant dort sich die voraufgegangene Culturarbeit einer 20- bis 30-jährigen kleinbäuerlichen Periode grosswirthschaftlich zu Nutzen gemacht, indem er auf den unmittelbar an diese Niederlassungen grenzenden Ländereien neue Ansiedlungen anlegte, und den immer reicher und leichter herzufliessenden Strom der Einwanderer dorthin zu lenken verstand. Als ein Beispiel hierfür mag ein gewisser Martin Frank angeführt werden, ein geborener Schweizer der auf diese Weise eine ganze Reihe, vorwiegend deutscher Niederlassungen in Argentinien gründete, so die Colonien Frank, Humboldt, Grütli und andere. Er operirte dabei so geschickt und mit eingehender, durch langjährige Erfahrung erworbener Sachkunde, dass er schliesslich zum mehrfachen Millionär geworden war, als er vor einigen Jahren starb. Solche Erfolge darf Niemand da erwarten, wo er als Culturpionier in einem Naturlande voranzugehen hat; sie sind eben nur auf einer höheren Stufe der Entwicklung möglich, verdanken ihre Rentabilität aber lediglich dem Kostenaufwande und der Aufopferung vorausgegangener Pionierarbeit.

Als Ursachen, welche auch bei der kleinbäuerlichen Colonisation in Argentinien in der Regel eine Rentabilität unmöglich machten, oder gar den Verlust des Anlage-Capitals zu Folge hatten, sind wenig andere zu nennen, als die allgemein wiederkehrenden:

1) Das Anlage-Capital war selten ausreichend. Auch fehlte es meist an der wünschenswerthen Betheiligung überseeischen, an Ort und Stelle sachkundigen und einflussreichen Capitals, sowie an der mit diesem Hand in Hand gehenden Leitung der Unternehmungen, welche demselben zu einem schnelleren grosswirthschaftlichen Aufschwunge hätte verhelfen können.

2) Die staatliche Unterstützung fehlte ganz oder war unzureichend.

3) Man legte zu einseitig auf die Interessen der Ansiedler Gewicht und verpflichtete sich gar denselben gegenüber zu Vorschüssen, die sie nur schwer und nicht rechtzeitig zurückzahlten unter Verhältnissen, in denen Forderungen gerichtlich kaum einzutreiben waren.

4) Es war aus objectiven oder subjectiven Gründen nicht möglich, genügend hohe Preise für den Grund-und-Boden in der Niederlassung zu erlangen:

a) Entweder konnte der Boden nicht theuer genug verkauft werden wegen der gedrückten Preise anderer concurrirender Ländereien, oder er war auch nicht gut genug, um es durch seine Erträge wenigstens den gutwilligen Colonisten zu ermöglichen, in der erforderlichen Zeitfrist hohe Preise für denselben abzubezahlen.

b) Es fehlte theils an dem nöthigen Capital, theils auch wohl an der günstigen Lage der Ländereien, um den Werth des Bodens durch Anlegung geeigneter Verkehrsmittel zu heben und zugleich die Ansiedler durch Ermöglichung eines rentablen Absatzes genügend zahlungsfähig zu machen.

c) Es soll in Süd-Amerika vorkommen, dass wenig einsichtige Regierungen solche Colonisations-Unternehmungen im vermeintlichen Interesse der Ansiedler verhindern, genügend hohe Preise für ihren Grund-und-Boden zu fordern, die ihnen eine Rentabilität ihres Anlage-Capitals sichern könnten.

d) Einer der Hauptgründe war auch hier meistens der, dass die Ansiedler zu wenig Capital und Intelligenz mitbrachten, um selbst auf gutem Boden sich genügend schnell heraufzuarbeiten. Solche Kräfte sind in höher entwickelten Verhältnissen sehr wohl am Platze, taugen aber nicht recht für die Pionierarbeit der Cultur. — In den Vereinigten Staaten sehen sich solche Auswanderer zunächst genöthigt, als Lohnarbeiter zu leben und sich Erfahrung und genügende Mittel zu erwerben, wenn sie davon nicht mehr von Europa mitbringen, als dies bei den von Deutschland aus nach Süd-Amerika Wandernden meist der Fall ist. Es ist auch ein sehr guter Sinn in dem nord-amerikanischen Sprüchworte: »Die Muttergroschen müssen erst verloren gehen, nur das neu erworbene Geld bringt Segen!« An und für sich ist es nicht ungünstig für die Ansiedler, wenn sie unbemittelt und unbeholfen in dem Coloniallande ankommen; sie müssen sich dann aber dort durch die Verhältnisse gezwungen sehen, erst von erfahreneren Leuten an Ort und Stelle zu lernen und sich die richtige Art der Arbeit und des Erwerbes dort anzueignen.

Kleinbäuerliche Ansiedlungen haben an und für sich keinen über ihre eigenen, engen Grenzen hinausgehenden culturellen oder wirthschaftlichen Werth. Nur die Aussicht auf eine spätere, grosswirthschaftliche Entwicklung derselben kann überhaupt solche Besiedlung eines Landes wünschenswerth erscheinen lassen. Wo diese Aussicht in entferntere Zukunft gerückt erscheint, wird es keiner privaten Erwerbs-Gesellschaft zu empfehlen sein, ohne die Unterstützung einer staatlichen Organisation sich auf kleinbäuerliche Colonisation einzulassen.

Solche staatliche Unterstützung braucht freilich nicht immer in Geld oder sonstigen directen Hülfeleistungen zu bestehen, sondern kann auch darin liegen, dass sich das Unternehmen an die geordneten Verhältnisse eines schon bestehenden Gemeinwesens anschliesst. Je grösser solches Gemeinwesen, je höher es entwickelt und je enger der Anschluss an dasselbe ist, desto mehr Ertrag wird das Colonisations-Unternehmen auch schon auf seiner kleinbäuerlichen Stufe erzielen.

(2.) **Grosswirthschaftliche Stufe der colonialen Entwicklung.**

Es wird stets eine offene Frage bleiben, ob sich durchschnittlich die kleinbäuerlichen Ansiedler, welche unter primitiveren Verhältnissen mühsam wirthschaften, oder vielmehr die Colonisten, welche eine Grosswirthschaft betreiben oder doch in solcher Umgebung leben, sich glücklicher und zufriedener fühlen. Im Wesentlichen wird die Entscheidung hierüber jederzeit vom Geschmacke des Einzelnen und dieser Geschmack wieder von seiner geistigen Entwicklungsstufe abhängen. Unzweifelhaft dagegen ist, dass letztere Verhältnisse den ersteren an Wohlstand überlegen sind, wie die höher entwickelten Stufen der materiellen Cultur den niederen überhaupt.

Die Gründer kleinbäuerlicher Ansiedlungen lassen sich meist in erster Linie durch ideelle Ziele, culturpolitische Absichten oder sonstige humanitäre Rücksichten leiten, während die Unternehmer grösserer colonisatorischer Anlagen zunächst ihren materiellen Vortheil, die Rentabilität ihres Anlage-Capitals, im Auge zu haben pflegen. Damit ist allerdings nicht gesagt, dass diese dabei nicht auch ideelle und zwar speciell patriotische Zwecke verfolgen könnten; wenn sie aber das Unternehmen aus sich selbst heraus rentabel machen wollen, so müssen sie vor allem auf solche Vorbedingungen sehen, welche ihnen dieses ermöglichen. Diese Rentabilität nun hängt hauptsächlich von dem Wohlstande und der Ertragsfähigkeit der Verhältnisse ab, unter denen das Unternehmen wirthschaftet. Je höher entwickelt daher die Culturbasis, je gereifter die Colonialwirthschaft ist, auf deren Grundlage ein solches Unternehmen beginnt, desto leichter wird es nicht nur demselben gelingen, eventuell auch schon auf der kleinbäuerlichen Stufe seiner Entwicklung, eine Rentabilität zu erzielen, sondern desto schneller vermag dasselbe sich auch selbst zur höheren, grosswirthschaftlichen Stufe aufzuschwingen.

Die Zahl solcher grossen Land-, Eisenbahn- und andere Erwerbs-Gesellschaften, welche seit Jahrzehnten mit grossem Capital in Nord- und Süd-Amerika, Süd-Afrika, Australien und Neu-Seeland erfolgreich colonisiren, erscheint als nahezu unbeschränkt. Soweit diese Gesellschaften in Europa ihren Ursprung haben, sind sie meistens von brittischen Unternehmern ausgegangen oder doch mit brittischem Capital ausgeführt; auch manche derartige, französische Gesellschaften sind zu nennen, am wenigsten aber bisher solche, die von deutschen Culturkräften und mit deutschem Capital unternommen worden sind. Ist einmal deutsches Capital bei solchen überseeischen Anlagen betheiligt, so tritt es dabei in der Regel als das einheimische Capital desjenigen fremden Landes auf, in welchem es bis dahin gearbeitet hat.

In der nachfolgenden Tabelle gebe ich eine Zusammenstellung der financiellen Resultate der am Weltmarkte bekanntesten Colonisations-Gesellschaften. Diesen brittischen Companien füge ich als ferneres Beispiel eine deutsche Land-Gesellschaft hinzu, welche mit Erfolg in der südbrasilischen Provinz Rio Grande do Sul arbeitet. Der grosswirthschaftliche Character dieses Unternehmens ist allerdings nicht hervorstechend.

Rentabilität überseeischer Land-Gesellschaften.

Namen der Gesellschaften.	*Australian Agricultural Company.*	*British American Land Comp. lim.*	*Natal Land and Colonization Co. lim.*	*Central Argentine Land Comp. lim.*	*New-Zealand Agricult. Land Co. l.*	Land-Gesellschaft Teutonia.
Jahre d. Gründung	1824	1884	1860	1870	1879	1860
Münzsorten	£stlg.	£stlg.	£stlg.	£stlg.	£stlg.	Milreis
Capital veranlagt	500,000	300,000	1'000,000	130,000	1'000,000	120,000
Capital angenommen	500,000	300,000	545,000	110,101	651,980	156,000
Capital eingezahlt	430,000	200,093	54,500	107,445	471,775	156,000
Actien Vollbetrag	25.—.—	50.—.—	10.—.—	1.—.—	20.—.—	11,000
Actien eingezahlt	21.—.—	35.15.—	1.—.—	1.—.—	14.—.—	15,000
Jahresgewinn ca.	25,000	6,500	15,691	11,395	33,000	8,691
Reservefonds etc.	?	31,070	?	64,621 *)	3,000	?
Dividenden 1880	5 %	$3^1/_2$ %	10 %	10 %	7 %	$6^2/_3$ %

Es mag hier ferner von Interesse sein, einen Streifblick auch auf die früheren Jahresabrechnungen einer dieser Unternehmungen zu werfen. Hierzu bietet sich als Beispiel die älteste der hier aufgeführten Gesellschaften der *Australian Agricultural Company,* von welcher mir die Jahresberichte von 1851—54 vorliegen. Damals waren auf die 20,000 Actien der Gesellschaft erst je 19 £stlg. eingezahlt; das Anlage-Capital betrug also nur 380,000 £stlg.:

Resultate der *Australian Agricult. Comp.*

in den Jahren	1851	1852	1853	1854
Münzsorten	£stlg.	£stlg.	£stlg.	£stlg.
Brutto-Erträge.	43,141	53,841	69,819	104,109
Betriebskosten.	27,817	30,527	47,956	54,658
Netto-Erträge .	15,324	23,314	21,863	49,451
Dividenden	4 %	6 %	$5^3/_4$ %	13 %

Diese Gesellschaft machte damals noch ihren Gewinn hauptsächlich durch eigene Bewirthschaftung ihrer Ländereien (Viehzucht, besonders Schaafzucht mit bedeutender Woll-Production). Erst seit dem Jahre 1856, nachdem sie im vollsten Maasse auf ihrem Arbeits-

*) Man vergleiche hierzu die General-Versammlung der Actionaire vom 19. Juli 1881.

felde Boden gefasst hatte, die rechte Zeit zur Durchführung ihrer eigentlichen Absichten gekommen sah und inzwischen auch die geeigneten Kräfte zu solcher Durchführung herangezogen und erprobt hatte, widmete sie sich der eigentlichen Colonisation ihres Landes. Auch dann freilich ging man nur langsam und besonnen, aber sicher und mit genügendem Erfolge vor. Man war eben nicht auf einen schnellen Ertrag durch die Colonisation angewiesen, da der eigene Agricultur-Betrieb der Gesellschaft dem Anlage-Capital jederzeit Dividenden sicherte.

Es wird sich nun fragen, was die eigentlichen Ursachen sind, durch welche solche Land- und Colonisations-Gesellschaften rentiren.

Die hauptsächlichste dieser Ursachen ist der Preis-Unterschied des Land-Objectes der Speculation, beim Ankauf und beim Verkauf desselben. Bei allen derartigen Unternehmungen in Ländern, welche überhaupt schon in den Process einer Cultur-Entwicklung eingetreten sind, wächst dieser Preis-Unterschied auch ohne das Zuthun der Gesellschaft durch eben diesen Culturaufschwung des Landes, und zwar um so mehr, je näher das Centrum oder ein Centrum dieser Entwicklung in der Umgegend des Land-Objectes der Gesellschaft liegt. Im Uebrigen kann die Werthsteigerung des Bodens nur durch eigene Cultivation des Landes im weitesten Sinne des Wortes, durch Verkehrs-Erleichterungen und sonstige intensive Förderung der Cultur geschehen.

Durch Anlegung moderner Transportmittel, durch gesteigerte Concentration der Kräfte und durch mancherlei andere wirthschaftliche Facilitäten hoben die meisten solcher Gesellschaften ihre Colonisation in kurzer Frist und in immer schneller wachsender Progression über die schwierigen Anfangsstadien hinweg, setzten ihre Ländereien in möglichst directe Verbindung mit dem Welthandelsverkehr, verhalfen dadurch ihren Colonisten bald zu grösserem Wohlstande und ermöglichten auch daselbst reichen Landwirthen eine sofortige Anlage von Grossbetrieben für den Export. Durch solche Hebung der Productivität des Landes aber machen solche Gesellschaften nicht nur ihre Ansiedler zahlungsfähiger, sondern sichern dadurch eventuell auch sich selbst mancherlei Vortheile für ihre eigene Rentabilität. Eine Eisenbahn-Gesellschaft z. B. kann dabei möglicher Weise den besten Gewinn durch den wachsenden Ertrag ihrer Bahn-Anlage erzielen. Solche Grossbetriebs-Colonisation setzt derartige Land-Gesellschaften zugleich in den Stand, immer höhere Preise für ihr Land zu fordern, das 3-fache, das 10-fache u. s. w. von dem, was sie selbst der Regierung des Landes (oder dem sonstigen ersten Verkäufer) dafür bezahlt haben, — ein Preis, zu dem vielleicht nicht sehr weit entfernt von den Ländereien der Gesellschaft noch gleichzeitig Land von der Regierung, welche oft nur die Vermessungskosten des Landes durch ihre Verkaufspreise zu decken beabsichtigt, abgelassen wird.

Andere, geringere Vortheile, die solche Gesellschaften über den Landvertrieb vonseiten der Regierung haben, sind folgende: Sie werden in vielen Fällen einen billigeren Preis oder sonstige, günstigere Bedingungen von derselben erlangen als kleine, isolirte Ansiedler, welche etwa den Vorzug, den die Niederlassung auf den Ländereien der Gesellschaft trotz der höheren Preise des Bodens gewährt, nicht einsehen, oder auch aus anderen Gründen lieber direct von der Regierung kaufen wollen. Die Gesellschaften gewähren für die Bezahlung der höheren Landpreise*) ihrer besseren Ländereien leichtere Bedingungen als die Regierung (Credit); und sie setzen zur Herbeiziehung von Colonisten eine Agitation in's Werk, wie dieselbe einer Regierung zu betreiben kaum möglich ist.

Directe, staatliche Unterstützung geniessen solche Gesellschaften selten, namentlich nicht die, welche in den Vereinigten Staaten oder in brittischen Colonien arbeiten. Freilich rentirt eine ganze Reihe der Londoner Colonisations-Unternehmungen, vor allem diejenigen, welche sich ausschliesslich mit einer Placirung der Auswanderer von Europa aus beschäftigen *(Emigration Agents)*, fast nur in demselben Maasse, wie sie in näherer oder fernerer Verbindung mit einer der brittischen Colonial-Regierungen stehen, und deren Immigrations- und Colonisations-Politik unterstützen und für

*) In Australien und Neu-Seeland sind die für gutes, günstig gelegenes Land in zweiter Hand erlangten Preise, wie schon oben beiläufig erwähnt, verhältnissmässig am höchsten. In den mittleren der Ver. Staaten Nord-Amerikas ist solches Land ebenfalls schon nicht mehr unter 100 M. pro Hectar zu haben; im Westen der »Staaten«, also für den Absatz der Producte weniger günstig gelegen, ist der Grund-und-Boden freilich schon billiger, ebenso in Canada etwa von 40 M. aufwärts zu haben. In Süd-Amerika ist Land, auf welchem reelle Facilitäten zur Export-Ausfuhr geboten werden, nicht unter 50 M. pro Hectar zu haben, in der Nähe älterer, florirender Colonien, wie z. B. Baradero in Argentinien, nicht unter 100 M., etwas weiter abgelegen dagegen schon von 30 M. pro Hectar an.

sich verwenden. Eine grosse Anzahl englischer Land-Speculations- und Colonisations-Unternehmungen aber, welche nach den verschiedensten Richtungen der Welt hin, vor allem auch nach den australischen Colonien arbeiten, und dabei sehr befriedigende, zum Theil glänzende Resultate aufzuweisen haben, sind rein privater Natur und stehen zu garkeiner Regierung in irgend einer Verbindung. Je höher entwickelt eben die colonialen Verhältnisse sind, welche den Unternehmungen als Grundlage dienen, desto weniger ist dies nöthig.

Andrerseits finden sich in London allerdings auch manche solide, sogar sehr capitalstarke Colonisations-Unternehmungen (theils persönliche, theils Actien-Gesellschaften), welche bisher noch keine Erträge geliefert haben, sowie andere, die früher rentirten, jetzt aber mit Verlust arbeiten.*) Auch treten ab und an auf diesem Felde Consortien auf, welche schwindelhaft operiren und dann entweder sehr bald wieder für immer verschwinden oder, wenn das Object ein wirklich gutes ist, lange mit demselben umher vegetiren. Im Allgemeinen aber scheint Schwindelei mit eigentlichen Colonisations-Projecten in England heutzutage seltener vorzukommen.**)

Zum Schlusse mag hier auch für die Stufe höherer und höchster colonialer Entwicklung noch ein Beispiel angeführt werden für den Satz, dass je ideeller das culturpolitische Ziel, desto schwieriger dessen Durchführung, resp. desto unwahrscheinlicher dessen Rentabilität ist. Es ist dies die neueste, originelle Erscheinung auf dem weiten Felde der Colonisation, und zugleich ein Unternehmen, dessen Grundgedanke sehr wohl zur Nachahmung für Deutschland zu empfehlen ist. Man könnte diese neueste Phase einer Colonisation mit Culturkräften Alt-Europas auf dem Culturboden der

*) Die Jahres-Abrechnungen solcher Gesellschaften werden Anfragern meist mit der coulantesten Offenheit zur Verfügung gestellt. Beispiele hier anzuführen, halte ich indessen nicht für angebracht.

**) Freilich ist erst im Laufe des Sommers 1881 neben manchen andern derartigen Unternehmungen auch wieder eine neue *Argentine Land Company (limited)* mit einem Capital von 75,000 £stlg. ins Leben getreten. Für 65,000 £stlg. soll sie damit ein Areal von 322,500 Acker Landes im fernsten Westen Argentiniens angekauft haben (10 ℳ pro Hectar). Wie diese Gesellschaft für ihr Anlage-Capital durch Colonisation eine Rentabilität erzielen will, ist nicht abzusehen.

Vereinigten Staaten bezeichnen als eine ideelle Cultivation auf dem materiellen Boden der Zukunft. Die Unternehmung steht zwar auch voll und ganz auf dem Boden der Gegenwart, ist aber zugleich charakteristisch für das Wirken der kommenden Generation unserer Rasse. Ich meine die Colonie Rugby in Tennessee.

Das Unternehmen bezweckt also eine zugleich materielle und ideelle Cultivation des Nachwuchses unserer eigenen Rasse durch unmittelbare Heranziehung geistig entwickelter Elemente. Man begründete zu dem Ende eine Land-Gesellschaft mit der unzweifelhaften Absicht auf Rentabilität, aber auch mit der ferneren Absicht, sich möglichst auf die Sphäre höherer Gesellschafts- und Berufs-Classen zu beschränken. Nicht um eine Abhülfe gegen eigentliche Uebervölkerung also handelt es sich dabei, sondern um eine Entlastung der geistigen Ueber-Production Europas, der immer mehr zunehmenden Ueberfülle junger, tüchtig geschulter Intelligenzen, die hier verkommen, und um eine lebensfähige Entwicklung dieser Elemente da, wo dieselbe möglich ist.

In allen Volksclassen vom Handwerker aufwärts wird jetzt die Jugend zu höheren Berufen erzogen; wenn die so anspruchsvoll herangebildeten jungen Leute aber in den entsprechenden Erwerbszweigen ihren Lebensunterhalt suchen, so finden sie dieselben hoffnungslos überfüllt. Sie versuchen es dann wohl, in der Lebenssphäre zu bleiben, aus der sie herstammen, finden aber auch da nicht nur Alles ebenso sehr überfüllt, sondern sogar von solchen nachgerückten Kräften besetzt, die speciell für diese Berufsarten vorgebildet worden sind. Endlich steigen sie aus Noth noch weiter hinunter auf der socialen Stufenleiter, aber auch da wie überall finden sie die gleiche hoffnungslose Ueberfüllung und zwar durch besser qualificirte Kräfte! Auf diese Weise verkommt unter uns oft das beste und originellst angelegte geistige Material; und solche Culturkräfte dienen schliesslich nur dazu, unsere Cultur zu unterminiren, anstatt sie zu heben und zu stärken.

Für diese Culturkräfte aber ist auch in Colonialländern, selbst in den höchst entwickelten derselben, wie sie heute sind, keine Verwendung. Ueberall herrscht dieselbe Ueberfüllung mit geistigen Arbeitskräften im Verhältniss zu denjenigen materiellen Arbeitskräften, welche Arbeit und ausreichenden Lohn daselbst finden können. — Wo und Wie ist nun Abhülfe für diesen Zustand zu finden? Was können jene so erzogenen Menschen thun, um sich geistig und leiblich zu erhalten?

Die rationellste Antwort auf diese Frage hat wohl Emerson gegeben: »*Begin the world anew, as he does who puts the spade into the ground for food*«*!* (»Fange die Welt wieder von vorne an, setze Deine Pflugschaar in den Acker und schaffe Dir Brod«!) — Das ist in der That die rechte Lösung sogut für den überzähligen, geistigen Arbeiter, wie für den Proletarier. In Europa freilich fehlt Beiden das Land dazu, sowie die nöthigen Vorkenntnisse und praktische Uebung; dem in geistiger Lebenssphäre Erzogenen stehen ausserdem die Vorurtheile der europäischen Gesellschaft entgegen. Ein kleiner Bauer ist hier in wissenschaftlichen Kreisen nicht hoffähig, und unseren Gelehrten ist es nicht möglich, mit Anstand aus kleinbäuerlicher Landwirthschaft ihren Unterhalt zu ziehen, auch wenn sie das Anlage-Capital und die praktische Befähigung dazu hätten. Land dagegen ist in überseeischen Gegenden viel und gut genug zu haben; auch aristokratische Vorurtheile giebt es dort nicht. Proletariern in solchen überseeischen Ländern aufzuhelfen, ihnen das nöthige Capital vorzuschiessen u. s. w., sind vielerlei Anstalten gemacht worden: hier aber liegt nun ein Versuch vor, auch den geistigen Proletariern zu helfen, die sie hindernden Schranken zu übersteigen, und ihnen an die Hand zu gehen, soweit es möglich ist, das Nöthige zu solcher neuen Lebensführung zu erlernen, was ihnen ihre bisherige Entwicklung in Europa versagt hatte. In Rugby Tennessee wird diesen jungen Culturkräften Gelegenheit gegeben, als Landarbeiter das Leben neu zu beginnen, ohne darum irgend welche der geistigen Vorzüge und Errungenschaften ihres bisherigen Lebens aufzugeben. Das Einzige, was dazu von ihnen verlangt wird, ist, dass sie sich entschliessen müssen, während der Arbeitsstunden des Tages wie Bauern zu arbeiten; sie müssen bereit sein, durch eigene Arbeit dem Boden ihren Lebensunterhalt abzugewinnen. Im Uebrigen sollen sie in der Lage bleiben, unter Genossen ihres Gleichen sich in geistiger Lebenssphäre cultivirter Gesellschaftsclassen zu bewegen. Sie haben dort ihre Clubs, ihre Bibliotheken und ihre Vereinigungen aller Art, die ihnen Sonntags und an den Abenden der Werktage geistige und körperliche Erholung schaffen.

Als Urheber dieses Planes sind vor allem ein früherer *Headmaster* der Rugby-Schule, F. W. Smith, und ein Parlamentsmitglied, Thomas Hughes*) zu nennen; der General-Verwalter der Ansiedlung in Tennessee ist ein Schweizer namens Staub. Herr Smith reiste im Jahre 1880 längere Zeit in den Vereinigten Staaten, um geeignetes Land in einem zusammenhängenden Areale zu finden; vergeblich suchte er danach 7 Monate lang in den nord-westlichen Staaten umher, fand aber endlich, was ihm gut schien, auf dem Cumberland-Plateau (*Cumberland Mountains* genannt), der Hochebene von Ost-Tennessee, — ein grosses Areal von 400,000 englischen Acker (ca. 160,000 Hectaren) mit gesundem Klima in wunderschöner Gegend gelegen und mit mässig gutem, aber nicht gerade hervorragend fruchtbarem Boden. Im Herbst 1880 wurde von den genannten Herren in Verbindung mit einigen anderen Engländern und Amerikanern das Unternehmen unter dem Namen »*Board of Aid to Landownership*« in's Werk gesetzt. Die Kosten, welche zur Ansiedlung dort erforderlich sein sollen, werden eher geringer denn höher veranschlagt, als in anderen Gegenden der Vereinigten Staaten: etwa 1500—2000 *M.* für einen einzelnen jungen Mann und 6000—7000 *M.* für eine anfangs natürlich bescheiden lebende Familie.

Die Meinungen über den voraussichtlichen Erfolg dieses Versuches sind bisher noch sehr getheilt. Wenn derselbe — was sehr zu bedauern — scheitern sollte, so wird daran aber wohl nicht, wie vielfach behauptet wird, die unzureichende Güte des Bodens Schuld sein. Solches hoch gelegene Land ist allerdings wohl nicht ganz so mühelos zu bearbeiten, wie das tiefer gelegene Land, ist dafür aber gesünder und deshalb doch schliesslich besser zu verwerthen. Es ist früher viele Jahrzehnte lang abgeweidet worden. Daher ist die obere Ackerkrumme weniger gut; bei etwas tieferem Pflügen aber sind reiche Ernten zu erwarten. Das Land ist schön

*) Thomas Hughes, welcher Smith nach Tennessee nachreiste, schrieb eine Reihe von Briefen über dies Unternehmen an den „*Spectator*" und veröffentlichte dieselben, zu einem kleinen Bande erweitert, unter dem Titel „*Rugby Tennessee*" (London 1881 bei Macmillan & Co.). Eine Reihe von englischen Zeitschriften bringen ab und an Nachrichten über den Fortgang des Unternehmens, auch gegen dasselbe polemisirende Artikel, so ausser dem „*Spectator*", die „*Saturday Review*, die „*Pall Mall Gazette*" und andere.

und gesund, und der Boden ist jedenfalls viel besser als durchschnittlich der heutige Ackerboden in Europa. — Der Grund, warum dieses Unternehmen vielleicht nicht glücken wird, dürfte viel eher der sein, dass die jungen Engländer aus besseren Familien viel lieber jagen, spielen und sonstigen *Sport* treiben, als wirklich arbeiten. Mit analogen deutschen Culturkräften würde ein solches Experiment voraussichtlich besser glücken.

Es bleibt noch, hier mit wenigen Worten zu erklären, warum diese Colonie »Rugby« genannt worden ist. Bei der Stadt Rugby in der englischen Grafschaft Warwickshire befindet sich bekanntlich eine der grossen öffentlichen Knabenschulen Englands, die wegen ihrer geistig hervorragenden Richtung besonders in neuerer Zeit berühmt geworden ist; und zwar ist derjenige Mann, dem dies am meisten zu danken ist, ein früherer Leiter dieser Schule, Dr. Arnold. Der materielle Aufschwung unserer Cultur während der letzten 50 Jahre geschah vielfach nur auf Kosten der ideellen Seiten der specifisch europäischen Cultur, vor allem auch auf Kosten der moralischen Lebensgrundsätze in Handel und Wandel. Die unerträglich gesteigerte Concurrenz und der unersättlich aufgestachelte Erwerbstrieb demoralisirten fast alle Gesellschaftskreise Europas, hoch und niedrig, in einer Weise, dass fast allemal und überall Schein und Reclame das wirklich Gute und Werthvolle zu besiegen im Stande ist. Denn mit dem weit in die unteren Volksclassen hineingetragenen Bildungsstoffe haben leider die nur langsam reifende Urtheilskraft der Bevölkerung und die selbstständige Entwicklung eines edlen Sinnes nicht Schritt gehalten. Als Lebensaufgabe des Menschen gelten heutzutage mehr als früher, nur das Vermögen-erwerben und das Carrière-machen. Diesem Zeitgeiste gegenüber trat Dr. Arnold als Vorkämpfer feinsinniger Cultur und geistiger Noblesse, innerer Selbstbildung und wahrer Menschlichkeit mit dem Grundsatze auf: »Die Lebens»aufgabe des Menschen ist, sich selbst allseitig zu entwickeln, »seinen Körper wie seinen Geist unter den völligen Gehorsam »seines Willens zu bringen und diesen Willen wiederum unter den »völligen Gehorsam seines Gewissens und seines Verstandes«. Diese Maxime wurde maassgebend für den Charakter der Rugby-Schule, und diese Aufgabe, hier für die Erziehung des einzelnen Menschen gestellt, soll in jener Colonie auf weiterem Felde für die Entwicklung der menschlichen Gesellschaft verwerthet werden. Daher der Name Rugby!

(3.) **Aufschwung zur grosswirthschaftlichen Colonisation.**

Die Kunst der Colonisation besteht darin, den Aufschwung derselben zu grosswirthschaftlichen Verhältnissen zu sichern und zu beschleunigen. Aus der Geschichte der gesammten, modernen Colonisation ist hinsichtlich dieser Kunst, der Colonisations-Technik, vor allem die Lehre zu entnehmen, dass solche Förderung und Steigerung des colonialen Wirthschaftslebens nicht mit künstlichen Mitteln geschehen kann, sondern nur mit solchen, die sich der natürlichen Entwicklung der Volkswirthschaft überhaupt anschliessen. Ferner aber ist auch die andere Lehre nicht ausser Augen zu lassen, dass nur unter günstigen Umständen der Erfolg solcher Förderungsmittel schnell genug und in hinreichend grossem Maasse zu erwarten ist, um für die dabei gemachte Capital-Anlage eine Rentabilität als gesichert erscheinen zu lassen.

Solche günstigen Grundlagen und Vorbedingungen, sowie die nöthigen Hülfsmittel und Kräfte für die schnelle und ausgiebige Entwicklung einer civilisirten Organisation wird man aufzusuchen und zu beschaffen haben, ehe man eine Colonisation unternimmt. Es handelt sich dabei hauptsächlich um vier Puncte, um das Land, die Leitung, das Capital und den Betrieb der Colonisation.

a. Das Land.

Fruchtbarkeit des Bodens, Gesundheit des Klimas, Vortheilhaftigkeit der geographischen Lage, Zugänglichkeit vom Weltmeere aus und günstige Gestaltung für die Anlage von Verkehrsmitteln im Innern. Das etwa sind die Hauptgesichtspuncte für die Auswahl des Landes zur Colonisation.

Ferner ist hier daran zu erinnern, dass je höher entwickelt ein überseeisches Land ist, je zahlreicher dessen Bevölkerung und je breiter und reicher dessen Culturbasis, desto eher wird ein Colonisations-Unternehmen in demselben glücken, desto höhere Rentabilität wird es erzielen.

Die Rentabilität der Colonisation hängt nicht ab von der Grösse des Anlage-Capitals oder von der Massenhaftigkeit der Ansiedlung,

Zwischen diesen beiden Factoren besteht, wie sich weiter unten zeigen wird, ein Verhältniss, in welchem Beide zusammen wirken müssen, um bei übrigens gleichbleibenden anderen Umständen eine Rentabilität der Colonisation zu ermöglichen; die Höhe dieser Rentabilität aber wird nicht durch diese Factoren bestimmt. Vorauszusetzen für die Möglichkeit einer Rentabilität bleibt ferner eine sachkundige Leitung, eine richtige Organisation, die geschickte Verwendung eines genügenden Anlage-Capitals und eine normale Abwicklung der Landverkäufe ohne übergrosse Verlüste und Rückstände fälliger Forderungen sowie auch das Nichteintreffen besonderer, nicht vorherzusehende Zwischenfälle, welche die natürliche Entwicklung stören. — Dieses Alles sind Voraussetzungen der Rentabilität überhaupt, der Betrag der Rentabilität hängt aber ab von der Höhe der erlangten Landpreise und von der Grösse des verkauften Landareals.

Diese beiden Grundelemente der Berechnung sind, vollständiger angegeben, folgende: Die Rentabilität steigt

1) mit dem Unterschiede des Preises, für welchen der Grund-und-Boden gekauft oder sonstwie erworben wird, und desjenigen Preises, für welchen er verkauft wird und

2) mit der Grösse der Landareale, welche durchschnittlich von jedem einzelnen Käufer oder jeder einzelnen Ansiedler-Familie übernommen werden.

Zu dem ersten Puncte ist zu bemerken, dass eine Colonisations-Gesellschaft allerdings in der Regel freier und besser gestellt ist, wenn sie ihr Landobject nicht geschenkt erhält, weil sie alsdann dasselbe wohl gratis, aber selten ohne mehr oder weniger drückende Verpflichtungen dabei zu übernehmen hat, so z. B. die schon so oft verderblich gewordene Verbindlichkeit solcher Gesellschaft, die betreffenden Ländereien in bestimmter Zeit mit einer bestimmten Anzahl von hinreichend qualificirten Familien zu besiedeln. Ein möglichst wohlfeiler resp. preiswürdiger Erwerb des Landobjectes durch Kauf und ohne alle Belastung mit irgend welchen Bedingungen, womöglich aber mit sofortiger Zusicherung der erforderlichen, colonisations-politischen Unterstützungen, ist die wünschenswertheste Rechtsbasis für ein colonisatorisches Unternehmen.

Zum zweiten Puncte ist zu erwähnen, dass die Kosten der Colonisation mehr im Verhältniss zur Kopfzahl der Ansiedler stehen, als zur Grösse des verkauften Areals. Da nun der Brutto-Ertrag der Colonisation durch den letzteren Factor gefördert, durch den ersteren aber beeinträchtigt wird, so ist es für den Netto-Ertrag der Colonisation natürlich um so günstiger, je grösser der letztere Factor ist im Verhältniss zur Kopfzahl der Ansiedler.

b. Die Leitung.

Nächst den Naturkräften sind allemal die in einem Unternehmen wirkenden Culturkräfte für dessen Rentabilität entscheidend und zwar ausschliesslich entscheidend.

Wir begegnen hier auf rein wirthschaftlichem Gebiete genau derselben Erscheinung, welche ich weiter oben allgemeiner auf culturellem Gebiete hervorzuheben hatte. Die Intelligenz und das von derselben geschaffene, getragene und beherrschte Capital, sowie deren sonstige Machtmittel sind in der Cultur-Geschichte der Menschheit von Anfang an bis auf diesen Tag entscheidend gewesen; sie haben der Cultur der Völker ihren Charakter aufgeprägt. Nur der Geist, nie die Masse, war für das Wesen einer Cultur-Entwicklung bestimmend. Wohl haben zeitweilig rohe Massen die feiner-entfalteten Geisteskräfte erdrückt, so das Germanenthum die Ueberreste des antiken Weltreiches; immer aber war es auch in solchen Massen nur wiederum der gesundere, tüchtigere Geist, der auch in ihnen eine höhere Cultur-Entwicklung ermöglichte. Den grossen Volksmassen von Bauern und Proletariern, deren wesentlichstes, wenn nicht ausschliessliches Lebensinteresse der Broderwerb ist und sein muss, fehlt es naturgemäss an aller Möglichkeit sowie an aller Fähigkeit zu cultureller Initiative. Die Arbeitskräfte eines Volkes erscheinen für sich allein nur als das todte Culturmaterial, welches erst durch die schaffende und gestaltende Hand des nationalen Geistes zu culturellem Leben geweckt wird.

Ebenso ist auch in der materiellen Cultur-Entwicklung, im Wirthschaftsleben der Geist, die Intelligenz, das entscheidende Element. Von der Macht und Grösse dieser einem Unternehmen zu Gebote stehenden Culturkraft hängt das Gedeihen desselben, seine Productivität und seine Rentabilität, ab. Auch die Arbeitskräfte sind nur ein Productiv-Capital so gut wie das unbelebte Geld- und Waaren-Capital. Beide, das nicht mit Vernunft begabte Capital sowie auch die menschliche Arbeitskraft, werden erst productiv durch die Culturkräfte der menschlichen Intelligenz; diese ist auch erst im Stande, das enorme Productiv-Capital, welches in den materiellen Arbeitskräften der für sich allein unselbstständigen Auswanderung steckt, zu heben und zu verwerthen. Die Verwendung der im einzelnen Falle nöthigen Arbeitskräfte ist nur eine Frage der Kosten solcher Verwendung und der Qualität solcher Arbeitskräfte. *)

Nächst der Auswahl des für die Colonisation geeigneten Landes ist also das Wichtigste für ein solches Unternehmen die Auffindung des geeigneten Mannes, resp. der Männer, welche die Leitung und Verantwortung für dasselbe übernehmen sollen. Die Qualität und den Werth solcher leitenden Intelligenz wird man am besten schätzen nach der Grösse des von ihr beherrschten Capitalwerthes (an Productionsmitteln sowie an Menschenmaterial) und nach der Wirksamkeit der von ihr geschaffenen Organisation. Ausser persönlicher Tüchtigkeit und Begabung spielen dabei Erfahrung und Uebung die Hauptrolle. In der Regel wird man daher die leitenden Kräfte für ein colonisatorisches Unternehmen wohl nur an Ort und Stelle des Operationsfeldes selbst zu suchen haben. Ohne dieses wird es solchem Unternehmen sehr schwer und kostspielig, wenn nicht gar unmöglich werden, culturell und wirthschaftlich auf seiner Operationsbasis festen Fuss zu fassen. Ein jedes neue Unternehmen aber hat in erster Linie durch seine leitende Intelligenz und mit Hülfe des ihr zu Gebote stehenden Capitals die Grundlage seiner naturgemässen Entwicklung zu gewinnen und gewissermaassen sich auf seinem Wirkungsfelde auch geistig zu acklimatisiren.

c. Das Capital.

Wie schon aus dem Vorhergehenden folgt, hängt die Grösse des zur Verwendung zu bringenden Capitals im Wesentlichen von der Qualität der Leitung ab, welche man für das Unternehmen zu beschaffen im Stande ist, — nicht umgekehrt, wie so oft angenommen wird. Ein sich organisch gesund entwickelndes

*) Diese Qualität der Arbeitskräfte ist nur dann essentiell entscheidend für das Gedeihen eines Unternehmens, wenn dasselbe seinem ganzen Zweck und Wesen nach 1) an eine begrenzte Oertlichkeit und gegebene äussere Verhältnisse, und 2) an eine bestimmte Classe von Menschen, an eine gegebene Nationalität, gebunden ist. Darüber hinsichtlich deutscher Colonisation Näheres weiter unten.

Unternehmen muss naturgemäss aus der dasselbe leitenden Intelligenz herauswachsen. Der Mann, welcher das Unternehmen machen und für dasselbe verantwortlich sein soll, muss dasselbe auch anlegen und ausarbeiten. Darin liegt das erste Erforderniss der Sicherheit für das dabei verwendete Capital sowie für das Gedeihen der dabei in Frage kommenden Menschenkräfte. Was kann ein Anlage-Capital von 50- oder 100-Millionen nützen, wenn man nicht einen Organisator dazu findet, der soviel Geld richtig zu disponiren und in der gewünschten Weise zu verwerthen versteht?! Findet man aber einen geeigneten und erfahrenen Mann, der ein Unternehmen der beabsichtigen Art wohl mit 500,000 oder mit einer Million durchzuführen versteht, so ist das einzig richtige Vorgehen, damit zu beginnen und diesen Mann in dem ihm bekannten Lande und in der ihm vertrauten Weise das Unternehmen machen zu lassen — oder ganz auf dasselbe zu verzichten.

Nächst diesem allgemeineren Gesichtspuncte ist nun hier speciell noch ein anderer zu beachten, den ich schon oben erwähnte, dass nämlich unter übrigens gleichen Vorbedingungen und Umständen für eine bestimmte Progression der zunehmenden Besiedlung eines Terrains allemal ein ziemlich genau zu berechnendes Anlage-Capital erforderlich ist, um eine gewünschte Rentabilität zu erzielen. Es wird der Mühe werth sein, diese Thatsache hier durch die ausführliche Berechnung eines Beispiels zu veranschaulichen.

Die Rentabilität hängt also ab, von den Preisunterschieden des Landes und von den Kosten der Colonisation. Ich gebe zunächst eine beispielsweise Berechnung der Letzteren.

Die Kosten der Ansiedlung von Colonisten belaufen sich bei richtiger und tüchtiger Leitung eines einigermaassen bedeutenden Betriebes auf nicht über 150 ℳ. pro Kopf durchschnittlich. Allerdings kostete dem hamburger »Colonisationsverein von 1849« die Ansiedlung seiner ersten 1600 Colonisten sein ganzes Anlage-Capital von 300,000 ℳ., also 187,50 ℳ. pro Kopf der Ansiedler; allein manche der damals gemachten Auslagen und die Ungunst jener anfänglichen Verhältnisse sind nicht als Regel zu betrachten. Heutzutage stellt sich selbst in so kleinen Niederlassungen wie denen dieses Colonisationsvereins, ebenso in der Colonie Blumenau und in andern deutschen Unternehmungen in Süd-Amerika, die

Kostenauslagen pro Kopf nur auf ungefähr 150 M.; und es ist mehr als wahrscheinlich, dass bei einem doppelten oder dreifachen Betriebe der Colonisation diese Kosten sich durchschnittlich sehr verringern werden. Bei dem nachfolgenden Beispiele jedoch habe ich für diese Kosten nicht weniger als 150 M. pro Kopf, oder 750 M. pro Familie veranschlagt.

Das in Deutschland erforderliche Auswanderungs-Büreau und die von demselben aus zu leitende Agitation wird sich bei anfänglicher Anstellung nur eines sich ausschliesslich diesen Interessen widmenden Agenten mit 5000 M. beginnen lassen, wird sich aber sehr bald in solcher Weise ausdehnen, dass 20,000 bis 30,000 M. und eventuell auch mehr pro Jahr als erforderlicher Kostenaufwand für dasselbe nicht zuviel gerechnet ist.

Zur Sorge für die Colonisten der Gesellschaft bedarf dieselbe an dem hauptsächlichsten Hafen- und Handelsplatze in dem Lande ihres Colonisations-Betriebes eine Agentur; diese wird jedoch dem Unternehmen weniger Kostenaufwand verursachen, weil sie zugleich Handels- und Speditions-Agentur der Gesellschaft sein wird, und als solche sich Commission und Spesen berechnet. Ist solche Agentur in tüchtigen, einflussreichen Händen, so bedarf es zur Sorge für die Einwanderer nur der Verwendung eines geeigneten Angestellten, dessen Zeitaufwand, Arbeitskraft und Spesen der Gesellschaft in Rechnung zu stellen sein werden.

Was nun endlich die Verwaltungs-Kosten am Orte der Colonisation selbst betrifft, im Wesentlichen colonisations-politischer Kostenaufwand staatswirthschaftlicher Natur, so mögen auch da die Abrechnungen einiger süd-amerikanischer Colonisations-Gesellschaften einen ungefähren Begriff von dem Betrage derselben geben. Zunächst verweise ich hier auf die Jahre 1872—1880 für die Niederlassungen des hamburger »Colonisationsvereins von 1849« in der brasilischen Provinz Santa Catharina.

---

*) Dona Francisca, die ältere Niederlassung kostet, auf dieser Rechnung jetzt dem »Colonisations-Vereine« nichts mehr; die Municipalität soll ihre Wege und Brücken selbst unterhalten. Die angegebenen Kosten-Beträge beziehen sich nur auf die weiter vorgeschobenen Positionen. Saõ Bento wurde nach mancherlei Vorbereitungen im Jahre 1875 eröffnet.

**) Diese Rechnung enthält im wesentlichen nur Gehalte und zwar das des Directors 250 Milreis per Monat, das des Cassirers 200—240 Milreis per Monat und eines Schreibers zu 60 Milreis per Monat.

Verwaltungs-Kosten in Dona Francisca und Saõ Bento.

in Milreis zu ca. 2 M.	1872	1873	1874	1875	1876	1877	1878	1879	1880
Brücken- u. Wegebau,*) Untersuchg. d. Terrains.	12,576	12,951	7,254	12,866	14,844	37,143	25,196	25,052	29,495
Vermessung u. Abgrenzung der Grundstücke.	1,297	3,775	5,019	5,790	5,413	5,978	4,715	4,683	4,465
Verwaltungs-Gebäude, Herberge für Einwand.	3,025	6,544	3,034	898	3,586	592	472	5,098	2,176
Ausschiffung und Local-Transport d. Einwand.	1,490	3,450	6,876	1,312	8,948 †	7,768	4,952	1,870	3,115
Hospitalkosten und Honorar d. Aerzte etc.	4,698	6,078	4,699	4,178	4,892	4,590	5,241	5,003	4,289
Subvention d. Schulen, Geh. d. Lehr. u. Pastoren.	2,534	2,804	2,955	3,231	2,979	2,704	4,453	3,208	2,848
Gehalte d. Beamten und Administrations-Spes. **)	7,607	7,640	7,188	7,165	7,397	7,026	8,089	7,972	8,161
Ausserordentl. Ausgaben und eventuelle Verlüste.	130	2,327	2,884	5,918	804	253	482	3,448	332
Summen:	33,357	45,569	39,909	41,358	48,863	66,054	53,600	56,334	54,881
Kopfzahl der deutsch. Bevölkerung der Colonien.	6,810	7,558	7,860	8,155	9,298	11,425	11,877	12,867	13,500 ††
Verwaltungskosten in M. pro Kopf dieser Bevölkerung.	**9.81**	**12.05**	**10.16**	**10.15**	**10.51**	**11.95**	**9.03**	**8.75**	**8.13**
Zahl d. Einwanderer	530 ***	1,200	164	40	867 †	899	297	586	893
Empfangskosten der Einwanderer pr. Kopf	M. 12.50 ₰ (1872–1874)			M. 21.90 ₰ (1875–1878)				M. 6.74 ₰ (1879–1880)	

***) Seit Ende October wurden noch 286 mehr in demselben Jahre von Hamburg aus expedirt. Bei der Beförderung mit Segelschiffen fielen die nach October abgegangenen Auswanderer erst dem folgenden Jahre zur Last.

†) Seit Mai 1876 geschieht die Beförderung der Colonisten des Vereins per Dampfschiff.

††) Hierzu kommt noch die ausserhalb des eigentlichen Colonisations-Gebietes

Die Summen dieser Verwaltungskosten variiren zwischen 66,000 *M.* und 132,000 *M.* per Jahr bei einer zunehmenden Bevölkerungszahl der Ansiedlung an deutschen Colonisten von 6,810 bis 13,500. Der jährliche Durchschnitt der Kosten beläuft sich per Kopf dieser Bevölkerung auf *M.* 10.06 *₰*; berechnet man aber diese Kosten auf die Gesammt-Bevölkerung des Municipiums der Niederlassung — die richtigere Berechnung für die entwickelteren Verhältnisse solcher Ansiedlung — so stellt sich der Betrag durchschnittlich

für das Jahr 1878 auf *M.* 7.30 *₰*,
» » » 1879 » » 6.60 »
» » » 1880 » » 5.88[1] »

Ganz ähnliche Resultate ergeben sich auch bei grösseren Unternehmungen, die mit allen Erleichterungen für den Grossbetrieb versehen sind; so z. B. bei den Colonien der Londoner »*Central Argentine Land Company*« in Santa Fé und Córdoba mit dem Hauptsitze in Rosario am Paraná-Flusse. Die Verwaltungskosten für die vier von dort aus westlich liegenden Colonien dieser Gesellschaft, einschiesslich der Kosten für neue Bauanlagen, Gräben, Einzäunungen u. s. w. betrugen

1875 durchschnittlich *M.* 11.57 *₰* pro Kopf und
1880 » » 5.41 » » » der

angesiedelten Colonisten, also *M.* 8.30 *₰* im Durchschnitt beider Jahre.

Anfangs sind diese jährlichen Auslagen nicht von den Anlage-Kosten der Ansiedlungen zu trennen und daher wohl am besten approximativ auf das Areal (pro Hectar) zu berechnen. Wächst aber die selbstständige Bevölkerung einer solchen Ansiedlung über das anfängliche, unbedeutende Maass hinaus, so wird sie mehr und mehr im Stande sein, ihr Gemeinwesen selbst zu verwalten und die Kosten solcher Selbst-Verwaltung auch selbst zu tragen. Das Municipium hat diese Kosten durch Steuer von seinen Mitgliedern zu erheben, und bei nur einigem Gedeihen der Ansiedlung wird selbst eine Kopfsteuer von 25 *M.* bis 50 *M.* pro Familie keine

---

wohnende, aber doch zum Municipium von Joinville (der Hauptstadt von Dona Francisca) gehörige Bevölkerung, mit welcher zusammen die Bevölkerung der ganzen Niederlassung ultimo 1878: circa 15,977,
» 1879: » 16,967,
» 1880: » 18,000 Personen betragen hat.

der Wirthschaften, die eine bestimmte Reihe von Jahren etablirt sind, drücken. Selbst in diesem Stadium noch bleibt aber auch dem Staate, zu welchem die Colonisation gehört, resp. derjenigen Regierung, die das hauptsächlichste Interesse an deren Gedeihen hat, die Verpflichtung, sich in dem Maasse dieses Interesses an dem staatswirthschaftlichen Kostenaufwande der Niederlassung zu betheiligen.

Das Princip hierfür ist schon öfter erwähnt; in der Regel und unter normalen Umständen wird die Kostentragung vonseiten der betheiligten Regierung im umgekehrten Verhältnisse zur Entwicklungsstufe der Ansiedlung stehen. Im Anfange dieser Entwicklung wird die staatliche Unterstützung am nöthigsten wie am gerechtesten sein, und alsdann hat die betreffende Regierung auch das meiste Interesse daran, ihrem Lande zu höherem und weiterem Aufschwunge zu verhelfen. Wenn also Das, was zur hauptsächlichsten Zubereitung des Landes für die coloniale Entwicklung nöthig ist, daselbst nicht schon durch voraufgegangene Entwicklung geschaffen ist, so wird oder sollte die Regierung, welche es angeht, Dieses der Colonisations-Gesellschaft entweder durch Beiträge in Geld erleichtern, oder grössere Transportmittel-Anlagen derselben durch eine genügende Zins-Garantie unterstützen. Ersteres ist der Modus, welchen die brasilianische Regierung bei dem Betriebe des hamburger »Colonisations-Vereins von 1849« gewählt hat; letzteren Modus dagegen gewährte die argentinische Regierung 1864 der ursprünglichen *»Central Argentine Railway Company«*, aus welcher sich die oben genannte Central Argentinische Land-Gesellschaft im Jahre 1870 durch Ausscheidung und Uebernahme des Landobjects der Eisenbahn-Gesellschaft ausgeschieden hat.

In der nachfolgenden beispielsweisen Berechnung nun habe ich diesem staatswirthschaftlichen Kostenaufwande des Colonisations-Unternehmens, soweit er auf demselben etwa haften bleiben könnte, dadurch gerecht zu werden versucht, dass ich dieselben einschliesslich der ersten Erwerbskosten des Landes (Kaufpreis) sowie der General-Verwaltungs-Unkosten der Gesellschaft mit 10 *M.* pro Hectar veranschlage. Da durchschnittlich etwa 10 Hectare auf den Ansiedler pro Kopf (die Familie zu durchschnittlich 5 Personen gerechnet) kommen, so werden somit die Kosten des Landhandels und der mit demselben in enger Verbindung stehenden staatswirthschaftlichen

Aufgaben gleich einem Aufwande von ca. 100 M. pro Kopf der Ansiedler zu rechnen sein.

Wenn es sich nun solcher Kostenschätzung gegenüber um den Ertrag der Colonisation, also um den Verkaufspreis des Landes und um die Grösse der an jede Colonisten-Familie zu verkaufenden Grundstücke handelt, so sind da bäuerliche und städtische Ansiedler sowie Grundstücke zu unterscheiden. Ich nehme also beispielsweise als Durchschnitt für bäuerliche Ansiedler pro Familie ein Grundstück von 50 Hectaren zu 50 M. pro Hectar zu 6 Procent Zinsen in 5 Jahren zahlbar an. Dies ergiebt folgende jährlichen Zahlungen dieser Ansiedler als Grundlage für die nachfolgenden Berechnungen:

Termine.	Kauf-summen.	Zinsen.	Zahlungen.
Anfang des I Jahres	500	—	620 M.
Ende » I »	—	120	
» » II »	500	120	620 »
» » III »	500	90	590 »
» » IV »	500	60	560 »
» » V »	500	30	530 »
Summen	2,500	420	**2,920 M.**

Die städtischen Grundstücke nehme ich an als in halbe Hectare eingetheilt und gegen Baar oder auf nur sehr kurzen, nach Monaten zu berechnenden Credit zu je 150 M. das Grundstück also zu 300 M. pro Hectar zu verkaufen.

Um nun an einem Beispiele die Erfordernisse des Anlage-Capitals einer Colonisation und deren Rentabilität bei verschiedener Zunahme der Besiedlung zu veranschaulichen, statuire ich hier zwei verschiedene Möglichkeiten. Die Besiedlung mag bei beiden bis zum 6. Jahre die gleiche sein, vom 7. bis zum 10. Jahre aber in dem einen Falle schneller zunehmen als in dem andern. Bei dieser Entwicklung nehme ich an, dass das erste Jahr solches Unternehmens ohne Ansiedlungen mit Vorbereitungen und Anlage der nöthigen Einrichtungen verbracht werden wird.

Vom 2. bis zum 6. Jahre mögen sich in beiden Fällen folgende Zahlen von Colonisten einfinden:

im 2. Jahre etwa	40 bäuerliche und	10 städtische, zus.	50 Familien	
» 3. » »	65 »	» 15 »	» 80 »	
» 4. » »	80 »	» 20 »	» 100 »	
» 5. » »	95 »	» 25 »	» 120 »	
» 6. » »	120 »	» 30 »	» 150 »	
deren Summen	400 bäuerliche und	100 städtische, zus.	500 Familien	

Im ersten Falle mag sich die Colonisation dann so fortsetzen:

im 7. Jahre	140 bäuerliche und	35 städtische, zus.	175 Familien,
» 8. »	160 »	» 40 »	» 200 »
» 9. »	180 »	» 45 »	» 225 »
» 10. »	200 »	» 50 »	» 250 »
deren Summen	680 bäuerliche und	170 städtische, zus.	850 Familien,
vom 2.—6. Jahre	400 »	» 100 »	» 500 »
Total-Summen	1080 bäuerliche und	270 städtische, zus.	1350 Familien;

im zweiten Falle dagegen soll die Colonisation stärker zunehmen:

im 7. Jahre	150 bäuerliche und	40 städtische, zus.	190 Familien,
» 8. »	200 »	» 50 »	» 250 »
» 9. »	250 »	» 60 »	» 310 »
» 10. »	320 »	» 80 »	» 400 »
deren Summen	920 bäuerliche und	230 städtische, zus.	1150 Familien,
vom 2.—6. Jahre	400 »	» 100 »	» 500 »
Total-Summen	1320 bäuerliche und	330 städtische, zus.	1650 Familien.

Sehr einfach stellt sich dabei der Ertrag der städtischen Grundstücke folgendermaassen:

In den Jahren	I	II	III	IV	V	VI	Summen.
Zahl d. städt. Ansiedler	—	10	15	20	25	30	100
Ertrag der Grundstücke	—	1,500	2,250	3,000	3,750	4,500	15,000 M.

	In den Jahren	VII	VIII	IX	X	Summen.
Erster Fall.	Zahl d. städt. Ansiedler	35	40	45	50	170
	Ertrag der Grundstücke	5,250	6,000	6,750	7,500	25,500 M.

	In den Jahren	VII	VIII	IX	X	Summen.
Zweiter Fall.	Zahl d. städt. Ansiedler	40	50	60	80	230
	Ertrag der Grundstücke	6,000	7,500	9,000	12,000	34,500 M.

Complicirter dagegen gestalten sich die Zahlungen der bäuerlichen Colonisten-Familien für die von ihnen erworbenen (durchschnittlich je) 50 Hectare. Schon die Vertheilung dieser Abzahlungen auf die einzelnen Jahre bedarf einer übersichtlichen Darstellung; dann aber sind die dabei unvermeidlichen Verlüste genügend in Rechnung zu bringen (mit etwa 10 %), ferner sind die aus allerlei Gründen rückständig bleibenden Beträge nicht zu gering zu veranschlagen (etwa 25 % aller guten Forderungen) und diese durchschnittlich auf etwa 3 Jahre rückständig zu rechnen.

Zahlungen der ersten 5 Jahrgänge bäuerlicher Colonisten-Familien.

Zahlungen des	I Jahrggs.	II Jahrggs.	III Jahrggs.	IV Jahrggs.	V Jahrggs.
Zahl der Familien	40	65	80	95	120
im ersten Jahre....	24,800	40,300	49,600	58,900	74,400
» zweiten »	24,800	40,300	49,600	58,900	74,400
» dritten »	23,600	38,350	47,200	56,050	70,800
» vierten »	22,400	36,400	44,800	53,200	67,200
» fünften »	21,200	34,450	42,400	50,350	63,600
Summen	116,800	189,800	233,600	277,400	350,400

Zahlungen der weiteren 4 Jahrgänge von Colonisten-Familien.

Zahlungen des	VI Jahrggs.	VII Jahrggs.	VIII Jahrggs.	IX Jahrggs.
Zahl der Familien	140	160	180	200
im ersten Jahre......	86,800	99,200	111,600	124,000
» zweiten »	86,800	99,200	111,600	124,000
» dritten »	82,600	94,400	106,200	118,000
» vierten »	78,400	89,600	100,800	112,000
» fünften »	74,200	84,800	95,400	106,000
Summen	408,800	467,200	525,600	584,000

Zahlungen derselben 4 Jahrgänge bäuerlicher Colonisten-Familien.

Zahlungen des	VI Jahrggs.	VII Jahrggs.	VIII Jahrggs.	IX Jahrggs.
Zahl der Familien	150	200	250	320
im ersten Jahre......	93,000	124,000	155,000	198,400
» zweiten »	93,000	124,000	155,000	198,400
» dritten »	88,500	118,000	147,500	188,800
» vierten »	84,000	112,000	140,000	179,200
» fünften »	79,500	106,000	132,500	169,600
Summen	438,000	584,000	730,000	934,400

Ansiedlung vom zweiten bis zum sechsten Jahre.

Vertheilung der Zahlungen auf die verschiedenen Jahre.

Zahlungen	im I Jahr	im II Jahr	im III Jahr	im IV Jahr	im V Jahr	im VI Jahr	Ausstände
des I Jahrggs.	—	24,800	24,800	23,600	22,400	21,200	—
» II »	—	—	40,300	40,300	38,350	36,400	34,450
» III »	—	—	—	49,600	49,600	47,200	87,200
» IV »	—	—	—	—	58,900	58,900	159,600
» V »	—	—	—	—	—	74,400	276,000
Summen	—	24,800	65,100	113,500	169,250	238,100	557,250
Dav. 10% Verlüste ÷		2,480	6,510	11,350	16,925	23,810	55,725
Von dem Reste		22,320	58,590	102,150	152,325	214,290	501,525
bleiben ca. 25%		÷ 5,580	14,647	25,538	38,081	53,573	
der Zahlung. rückständ.		16,740	43,943	76,612	114,244	160,717	
auf etwa 3 Jahre...					5,580	14,647	117,192
Wirkl. Zahlungen..		16,740	43,943	76,612	119,824	175,364	618,717
Dazu für städtische Grundstücke		1,500	2,250	3,000	3,750	4,500	
Total-Einnahmen		18,240	46,193	79,712	123,574	179,864	618,717

Kosten dieser Colonisation.

Land verkauft	im II Jahr	im III Jahr	im IV Jahr	im V Jahr	im VI Jahr	
an bäuerliche Familien	40	65	80	95	120	
an städtische Familien	10	15	20	25	30	
Hectare	2,000 5	3,250 $7^{1}/_{2}$	4,000 10	4,750 $12^{1}/_{2}$	6,000 15	
Summen	2,005	$3,257^{1}/_{2}$	4,010	$4,762^{1}/_{2}$	6,015	
Landkosten etc.	20,050	32,575	40,100	47,625	60,150	
Ansiedlungskosten. ...	37,500	60,000	75,000	90,000	112,500	
Auswanderungsbureau .	5,000	10,000	15,000	20,000	25,000	
Agentur übersee......	6,500	7,000	7,500	8,000	8,500	
Spesen	250	400	550	700	850	
Kostenauslagen	69,300	109,975	138,150	166,325	207,000	
Einnahmen	18,240	46,193	79,612	123,574	179,864	618,717
Ueberschüsse der Kosten	÷51.060	÷63,782	÷58,538	÷42,751	÷27,136	
Summe der in 6 Jahren ungedeckten Kosten-Auslagen..... =						243,267
Netto-Ertrag der Colonisation in den ersten 5 Jahren =						**375,450**

Ansiedlung vom siebenten bis zum zehnten Jahre.

Vertheilung der Zahlungen auf die verschiedenen Jahre.

Zahlungen	im VII Jahre	im VIII Jahre	im IX Jahre	im X Jahre	Ausstände
des I Jahrgangs....	—	—	—	—	—
» II »	34,450	—	—	—	—
» III »	44,800	42,400	—	—	—
» IV »	56,050	53,200	50,350	—	—
» V »	74,400	70,800	67,200	63,600	—
» VI »	86,800	86,800	82,600	78,400	74,200
» VII »	—	99,200	99,200	94,400	174,400
» VIII »	—	—	111,600	111,600	302,400
» IX »	—	—	—	124,000	460,000
Summen	296,500	352,400	410,950	472,000	1'011,000
Davon 10 % Verlüste	÷ 29,650	35,240	41,095	47,200	101,100
Von dem Reste....	266,850	317,160	369,855	424,800	909,900
bleiben etwa 25 %..	÷ 66,713	79,290	92,464	106,200	
d. Zahlung. rückständ.	200,137	237,870	277,391	318,600	
auf etwa 3 Jahre...	25,538	38,081	53,573	66,713	277,954
Wirkl. Zahlungen.	225,675	275,951	330,964	385,313	1'187,854
für städt. Grundstücke.	5,250	6,000	6,750	7,500	
Total-Einnahmen	230,925	281,951	337,714	392,813	1'187,854

Kosten dieser Colonisation.

Land verkauft	im VII Jahre	im VIII Jahre	im IX Jahre	im X Jahre	
an bäuerliche Familien	140	160	180	200	
an städtische Familien	35	40	45	50	
Hectare	7,017½	8,020	9,022½	10,025	
Landkosten etc.......	70,175	80,200	90,225	100,250	
Ansiedlungskosten...	131,250	150,000	168,750	187,500	
Auswanderungsbureau.	25,000	25,000	30,000	30,000	
Agentur übersee.....	9,000	9,500	10,000	10,000	
Spesen..............	900	950	1,000	1,000	
Kostenauslagen	236,325	265,650	299,925	328,750	
Einnahmen	230,925	281,951	337,714	392,813	1'187,854
Resultate	÷ 5,400	+ 16,301	+ 37,739	+ 64,063	
	+ 118,103				
	+ 112,703 = Ueberschuss d. Baareinnahmen				112,703
Netto-Ertrag der Colonisation vom 7. bis 10. Jahre =					**1·300,557**

Annahme eines grösseren Zuflusses von Ansiedlern.

Vertheilung der Zahlungen auf die verschiedenen Jahre.

Zahlungen	im VII Jahre	im VIII Jahre	im IX Jahre	im X Jahre	Ausstände
des I Jahrgangs....	—	—	—	—	—
» II »	34,450	—	—	—	—
» III »	44,800	42,400	—	—	—
» IV »	56,050	53,200	50,350	—	—
» V »	74,400	70,800	67,200	63,600	—
» VI »	93,000	93,000	88,500	84,000	79.500
» VII »	—	124,000	124,000	118,000	218,000
» VIII »	—	—	155,000	155,000	420,000
» IX »	—	—	—	198,400	736,000
Summen	302,700	383,400	485,050	619,000	1·453,500
Davon 10 % Verlüste	30,270	38,340	48,505	61,900	145,350
Von dem Reste....	272,430	345,060	446,545	557,100	1·308.150
bleiben etwa 25 %..	68,107	86,265	111,636	139,275	
d. Zahlung. rückständ.	204,323	258,795	334,909	417,825	
auf etwa 3 Jahre...	25,538	38,081	53,573	68,107	337,176
Wirkl. Zahlungen.	229,861	296,876	388,482	485,932	1·645,326
für städt. Grundstücke.	6,000	7,500	9,000	12,000	
Total-Einnahmen	235,861	304,376	397,482	497,932	1·645,326

Kosten dieser Colonisation.

Land verkauft	im VII Jahre	im VIII Jahre	im IX Jahre	im X Jahre	
an bäuerliche Familien	150	200	250	320	
an städtische Familien	40	50	60	80	
Hectare	7,520	10,025	12,530	16,040	
Landkosten etc.	75,200	100,250	125,300	160,400	
Ansiedlungskosten....	142,500	187,500	232,500	300,000	
Auswanderungsbureau.	30,000	35,000	40,000	50,000	
Agentur übersee.....	9,000	10,000	11,000	12,000	
Spesen............	900	1,000	1,100	1,200	
Kostenauslagen	257,600	333,750	409,900	523,600	
Einnahmen	235,861	304,376	397,482	497,932	1·645,326
Ueberschuss der Kosten	÷ 21,739	÷ 29,374	÷ 12,418	÷ 25,668	
Summen der vom 7. bis 10. Jahre ungedeckten Kosten.. =					89,199
Netto-Ertrag der Colonisation vom 7. bis 10. Jahre.. =					**1·556,127**

Berechnung des erforderlichen Betriebscapitals:

	Nöthige Kostenauslagen.	Eingehende Beträge.
Im I Jahre (etwa)	20,000 M.	—
» II »	69,300 »	18,240 M.
» III »	109,975 »	46,193 »
» VI »	138,150 »	79,612 »
» V »	166,325 »	123,574 »
Summen	503,750 M.	267,619 M.

Im VI Jahre	zu erwartende Einnahmen...	179,864 »
	disponibler Fond	447,483 M.
» » »	zu machende Kostenauslagen ÷	207,000 »
	bleibendes Baarsaldo	240,483 M.
» VII »	zu erwartende Einnahmen...	230,925 »
	disponibler Fond	471,408 M.
» » »	zu machende Kostenauslagen ÷	236,325 »
	bleibender Baarsaldo	235,083 M.
» VIII »	zu erwartende Einnahmen...	281,951 »
	disponibler Fond	517,034 M.
» » »	zu machende Kostenauslagen ÷	265,650 »
	bleibender Baarsaldo	251,384 M.
» IX »	zu erwartende Einnahmen...	337,714 »
	disponibler Fond	589,098 M.
» » »	zu machende Kostenauslagen ÷	299,975 »
	bleibender Saldo	289,123 M.
» X »	zu erwartende Einnahmen...	392,813 »
	disponibler Fond	681,936 M.
» » »	zu machende Kostenauslagen ÷	328,750 »
	bleibender Saldo	353,186 M.

Wie man sieht, reicht — wenn sich die Ausführung der Colonisation so gestaltet, wie hier angenommen — eine Capital-Auslage der Kosten für die ersten fünf Jahre von ca. **500,000 M.** aus, um mit Zuschuss der jährlich zu erwartenden und schon vom achten Jahre an die Kosten der Ansiedlung übersteigenden Einnahmen die in dieser Weise normal zunehmende Colonisation in's Werk zu setzen. Selbst am Ende des siebenten Jahres bleibt dabei noch ein Baarsaldo von 47 % dieses Anlage-Capitals in der Betriebscasse, der sich durch Zufluss der am Anfang des achten Jahres fälligen Einnahmen auf einen Betriebsfond für dieses Jahr steigert, welcher grösser ist als das Anlage-Capital (sc. 517,034 ℳ.). Vom siebenten bis zum zehnten Jahre hebt sich alsdann der Baarsaldo am Ende der Jahre von 235,083 ℳ. auf 353,186 ℳ..

Die Netto-Erträge dieser Colonisation stellen sich bei der Annahme des ersten Falles wie folgt:

im 6. Jahre:

Landverkaufs-Contracte abgeschlossen für....		350,400 ℳ.,
davon 10 % Verluste	35,040 ℳ.	
und Kostenauslagen in demselben Jahre.	207,000 »	÷ 242,040 »
Netto-Gewinn des Jahres =		108,360 ℳ.,
auf das Anlage-Capital von	500,000 ℳ. =	**21²/₃ %**;

im 10. Jahre:

Landverkaufs-Contracte abgeschlossen für....		584,000 ℳ.,
davon 10 % Verluste	58,400 ℳ.	
und Kostenauslagen in demselben Jahre.	328,750 »	÷ 387,150 »
Netto-Gewinn des Jahres =		196,850 ℳ.,
auf das Anlage-Capital von	500,000 ℳ. =	**39¹/₃ %**;

bis zum 6. Jahre:

bei einer Ansiedlung von 500 Familien, Ertrag		= 375,450 ℳ.,
auf ein Anlage-Capital von	500,000 ℳ. =	**75 %**.

Ganz anders stellt sich hiergegen die Entwicklung vom 7. bis 10. Jahre in dem zweiten der angenommenen Fälle. Der jährliche Ueberschuss der Kostenauslagen über die Einnahmen dauert in diesem Falle fort, und der Rest des Anlage-Capitals vermindert sich natürlich nach wie vor um die Beträge dieser Ueberschüsse. Der Grund davon liegt auf der Hand; es werden zwar Forderungen an die grössere Zahl von Ansiedlern in sehr gesteigerten Beträgen erworben, diese gehen aber erst in 5 bis 8 Jahren ein, während die Auslagen für die übermässig wachsende Colonisation mehr oder weniger unmittelbar zu machen sind; und noch dazu steigen diese Auslagen pro Kopf der herbeiströmenden Ansiedler. Die Erträge früher abgeschlossener Landverkaufs-Contracte vermögen solche Auslagen nur bei einer stetig, nicht aber bei einer übermässig wachsenden Ansiedlung zu decken. Der Gewinn des Colonisations-Betriebes steigt also im Verhältnisse der zunehmenden Colonisation, je stärker aber die Differenz der Ansiedlungs-Progression wächst, desto weiter wird die endliche Realisirung des Gewinnes aus dem Ansiedlungs-Betriebe hinausgerückt.

In dem hier, als zweiten, angenommenen Falle verringert sich der disponible Baarsaldo

vom 6. Jahre = 240,483 ℳ. an jedes Jahr um den Betrag der ungedeckten Kosten
von zusammen (in vier Jahren) = ÷ 89,199 »

also schon bis zum 10. Jahre auf 151,284 ℳ.. — Hieraus folgt aber, dass nicht nur ein Anlage-Capital von 500,000 ℳ. für den Betrieb solcher Colonisation nicht genügt, sondern auch ferner, dass eine Colonisation, welche in einer mehr als einfachen arithmetischen Progression wächst, mit Privat-Capital überhaupt nicht mehr zu betreiben ist. Weder lässt sich das dazu erforderliche Anlage-Capital berechnen, ehe man das Ende solcher stets mehr Baar-Auslagen erfordernden als Baar-Ertrag liefernden Ansiedlung und ihrer Progression kennt, noch ist dabei eine privatwirthschaftliche Rentabilität d. h. Rückzahlung des Anlage-Capitals mit Zinsen und Dividenden zu menschlicher Lebenszeit möglich. *)

Nehmen wir nun aber in diesem zweiten der berechneten Fälle an, dass die Progression der Ansiedlung nach dem 10. Jahre sich annähernd einfach-arithmetisch fortsetze (um etwa 70 Familien durchschnittlich pro Jahr steigend), so wird schon im 12. oder 13. Jahre der Ueberschuss der jährlichen Kostenauslagen sich in einen Ueberschuss der jährlichen Baar-Einnahmen verwandeln. Eine derartig schneller als die vom 2. bis 6. Jahre zunehmende Ansiedlung wird sich alsdann etwa mit einem Anlage-Capital von **600,000 ℳ** wohl bewerkstelligen lassen.

Mit der (Differenz) Grösse der (einfach-arithmetischen) Ansiedlungs-Progression steigt mithin allerdings die absolute Grösse des Gewinnes, nicht aber die relative Grösse desselben, denn auch

*) Bei dem ersten der berechneten Fälle dagegen wäre eine Dividenden-Zahlung auf das Anlage-Capital sehr wohl etwa vom 6. Jahre an möglich, und daneben eine Amortisation des Capitals oder wenigstens die Ansammlung eines Reservefonds zu diesem Zwecke etwa vom 8. bis zum 17. Jahre in steigender Progression des Procentsatzes, z. B. 2—3—4—5—6—8—10—12—20—30 %.

das erforderliche Anlage-Capital steigt in gleichem Verhältnisse. Die Rentabilität des Anlage-Capitals bleibt dabei dieselbe. In den hier berechneten Beispielen stellt sich dieselbe folgendermaassen:

Rentabilität des Colonisations-Betriebes.

Vom 7. bis 10. Jahre.	Zahl der Ansiedler.	Erforderliches Anlage-Capital.	Netto-Erträge der Colonisation.	Gewinn-Procente.
I Fall	850 Familien	500,000 M.	1'300,537 M.	260 %
II Fall	1150 »	600,000 »	1'556,127 »	260 »

Hiernach lässt sich etwa folgendes gesetzmässige Verhältniss zwischen der Progression der Ansiedlung und dem Betrage des Anlage-Capitals annehmen:

> Wenn die Grundlagen und Vorbedingungen der Rentabilität eines Colonisations-Betriebes für verschiedene Progressionen der Ansiedlung gleichbleibend gegeben sind, so ist für jede einfach-arithmatische Progression derselben das für sie erforderliche Anlage-Capital annähernd zu berechnen; und umgekehrt giebt es für ein höher oder niedriger festgesetztes Anlage-Capital (von etwa 500,000 M. aufwärts gerechnet) nur eine, sich in bestimmt erkennbaren Grenzen bewegende, einfach-arithmetische Progression der Ansiedlung, für deren Durchführung das betreffende Anlage-Capital genügt, und welche diesem Capital zugleich die grösstmögliche Rentabilität sichert.

d. Der Betrieb.

Bei dem Betrieb der Colonisation ist nun speciell die Frage zu beantworten: Wie, mit welchen Mitteln, ist einer colonisatorischen Unternehmung am besten und am schnellsten über die erste, riskante und unrentable Periode der Kleinbäuerlichkeit hinwegzuhelfen? Wie ist solchem Unternehmen auch in dieser ersten, schwierigen Zeit ein Ertrag, eine Dividenden- oder Zinsen-Zahlung auf das Anlage-Capital, zu sichern?

Die Exportmöglichkeit bedingt den Grossbetrieb, ja sie ist nächst der Tüchtigkeit der wirkenden Culturkräfte und der Günstigkeit der gegebenen Naturverhältnisse das wichtigste Element für die Productivität und den Wohlstand irgend eines Wirthschaftsbetriebes. Dass solche Exportmöglichkeit unter übrigens gleichen Verhältnissen den Ausschlag giebt, auch schon auf der primitiven Entwicklungsstufe kleinbäuerlicher Colonisation, dafür lassen sich in allen überseeischen Ländern eine beliebige Zahl von Beispielen anführen; hier sei nur eines aus Argentinien erwähnt. Die natürliche Verkehrsstrasse dieses Landes, welche in früheren Zeiten fast allein den Export aus dem Innern ermöglichte, ist der Paraná-Fluss; an diesen schlossen, und schliessen sich noch jetzt, die Niederlassungen im Innern des Landes möglichst nahe an. In keiner dieser Ansiedlungen aber sind die Familien zu so bedeutendem Vermögen gelangt, wie in der Colonie Baradero, welche am meisten den Paraná abwärts, dem Meere und der Hauptstadt des Landes, Buenos Aires am nächsten gelegen ist. *)

Wo solche Flüsse nicht gegeben sind, kann man sie unter seltenen Umständen durch Canäle, häufiger aber noch durch andere Transportmittel ersetzen. Dasjenige derselben, welches der zweiten Hälfte unseres Jahrhunderts seinen Charakter aufgeprägt hat, ist bekanntlich die Eisenbahn. Ohne genügende Verkehrsmittel ist die rentable Besiedlung eines Binnenlandes nicht möglich; daher eben ist heutzutage die Eisenbahn-Anlage das bedeutendste Colonisationsmittel geworden. In den Vereinigten Staaten erscheint jetzt sogar nicht nur die Industrie, sondern auch die Landwirthschaft von der Schiene unzertrennlich. Dieses Land der riesigen Export-Production hat uns den epochemachenden Satz gelehrt: »ohne Eisenbahn kein lohnender Landbau!« **)

Es ist interessant, hier, wo es sich um die Entwicklung cultureller Verhältnisse handelt, genau denselben Gesetzen zu begegnen, welche auch die Gestaltung natureller Verhältnisse bedingen. Wie bei diesen Zeit und Kraft sich ergänzen, und das eine Element durch das andere zu ersetzen ist, so auch hier; und zwar so, dass

*) Vergl. hierüber Carl Beck-Bernard, »Die Argentinische Republik« 2. Auflage, Bern 1874, Seite 119.

**) Eine sehr anschauliche Schilderung, wie mit dem Mittel der Eisenbahn-Anlage systematisch und zugleich rentabel colonisirt wird, giebt u. a. Heinrich Semler in seinem vortrefflichen Buche über die »Nordamerikanische Concurrenz« (Wismar 1881, S. 153).

wir den Kraftverbrauch auf culturellem Gebiete wirthschaftlich bemessen und ausdrücken in dem Betrage der Kosten, die er verursacht. Auch hier wird der Zeitverbrauch durch Kostenaufwand erspart und ersetzt, gerade so wie es in der Mechanik geschieht. Es gilt also hier eine ganze Cultur-Entwicklungsstufe zu überspringen, und dies geschieht durch den Kraft- und Kostenaufwand der Transportmittel-Anlage.

Der grössere Erfolg, den die angelsächsiche Colonisation Nord-Amerikas, über die Entwicklung der romanischen Länder Süd-Amerikas hinausgehend, in so eminentem Maasse errungen hat, beruht durchaus nicht allein auf günstigeren Naturverhältnissen, der näheren Lage der Vereinigten Staaten an Europa und dergl., sondern mindestens ebenso sehr auf der kühneren und geschickteren Verwendung des Kraft- und Kostenaufwandes in Transportmitteln und anderen Cultur-Anlagen der Nord-Amerikaner, durch welche diese ihre Entwicklung beschleunigt haben.

Ein zwar nebensächlicher, aber doch nicht unwichtiger Vortheil, welcher die Anlage grosser Transportmittel einem colonisatorischen Unternehmen, unter Umständen sogar schon in einem übrigens noch sehr uncultivirten Lande, gewährt, ist der, dass die zum Bau solcher Anlage erforderlichen Arbeiter sich für die längere Dauer des Baues in der Umgegend anzusiedeln genöthigt sind, und so sehr wohl den ersten Grund zur Colonisation des Landes legen können. Dieser Vortheil ist in verschiedenen Ländern in verschiedener Weise ausgenützt worden, also entweder so, dass man auch wenig bemittelten Auswanderern die Ansiedlung in der Nähe solcher Eisenbahn-Anlage ermöglichte, indem man ihnen und ihrer Familie den ersten Lebensunterhalt durch Lohnarbeit an der Bahnanlage zusicherte, oder so, dass die Eisenbahn-Unternehmer, welche die Bahnanlage ausführten, ihre schon anderwärts beschäftigten Arbeiter nach dem neuen Arbeitsfelde mitnahmen, und diesen dann freistellten, sich dauernd dort anzusiedeln, ihnen dieses möglichst erleichterten und sich gewissenhaft bemühten, denselben die Vortheile solcher Ansiedlung in möglichst ausgiebiger Weise zu Theil werden zu lassen.

Wo das Staatswesen, in dessen Grenzen ein colonisatorisches Unternehmen arbeiten will, schon selbst über die erste Periode der Entwicklung hinaus und völlig in die der Grosswirthschaft eingetreten ist, da sollte es dem Unternehmen bei übrigens richtiger Anlage desselben gelingen, sich mit dem hier angegebenen Mittel in genügend schnellem Tempo emporzuarbeiten. In einem Staatswesen dagegen, wo dies nicht so ohne Weiteres möglich ist, welches eine zu schwache Einwohnerzahl, zu geringe culturelle Bedeutung, zu wenig entfaltete Hülfsmittel hat, sollte (so könnte man sagen) ein »Colonisations«-Unternehmen nicht zu arbeiten versuchen. — Ist denn aber in einem Lande wie z. B. Argentinien, das allerdings noch kaum von der Stufe des extensivsten, an das Nomadenthum grenzenden Viehzuchtbetriebes auf die des Landbaus übergegangen ist, und in dem von einem Grossbetriebe der Landwirthschaft, geschweige denn von einer industriellen Entwicklung wie in den Ver. Staaten überhaupt noch nicht die Rede sein kann, — ist in einem solchen Lande denn rentable Colonisation überhaupt nicht zu betreiben?

Eisenbahn- und andere derartige Transportmittel-Anlagen rentiren dort erfahrungsgemäss allerdings nicht so schnell, dass europäisches und vor allem binnenländisches Capital, das Risico und den längeren Zinsverlust einer solchen Anlage selbstständig auf sich zu nehmen, geneigt sein könnte. Indessen vermag sich hier ein Colonisations-Unternehmen wohl durch eine Selbst-Bewirthschaftung seiner Ländereien resp. eines Theiles derselben zu helfen. Dass dies von seiten nord-amerikanischer oder auch brittischer Land- und Colonisations-Gesellschaften selten oder nie zu geschehen pflegt, ist eben kein Grund, Dergleichen da auszuschliessen, wo es erforderlich ist. In der Wildniss eines Naturlandes kann eine Land-Speculation höchstens als Schwindel-Unternehmen einen kurzen Erfolg haben; es mag seine Landpreise eine Zeitlang durch betrügerische Vorspiegelungen und Anpreisungen hochschrauben und hochhalten, der Landwerth aber ist nur durch Culturarbeit zu heben; und wenn sich nicht ein Fremder, ein Nachbar oder sonst wer findet der diese Arbeit thut, so muss man sie eben selbst unternehmen.

In demselben Verhältnisse wie anderweitige Hülfsmittel (sei es staatliche Unterstützung, sei es Gunst der Naturverhältnisse) fehlen, in eben dem Maasse ist es nöthig, der colonialen Entwicklung die erforderliche Culturbasis für die Ermöglichung eines Welthandelsverkehrs durch eigene cultivatorische Unternehmungen der Colonisations-Gesellschaft selbst zu beschaffen, und dieser dadurch zugleich die nöthige Rentabilität ihrer Capital-Anlage zu sichern. Welcher Art solche grosswirthschaftlichen Culturleistungen sein sollten, das ist ausschliesslich eine Frage localer und individueller Verhältnisse; da mögen sich Viehzucht, Landwirthschaft, Tabaksbau, Zuckerproduction oder manches Andere empfehlen. Auch ist keine allgemeine Regel darüber aufzustellen, ob gleichzeitig neben einer solchen Selbstbewirthschaftung der Ländereien durch die Gesellschaft schon die Besiedlung eines Theils derselben stattfinden, oder ob diese erst später folgen sollte. Zu verkennen ist jedenfalls nicht, dass solche grosswirthschaftlichen Betriebe der Colonisations-Gesellschaft den Ansiedlern vielfach als Musterwirthschaften und auch sonst in mancherlei Weise als Rückhalt und Stütze dienen können. Vermittelst solches eigenen Wirthschaftsbetriebes der Gesellschaft sind den Colonisten gerade die meisten derjenigen Dinge, Nahrungsmittel, Baumaterialien, Werkzeuge, Sämereien, Vieh und dergl., so billig zu beschaffen, wie es anders auf keine Weise möglich ist. Solche Musterwirthschaften können ferner den in den neuen Verhältnissen sich schwer zurecht findenden, und auch den wenig bemittelten Einwanderern zuerst als Anhalt dienen; diese können dort den eigenartigen, für das Land am besten geeigneten Betrieb erlernen und sich zugleich durch Lohnarbeit das nöthige Capital und sonstige Hülfsmittel erwerben, mit denen sie sich danach selbstständig ansiedeln können. Es wird aber dadurch nicht nur den für das Land der Gesellschaft gewonnenen Ansiedlern Gelegenheit gegeben, sich auf diese Weise in ihrer neuen Heimath erst genügend körperlich und geistig zu acklimatisiren, sondern auch denjenigen Colonisten, welche Unglück haben und unselbstständig werden, später noch die Gelegenheit geboten, sich durch Lohnarbeit ihren Unterhalt zu verdienen; also Verarmung ausser durch Krankheit, Verwaisung oder Altersschwäche kann dadurch nahezu ausgeschlossen werden, wenigstens soweit man eine wohlwollende, menschenfreundliche Organisation durchzuführen und böswillige Elemente fern oder doch im Zaum zu halten im Stande ist, Gelegentlich, besonders in Zeiten einer Calamität, kann solche Gesellschaft durch eigenen Grossbetrieb ihren umwohnenden Colonisten manche Aushülfe leisten. Nur Eines ist dabei ausgeschlossen; die

Gesellschaft muss es unbedingt vermeiden, ihren Colonisten Concurrenz zu machen und deren Absatzpreise zu drücken, sondern vielmehr diese Preise heben, und es denselben ermöglichen, ihre Producte in weiterem Umkreise abzusetzen, als denselben dieses ohne solche Hülfe möglich sein würde. Vorausgesetzt dabei ist eben als erste Vorbedingung das Vorhandensein einer leichten Exportmöglichkeit für den Grossbetrieb.

Die Arten, wie Colonisations-Unternehmungen ihre Rentabilität erzielen, sind gerade so endlos mannigfaltig wie alle Verhältnisse der Natur und des Menschenlebens überhaupt. Mit dem Wechsel der Vorbedingungen, Grundlagen und Umstände eines Unternehmens wechselt selbstverständlich in demselben Maasse auch die Anlage desselben. Ein Schema hierfür aufzustellen wäre absurd. Es ist eben der Beweis für die Tüchtigkeit und das Organisationstalent des Leiters einer solchen Unternehmung, dass er sich den industriellen Verhältnissen, in die er gesetzt wird, und die sich mehr oder weniger schnell um ihn her verändern, sich jederzeit anzupassen versteht. Jeder wahre Colonisator hat daher auch seine eigene Art und Methode. Wer nicht selbst erfinden, selbst schaffen kann, der taugt nicht zur Leitung und Gestaltung menschlicher Cultur-Entwicklung. Auch eine theoretische Zusammenstellung vieler solcher verschiedenen Methoden hat daher praktisch keinen Werth. Sie zu beurtheilen ist doch nur Der im Stande, welcher eine lange und reiche, eigene Erfahrung in der Durchführung derartiger Unternehmungen hat; und Der gerade bedarf solcher Zusammenstellung am aller wenigsten. Ich beschränke mich hier daher auf die Hervorhebung einiger weniger Gesichtspuncte.

Aus etwas älterer Zeit, aus den 50er und 60er Jahren, ist hier auf das reiche Material der Erfahrungen zu verweisen, welche Herr Carl Beck-Bernard in seinem schon oben mehrfach erwähnten Handbuche für Auswanderer und Colonisten: »Die Argentinische Republik« zusammengetragen hat. An die Culturarbeit dieses Mannes schliesst sich ganz besonders Herr William Perkins, der erste Organisator der »Central-Argentinischen Land-Gesellschaft« in seiner sehr verdienstvollen Broschüre *»The Colonies of Santa Fé* *in the Argentine Republic«* *) an. Neuerdings sind auf diesem, meist noch mit den Anfängen der Colonisation beschäftigten Arbeitsfelde eine ganze Reihe anderer Darstellungen zu nennen.

Speciell mag hier bemerkt werden, dass es wünschenswerth, ja nothwendig ist, den Ansiedlern auf dem Felde der Colonisation von dem Augenblick ihrer Ankunft daselbst an Unterkommen, Lebensmittel und Werkzeuge zu räsonablen Preisen zur Verfügung zu halten. Es sind hierzu reell verwaltete Anstalten einzurichten. Vorschüsse oder Waarencredit zu gewähren mag allerdings auch unter Umständen sehr wünschenswerth oder nothwendig sein, jedenfalls aber nur bei denjenigen Ansiedlern, die man sich darauf mit grosser Vorsicht ansieht, und die womöglich bereits als ordentliche, arbeitsame und gewissenhafte Leute sich bewährt haben. Sobald man sich zu solchen Liberalitäten unbekannten Ankömmlingen gegenüber statutenmässig verpflichtet, wird man dadurch nur den Jan Hagel der europäischen Auswanderer zu sich heranlocken.

Am häufigsten ist der gewissermaassen »planlose« Betrieb der Colonisations-Gesellschaften, bei welchem sich dieselben auf weiter nichts einlassen, als den Ansiedlern den Landverkauf auf Credit zu gewissen, verschiedenenartigen Bedingungen, verschiedenen Creditfristen zu verschiedenen Zinsprocenten, nach deren freier Wahl zuzusichern. Dies ist die gewöhnliche Art der Land- und Eisenbahn-Gesellschaften in den Vereinigten Staaten; auch der hamburger »Colonisations-Verein von 1849« verfolgt im Wesentlichen dieselbe Geschäftsweise. Eine mehr unwesentliche Abweichung der letzteren Gesellschaft von jenen ersteren ist etwa die, dass die nordamerikanischen-Gesellschaften ihr Land fast regelmässig nur in gleich-grossen Quadraten parcelliren, während Dona Francisca und Saõ Bento in langgestrecten Oblongen eingetheilt sind, die sich mehr naturgemäss den Läufen der Flüsse und Bäche anschliessen. Gegen die quadratische Parcellirung, die sogenannte »Schachbrett-Methode«, ist vielfach und stark geeifert worden; **) dennoch

*) Erschienen zu Rosario de Santa Fé 1864 in spanischer und englischer Sprache, gedruckt in der Zeitungs-Druckerei des *„Ferro caril"*, jetzt leider im Buchhandel nicht mehr zu haben.

**) Vergl. z. B. auch im zweiten Jahrgange der »Geographischen Nachrichten« Heft 1 und 2, Berlin im Juni 1880, Seite 22 f, die Auslassungen des Herrn Carl von Koseritz.

beherrscht sie heute fast alle colonialen Länder, auch Süd-Amerika. Es scheint dass diese Art der Parcellirung meistens für die Land-Gesellschaften, die Art des hamburger Colonisations-Vereins dagegen für die Ansiedler etwas günstiger ist.

Dieser Colonisations-Verein hat übrigens noch den Vorzug seinen Ansiedlern, allerdings nur in beschränkter Zahl, eine Preisermässigung für die längere und theurere Reise nach Brasilien bieten zu können, gegenüber der gewöhnlichen Auswanderungs-Beförderung nach den Vereinigten Staaten.

Die gewöhnlichste Art, wie Colonisations-Gesellschaften die Preise ihres Landes steigern und dasselbe möglichst hoch verwerthen, besteht darin, dass sie anfangs von ihrem parcellirten Lande nur ein Grundstück um das andere verkaufen, zuerst natürlich zu verhältnissmässig niedrigem Preise. Sind diese ersten Grundstücke aber cultivirt und zugleich der Wirthschaftsbetrieb der ganzen Gegend gehoben, so wächst der Werth der zwischenliegenden Grundstücke um ein Mehrfaches, und aus dem Verkaufe dieser Areale wird erst der eigentliche Gewinn der Speculation realisirt.

Ferner werden diese ersten Grundstücke auch wohl tüchtigen, bewährten Colonisten umsonst überlassen, solchen auch wohl gar das nöthige Betriebs-Capital zur Bewirthschaftung der Areale *in natura* vorgeschossen oder geschenkt. Letzteres meist nur gegen die Verpflichtung in festgesetzter Zeit auch das neben dem ihrigen liegende Grundstück zu cultiviren. Auch kommen Verträge vor, bei denen solche Pionier-Colonisten erst durch die Erfüllung dieser selben Bedingung, der Instandsetzung zweier Grundstücke, Eigenthümer des einen derselben werden. Die auf diese Weise zu fertigen Landgütern umgewandelten Ländereien sind alsdann zu ihrem vollen Gebrauchs- resp. Ertrags-Werthe zu verkaufen oder zu verpachten.

Auch haben Colonisations-Gesellschaften mit Lohnarbeitern ihre Ländereien nach und nach selbst zu Landgütern umgestaltet und dann verkauft oder verpachtet, wenn sie dafür leichter Käufer oder Pächter finden konnten oder doch bessere Rechnung dabei fanden, als wenn sie ihr Land im rohen Zustande verkauften oder verpachteten. Im Allgemeinen wird es schwer sein, genügend wohlhabende und verantwortungsfähige Männer in einem Coloniallande zu finden oder dorthin zu ziehen; eher möglich ist es aber, dass die Gesellschaft solche Grundstücke von ihren eigenen Angestellten, welche dieselben eventuell gar selbst cultivirt haben, weiter bewirthschaften lässt und zwar gegen guten Antheil am Rein-Gewinn, welcher es tüchtigen jungen Leuten der Mühe werth macht, dies als Lebensaufgabe zu betreiben und dabei ehrlich zu bleiben, sich aus dem Ueberschuss solcher Tantièmen nach und nach das Grundstück zum Eigenthum zu erwerben und sich dort eine Familie, eine Heimath zu gründen. Andernfalls ist es auch gelegentlich solchem früheren Angestellten möglich, in der alten Heimath oder sonstwo einen Gesellschafter mit Capital zu finden, mit welchem zusammen er das Grundstück erwirbt, dasselbe für gemeinschaftliche Rechnung bewirthschaftet und mit ihm den Netto-Ertrag desselben theilt.

Ein Wort mag hier noch beiläufig über das in Deutschland jetzt so verrufene »Halbpart-System« gesagt werden; besonders unter dem portugiesisch-brasilianischen Namen der *Parceria*-Contracte ist dasselbe durch den Missbrauch resp. die unglückliche Anwendung desselben auf deutsche Bauern in den heissen nördlichen Provinzen Brasiliens verschrien worden. Im tropischen Klima konnten deutsche Kräfte ihre Pflicht als Feldarbeiter nicht erfüllen; überdies waren dieselben aber in dem erwähnten Falle nicht immer gutwillig, thaten nicht was sie konnten, und hinzukommendes Unglück vollendete die Calamität. Es liegt aber auf der Hand, dass dieses Alles nicht eine Folge der Art der abgeschlossenen Contracte ist. Wann erhält denn sonst der Landarbeiter die Hälfte des Ertrages seiner Arbeit? In der Regel wird sich der Halbpartner besser stehen als der Lohnarbeiter. Uebrigens ist der Grundgedanke dieses Systems ziemlich so alt wie die menschliche Cultur, findet sich wenigstens in den Anfängen fast aller Völker der arischen Rasse bis nach Indien hinüber, nur dass dort noch im vorigen Jahrhundert unter dem Grossmogul die bengalischen Bauern ihren Semindaren 3/4 und mehr ihres Land-Ertrages abzugeben hatten. Auch in den brittischen Colonien in Nord-Amerika war das Halbpart-System durchaus nicht ungewöhnlich; im modernen Europa ist es unter den Namen *Métayer*-System bekannt.

Schliesslich mag hier noch ein Colonisations-Betriebsplan, der des modernen, schweizer Colonisator, Herrn Dr. Joos, erwähnt werden. Kurz gefasst, kommt dessen System etwa auf Folgendes hinaus: Die Colonisations-Gesellschaft erwirbt (womöglich auf 12, 18 oder 24 Monate Zahlung nach Besitznahme des Terrains) ein Areal von etwa 200,000 Acker; davon verschenkt sie 100,000 Acker an 100 schweizer Gemeinden. Diese errichten auf dem Lande innerhalb 10 Jahren etwa 10 Gemeide-Ansiedlungen zu etwa je 100 Acker, oder die Actien-Gesellschaft übernimmt die Colonisation des Landes mit Familien aus diesen Gemeinden in deren Auftrage und Interesse. In dem einen wie dem andern Falle wird durch solchen Grundstock der Colonisation und guten Anfang der Cultivation der Werth des noch unbebauten Landes ausserordentlich gesteigert; dazu hilft auch in der Schweiz das Prestige der beschenkten Gemeinden wesentlich mit. Herr Dr. Joos sieht kein Bedenken diese Colonisation in den Vereinigten Staaten durchzuführen, den Rest des Landes auch an Deutsche, Schweden, Norweger oder Amerikaner zu verkaufen, dieselben aber unter seine schweizer Elemente zu mischen, da diese alsdann bei ihrer lang-gewohnten Schulung in der Selbstverwaltung erfahrungsgemäss das Uebergewicht über alle anderen Volkselemente behalten werden.

Praktisch bewährt ist dieser Betriebsplan bisher nicht. Für das Deutschthum, wie es heutzutage ist hüben wie drüben, wird man sich von der Anwendung eines solchen Planes gegenwärtig wohl noch keinen culturpolitischen Erfolg versprechen können. Freilich ist jetzt das Deutschthum in den Vereinigten Staaten, namentlich im Westen derselben, wohl als culturelle Macht nicht mehr ganz so schwach, wie man sich in Deutschland meistens vorstellt, und bietet auch deutschem Capital sowie deutscher Cultur keine so schlechte Organisationsbasis. Von keinem andern überseeischen Lande erhält das deutsche Volk einen so starken rückwirkenden Einfluss wie gerade von dort;*) der stets zunehmende briefliche Verkehr von dort dringt weiter und tiefer in alle Classen und Gesellschaftskreise unseres Volkslebens ein, und die jedes Jahr von dort hierher gesandten Summen, theils um die zurückgebliebenen Verwandten und Freunde früherer Auswanderer hier zu unterstützen, theils um auch ihnen die Reise über den atlantischen Ocean zu

*) Beispielsweise findet sich im Staate Missouri eine weit verzweigte Synode, welche mit den Kräften ihres Seminars sogar eine ganze Reihe von Gemeinden in Deutschland versorgt.

ermöglichen, beweist, ein wie lebendiger geistiger Verkehr zwischen uns und jenem »Lande der Zukunft« besteht. Wenn wir bisher aber dabei mehr der leidende und empfangende Theil sind, so liegt das eben nur daran, dass wir uns bisher noch überhaupt zu keiner selbstständigen nationalen Lebensäusserung nach aussen aufgerafft haben. Fangen wir erst an, unsere Culturkräfte in der weiten, überseeischen Welt frisch und frei zu üben und zu bethätigen, so bieten sich unserem Cultureinflusse nicht geringere Chancen in Nord-Amerika als anderswo, vielmehr grössere und grösste, nur allerdings nicht am leichtesten zu erreichende Ziele.

Eine ganz besondere Schwierigkeit ist es für ein Colonisations-Unternehmen, wenn dasselbe im Wesentlichen auf die Verwendung von Ansiedlern und sonstigen Arbeitskräften einer bestimmten Nationalität angewiesen ist oder sich freiwillig an dieselben bindet. Solches Menschenmaterial in einem Lande anzusiedeln oder zu verwenden, wo dasselbe nicht (objectiv) durch die dortigen Umstände oder (subjectiv) durch seine eigenartigen Anlagen und Fähigkeiten in den Stand gesetzt wird, so gut und so billig zu produciren, dass seine Erzeugnisse mit denjenigen solcher Länder concurriren können, mit welchen dieselben dort thatsächlich concurriren müssen, wenn sie rentablen Absatz finden wollen, wäre eine offenbare Thorheit, über die keine ideelle Schwärmerei, kein patriotischer Enthusiasmus hinweg hilft. Ja, man muss in dieser Richtung noch weiter gehen. Wenn ein solches Unternehmen übersee oder sonstwo einen Productionsbetrieb einrichtet, in welchen die Arbeitskräfte seiner eigenen Nationalität zwar zeitweilig zur Noth bestehen können, der aber gerade an dem Orte von andern Kräften besser und billiger besorgt werden kann, und wenn dann doch die nationalen Arbeitskräfte dabei verwendet werden, so ist auch das schon eine Thorheit, die voraussichtlich mit einem nicht viel weniger blamablen Misserfolge des Unternehmens enden muss.

Um nun dazu die geeigneten Verhältnisse ausfindig zu machen, unter welchen ein deutsches Unternehmen unsere eigenen Arbeitskräfte am besten oder am wenigsten nachtheilig verwenden kann, und um auch die Mittel finden zu können, wie im einzelnen Falle den Schwächen unseres Culturmaterials entgegenzuwirken sein wird, ist es nöthig sich diese Schattenseiten desselben zu vergegenwärtigen. Schon weiter oben habe ich Einiges darüber gesagt; es mag hier jedoch angebracht sein, noch etwas näher auf diesen Puncte einzugehen.

1) Als Ansiedler haben unsere Auswanderer resp. diejenigen unserer Culturkräfte, welche bisher bewusst oder unbewusst die Pionierarbeit unternommen haben, überseeischen Boden für deutsche Cultur zu erwerben, verhältnissmässig zu geringe Geldmittel zur Verfügung. Die meisten sind Bauern, diese aber sind immer noch am besten ausgerüstet, denn was von höheren, geistig-entwickelten Ständen von Deutschland aus in die Welt hinauszieht, ist meist mit Capital noch schlechter versorgt. Wir sind dadurch bisher verhindert, an unsere Colonisten die gleichen Anforderungen der Zahlungsfähigkeit zu stellen, wie z. B. die Engländer und Franzosen; und es muss unser Augenmerk sein, womöglich bessere Kräfte, eigentliche Culturkräfte mit Capital und mit geschulter Intelligenz für deutsche Colonisation zu gewinnen.

2) Als Wirthschafter leiden die bisherigen deutschen Auswanderer an einer Bockigkeit und Schwerfälligkeit, dass es gelegentlich selbst dem geduldigsten Menschen den Spass verderben kann. Sie wollen genau Das an Feldfrüchten bauen und genau Das essen und wollen es auch genau so bauen und genau so essen, wie sie es von ihren Vätern und Grossvätern gesehen und gelernt haben. So anpassungsfähig, man möchte sagen neuerungssüchtig, gerade die höheren, intelligenteren Gesellschaftsclassen unseres Volkes sind, welche doch bisher am wenigsten daran denken, in die weite Welt hinausziehen, um dort zu leben und zu schaffen, gerade so wenig sind diese Eigenschaften denjenigen unter uns gegeben, die sich doch scheinbar so leicht entschliessen, Haus und Hof daheim aufzugeben und übersee zu gehen; und doch ist gerade je primitiver eine coloniale Volkswirthschaft ist und je rascher sich dieselbe entwickelt, um so mehr dort ein hoher Grad von Accommodations-Fähigkeit nöthig. — Das beschränkte Begriffsvermögen unseres gewöhnlichen auswandernden Landvolkes erschwert es ihnen ganz besonders, sich leicht an einen grösseren, ihnen unbekannten Wirthschaftsbetrieb zu gewöhnen, wie sie ihn in einem erfolgreichen Colonisations-Betriebe doch führen müssen, den sie dort aber überdies noch meist ganz allein mit ihrer Familie, höchstens mit Hülfe einiger Nachbarn, im Uebrigen mit Verwendung von Maschinen

durchzuführen haben, und der ihnen dann freilich einen schnellen und reichen Gewinn erträgt. In Nord-Amerika entwöhnen sich unsere Landsleute meist recht wohl von diesen Schwächen; sie lernen dort Neues, Besseres von ihren früher dorthin gewanderten Bekannten und Nachbarn, und der Zwang der Noth, das Entweder-Oder des Elend-Untergehens oder des Grossartig-Vorankommens passt sie an die Verhältnisse an, denen sie sich aus eigenem geistigen Vermögen nur nach Kräften widersetzen. In andern überseeischen Ländern bietet sich diese natürliche Hülfeleistung weniger oder garnicht. Dort ist es daher bis zu gewissem Grade angebracht, unsern Ansiedlern zur Hand zu gehen, sie zu belehren, zu berathen und zu unterstützen, wo man seinen Rath und seine Unterweisung gut angebracht sieht; übrigens aber dürfte es sich empfehlen, nicht zu zartfühlend und mitleidig solchen Kräften gegenüber zu sein, denn ohne einen gewissen Zwang der Noth entschliesst sich ein schwer beweglicher Geist doch nicht, sich aufzuraffen.

3) Als Arbeiter stehen unsern Auswanderern so ziemlich alle Unarten des deutschen Wesens überhaupt im Wege; vor allem die sogenannte »Gemüthlichkeit«, die im Wesentlichen doch nur auf ein Sichgehenlassen, auf den Lebensgenuss mit »wenig Witz und viel Behagen«, auf das Nachgeben alten Lebensgewohnheiten hinauskommt und die hoffentlich kaum noch als eine Charakter-Eigenschaft unserer kommenden Generation wird gelten können. Das Anspruchsvolle des deutschen Wesens ist culturell eine unserer besten Seiten; sie ist die eigentliche Quelle und Triebfeder unserer Cultur-Entwicklung, und in so fern dieses Anspruch-Erheben mehr und mehr auch die Steigerung der geistigen Anforderungen, die ein Jeder an sich selbst macht, in sich schliesst, gewährt es uns zugleich die beste Garantie für den ferneren, hoffentlich unbegrenzten Cultur-Aufschwung deutschen Wesens. Das aber, was unser »geistig alterndes Geschlecht« und die Masse unseres niederen Volkes mit dem Worte »Gemüthlichkeit« bezeichnet, ist meist das Gegentheil von solchem Culturtrieb; es ist ein materielles Anspruch-Erheben ohne die geistige Rechtfertigung für dasselbe, eine Zusammensetzung von Unmässigkeit und Lässigkeit. Solange der deutsche Arbeiter, und zwar der geistige sogut wie der Handarbeiter, sich nicht entwöhnt, seine Arbeit so oft, wie es jetzt meist geschieht,

durch Abhalten von Mahlzeiten zu unterbrechen, bei der Arbeit gar zu rauchen und am Ende des Tages seine Erholung in übermässigem Trinken und lärmenden Vergnügungen zu suchen, solange wird er nicht mit den brittischen, amerikanischen, französischen, italienischen und Arbeitern mancher anderer Nationalitäten concurriren können. — Die Erfahrung lehrt nun, dass unsere Landsleute bei einer nicht sehr starken Untermischung mit Elementen, die ihnen in Hinsicht dieser Schwächen vorzuziehen sind, sich an bessere Arbeitsführung gewöhnen. Zum grossen Theil wirkt auch dabei der Zwang der Concurrenz, also die Noth des Kampfes um die Existenz mit. Es ist daher wohl zu erwägen, wo es möglich ist, sich nicht an eine ausschliessliche Verwendung deutscher Arbeiter zu binden, sondern jede deutsche Colonisation mehr oder weniger stark mit geeigneten fremden Elementen zu vermischen, natürlich nie über dasjenige Maass hinaus, welches das culturelle Uebergewicht des guten Fonds der deutschen Culturkräfte bedrohen könnte.

Eine Aufgabe von der grössten Wichtigkeit, ja man sollte sagen die hauptsächlichte Aufgabe für ein colonisatorisches Unternehmen überhaupt, ist es, diejenigen Kräfte zu sich heranzuziehen, deren es bedarf. Dies kann nur dadurch geschehen, dass man solchen Kräften, also den möglichst besten der auswandernden Volkskräfte, die möglichst besten Aussichten für ihr wirthschaftliches und culturelles Gedeihen übersee bietet. Die grosse Masse unserer Auswanderer zieht ahnungslos nach den Vereinigten Staaten hinüber und findet dort Beides, die besten wie die schlechtesten Chancen vor, von denen ein Jeder für sich gewinnt je nach Glück und Gaben. Von diesen Kräften diejenigen heranzuziehen, welche man am wünschenswerthesten erachtet, Das kann für ein Colonisations-Unternehmen in Nord-Amerika wohl heute als keine sonderlich schwere Aufgabe gelten. Anders ist Dies aber für Unternehmungen, deren Streben sich auf andere überseeische Länder richtet.

Diesen Unternehmungen steht in erster Linie das gewaltige, durchaus nicht zu unterschätzende Prestige der Vereinigten Staaten entgegen. Dass dieses günstige Vorurtheil nur sehr theilweise berechtigt ist, zum Theil aber sehr übertrieben wird, thut dem

Gewichte desselben bei der Masse des Volkes keinen Eintrag, denn das Volk als solches ist und bleibt stets urtheilslos. Es ist daher auch ein Irrthum, wenn man vonseiten mancher wohlwollender Kreise in Deutschland anzunehmen scheint, eine theilweise Hinüberleitung einer Massen-Auswanderung nach andern Gegenden als Nord-Amerika sei in absehbarer Zeit mit privaten Colonisations-Bestrebungen zu bewerkstelligen. Dass aber freilich einiger Einfluss in dieser Richtung zu üben, oder dass es der Mühe werth sein wird, es zu versuchen solchen Einfluss zu üben, Das wird einstweilen Niemand in Abrede zu stellen berechtigt sein. Denn allerdings bieten manche überseeische Länder unsern Culturkräften bessere Aussichten materiellen Gedeihens und cultureller Selbstständigkeit, billigere Landpreise bei gleich gutem oder besserem Boden, günstigeres Klima, selbst gleiche Vortheile des Grossbetriebes und der Exportmöglichkeit und vor Allem auch breitere Grundlagen für eine Geltendmachung der Vorzüge und Stärken des deutschen Wesens, als die Vereinigten Staaten dieses durchschnittlich gewähren. Beispielsweise empfindet der deutsche Landmann unter den Bauern des überseeischen Romanenthums ein berechtigtes Selbstgefühl seiner Ueberlegenheit, das für seine selbstständige culturelle Entwicklung bis zum gewissen Grade unentbehrlich ist; in Nord-Amerika wird er in der Regel von der gegentheiligen Erscheinung von vorneherein in seiner Selbstachtung als Deutscher geknickt und erdrückt.

In Anknüpfung hieran nur noch ein kurzes Wort über die Agitation, welche ein auf die breiten, unteren Volksschichten basirtes Unternehmen nie völlig entbehren kann. Je weniger künstlich organisirt solche Agitation ist, je mehr sich dieselbe natürlich und selbstthätig aus dem Volke herausgestaltet, desto billiger nicht nur, desto wirksamer auch wird sie sein. Dem auswanderungslustigen Bauern wird allerdings meist mit erstaunlichem Erfolge von routinirten Auswanderungs-Agenten Unglaubliches glaublich gemacht; je mehr Das, was dem Urtheilslosen vorgeschwatzt wird, dessen Fassungskraft übersteigt, desto wahrscheinlicher pflegt ihm das Märchen zu sein. Gerade von den verständigeren und brauchbareren Kräften aber wird zu vermuthen sein, dass wenn sie Persönlichkeiten, welche sie genauer kennen, und die bei ihnen das Ansehen einer wohlwollenden Gewissenhaftigkeit geniessen, über ihre Interessen genügend unterrichtet finden, sie eher dem Rathe und der Auskunft solcher Vertrauensmänner glauben werden. Bei den meisten unserer Landbewohner geniessen die Pfarrer und Lehrer eine solche Autorität. Wenn daher national-culturpolitische Bestrebungen in Deutschland erst soweit in's Volk gedrungen sein werden, dass auch diese letzterwähnten Kräfte sich für dieselben erwärmen und schliesslich aus eigenem, ideellem Interesse für dieselben arbeiten, dann werden die wirthschaftlichen Unternehmungen, welche solchen Zielen dienen, die wünschenswerthe Basis ihrer Lebensfähigkeit in Deutschland finden.

Eine Erwerbs-Gesellschaft, welche ideelle Ziele mit ihren materiellen Zwecken verbindet, sollte mehr als jede andere vermeiden, auch nur den leisesten Schein eines Risicos oder einer Verantwortung für ihre Auswanderer und Colonisten zu übernehmen, oder sich gar durch Ueberredungen und Verheissungen zu exponiren. Wer sich als Privatmann für die deutsche Auswanderung erwärmt, muss bereit sein, sich selbstlos aufzuopfern; er mag seine materiellen Interessen, vielleicht gar seinen Namen dafür in die Schanze schlagen, er wird, und zwar um so mehr, je mehr er von ideellen Absichten (sogenannten, uneigennützigen Interessen und Trieben) bewegt wird, dennoch für alle Fehlzüge, die dabei mit oder ohne seine Schuld gemacht werden, verantwortlich gehalten werden. Das ist ein Charakterzug aller Volksmassen, und daran sollte ein Jeder erinnert werden, der es unternimmt, sich mit Rath und That des »Volkes« anzunehmen. Aber freilich Dank wird kein verständiger Mensch in einer Welt erwarten, welche stets mit Undank lohnt, und keine Anerkennung in einer Welt, die nur den Schein verehrt, ja kaum ein Verständniss in einer Welt, die stets getäuscht sein will. Wer nach ideellen Zielen strebt, handle um der That selbst willen, die seinen Geist erfüllt und befriedigt, — wie der Künstler schafft, den sein Ideal begeistert!

An Ueberraschungen, auch an Enttäuschungen sind wohl keine Unternehmungen so fruchtbar, wie gerade die colonisatorischen. Nirgends spielt das Unvorhergesehene und nicht Vorherzusehende eine so hervorragende Rolle, im Guten wie im Bösen, wenn auch mehr im Letzteren. Was allein eine Sicherheit für die Ueberwindung aller Schwierigkeiten bietet, ist die Tüchtigkeit und die glückliche

Hand des Leiters solcher Unternehmung. Immerhin aber mögte es nicht ohne Grund sein, wenn ein Unternehmen dieser Art — und hier sei zum Schlusse auch noch dem Humor ein bescheidener Raum gegönnt! — sich als Motto den bekannten Satz von Wilhelm Busch erwählte:

»Aber hier, wie überhaupt,
»Kommt es anders, als man glaubt!«

Schluss.

Zusammenfassung des Resultats.

Für die **Colonisations-Politik** wie für die **Colonisations-Technik** wird sich aus obiger Darstellung eine generelle Lehre entnehmen lassen, deren Gültigkeit allerdings wohl nicht auf das Gebiet der überseeischen Politik allein zu beschränken ist.

Culturverhältnisse lassen sich nur schaffen, indem man ihre organische Entwicklung begünstigt. Dieselben lassen sich nicht mit Gewalt erzwingen, noch beliebig mechanisch gestalten. In der Kette einer Cultur-Entwicklung kann freilich die Anwendung von Gewalt ein nothwendiges Glied sein, wie auch die Natur nicht immer ohne gewaltsame Uebergänge, ohne Eruptionen sich entwickelt; selbst mechanisches Eingreifen kann eine Cultur-Entwicklung mit mehr oder weniger Erfolg beeinflussen, sogut wie auch die Gestaltung des Naturlebens in richtiger Weise künstlich verändert zu werden vermag. Zu einer lebensfähigen Gestaltung cultureller (ebenso wie natureller) Verhältnisse beitragen aber kann man nur, indem und insofern man die Entwicklung vorhandener Dinge und Zustände richtig und geschickt benutzt.

Culturelle sowie financielle Erfolge erzielen wird man nur dadurch, dass man die wirkenden Culturkräfte richtig übt und sie den gegebenen Objecten und Verhältnissen geschickt anpasst.

Colonisations-Gesellschaften können unter den richtigen Vorbedingungen und bei tüchtiger Leitung höchst rentabel wirthschaften. Sie können dies um so mehr, je höher entwickelt die Culturbasis ist, auf der sie arbeiten, und je schneller und vollständiger es ihnen gelingt, sich selbst zu dieser höheren Entwicklungsstufe empor zu arbeiten.

Colonisations-Gesellschaften können ferner unter Umständen die weitest-gehenden culturpolitischen Wirkungen üben, und sie sind gegenwärtig sogar zur Hervorbringung mancher solcher Wirkungen unentbehrlich.

Die financielle Rentabilität und die culturelle Wirksamkeit der Colonisations-Gesellschaften stehen in der Regel in einem umgekehrten Verhältnisse zu einander. Je grösser und je schwieriger zu erreichen die culturpolitischen Ziele sind, desto mehr tritt die Möglichkeit oder die Höhe der Rentabilität zurück. Es ist Aufgabe der an der Colonisation interessirten Staatsgewalt, dieselbe in eben dem Maasse zu unterstützen, wie die Colonisation staatswirthschaftliche Leistungen vollbringt, und wie diese Staatsgewalt Vortheile aus denselben zieht. Je weniger bei einer Colonisation die geistig und wirthschaftlich unselbstständigen Auswanderer, je mehr aber intelligente Volkskreise mit Capital dabei das vorwiegende Elemente sind, desto besser wird sie gelingen, sowohl financiell als culturell.

Gruppirt man die Colonisations-Gesellschaften nach ihrer verschiedenen financiellen und culturellen Bedeutung, so steht auf dem einen Ende der Reihe das Unternehmen, welches als reine Erwerbs-Gesellschaft in einem hoch-entwickelten Staatswesen mit Leichtigkeit grosse Gewinne erzielt, sich irgend einer culturellen Wirksamkeit überhaupt nicht bewusst ist, mehr von der allgemeinen Entwicklung getragen wird und von derselben Vortheil zieht, als selbst auf dieselbe einwirkt. Auf der andern Seite der Reihe aber steht die Gesellschaft, welche von ihrem Capital kaum Zinsen erwartend, dasselbe einem ideellen Ziele widmet und dieses im Dienste einer höheren Macht realisirt, sei dieses ideelle Ziel nun

Nationalität oder Humanität.

Berichtigungen:

Seite 28 Zeile 15 statt applicirt lies: supplicirt.
» 82 » 1 » Natal » Brittisch Columbien.

Druck von Ackermann & Wulff in Hamburg.

Verlag von **L. Friederichsen & Co.** in Hamburg.

ÜBERSEEISCHE POLITIK,

eine culturwissenschaftliche Studie mit Zahlenbildern,

von

Hübbe-Schleiden, Dr. J. U.,

„Aufwärts!“

Erster Theil

nebst Anhang: Studien über die Statistik des Welthandels.

I. **Vollständige Ausgabe.** Octav, 257 Seiten, M. 5.

II. **Separat-Ausgabe ohne Anhang.** Octav, 158 Seiten, M. 3.

III. **Anhang: Studien über die Statistik des Welthandels,**
Versuch einer Verwerthung dieses bisher unbenutzten Materials.

Octav, 115 Seiten, M. 3.

Inhalt: Historische Parallelen.
Wirkungen überseeischer Politik.
Culturmacht oder Seemacht.
Colonisation und Cultivation.
Einwendungen gegen überseeische Politik.
Hindernisse deutscher Cultivation.
Ueberseeische Politik der deutschen Nation.
Anhang A: Handelsverkehr und Handelsgewinn.
» B: Welthandel und Wohlstand.

Im Jahre 1881 erschien:

Deutsche Colonisation,

eine Replik auf das Referat des Herrn Dr. Fr. Kapp über

Colonisation und Auswanderung,

von

Hübbe-Schleiden, Dr. J. U.

„Es lebt ein anders-denkendes Geschlecht!“

Octav, 122 Seiten, M. 3.

Inhalt:
1. Die kommende Generation.
2. Deutsche Colonialpolitik und deren Gegner.
3. Die Lebensgefahr der deutschen Nationalität.
4. Nothwendigkeit extensiver Culturpolitik.
5. Möglichkeit deutscher Colonisation.
6. Ein nächstliegendes Ziel.

Nachträge und Anhang.

Verlag von **L. Friederichsen & Co.** in Hamburg.

Im Jahre 1879 erschien:

ETHIOPIEN,

Studien über West-Afrika,

von

Hübbe-Schleiden, Dr. J. U.,

mit einer neu entworfenen Specialkarte.

Octav, 412 Seiten, ℳ. 10.

Inhalt: **Französische Colonisation.**

1. Die Franzosen und die Neger.
2. Die Buchten von Gabon und Corisco.
3. Der ethiopische Handel und seine Hindernisse.

Ethiopische Ethnographie.

4. Der Majordomus und sein Recht.
5. Patricier.
6. Das lebendige Ebenholz.
7. Die Gothen Afrikas.
8. Studien in der Menschenfresserei.

Afrikanische Agricultur.

9. Reichthum der Zukunft.
10. Production.
11. Arbeitslohn und Arbeitsleistung.
12. Unverstand.

Germanische Civilisation.

13. Oxygen elektrisch negativ.
14. Regeneration und Fortentwicklung.
15. Der ideelle und der materielle Nutzen.
16. Ausdehnung des Wirthschaftsgebietes.

Im Jahre 1882 erschien:

Weltwirthschaft

und die sie treibende Kraft,

ein Vortrag von

Hübbe-Schleiden, Dr. J. U.

„Im engen Kreis verengert sich der Sinn,
„Es wächst der Mensch mit seinen größern Zwecken".

Octav, 30 Seiten, ℳ. 0,75.

FSC
www.fsc.org
MIX
Papier | Fördert gute Waldnutzung
FSC® C083411

Zeitfracht Medien GmbH
Ferdinand-Jühlke-Straße 7
99095 Erfurt, Deutschland
produktsicherheit@kolibri360.de